ÉLÉMENS

OU

PRINCIPES

PHYSICO-CHYMIQUES,

ÉLÉMENS

OU

PRINCIPES

PHYSICO-CHYMIQUES,

Destinés à servir de suite aux Principes
de Physique ;

A L'USAGE DES ÉCOLES CENTRALES.

PAR MATHURIN-JACQUES BRISSON,

Membre de l'Institut national des Sciences et des Arts,
Professeur de Physique et de Chymie aux Écoles
centrales de Paris.

A PARIS,

Chez BOSSANGE, MASSON et BESSON.

AN VIII. (1800.)

DISCOURS PRÉLIMINAIRE.

L a place que j'occupe m'impose plusieurs devoirs à remplir : il faut non-seulement que j'enseigne la science dont je suis chargé, mais il faut aussi que je l'enseigne, autant qu'il est en mon pouvoir, de la manière la plus profitable pour mes auditeurs ; que je leur fournisse les moyens de faciliter leurs études ; que je les dispense des recherches qui leur demanderoient trop de tems ; enfin, que je leur mette sous les yeux, et le plus brièvement qu'il est possible, les connoissances dont je dois les entretenir. J'ai déjà rempli cette tâche pour ce qui regarde la physique, en publiant mes *Principes de physique* : il me restoit à en faire de même relativement à la chymie : c'est ce que je viens de faire en publiant mes *Principes physico-chymiques*. Le but des travaux de toute ma vie a été de me rendre utile. Si l'on trouve que j'y ai réussi quelquefois, je suis amplement dédommagé de toutes les peines que je me suis données.

Mes premiers pas dans les sciences se sont tournés vers l'*Histoire Naturelle* : j'y ai été conduit par des circonstances favorables. J'ai vécu avec *Reaumur* pendant les huit dernières années de sa vie : son cabinet d'Histoire Naturelle, qui jouissoit d'une réputation méritée, étoit très-propre à m'en donner le goût : je m'y suis donc appliqué ; et j'ose dire que j'y ai fait quelques progrès. Mon projet étoit de donner la description du règne animal tout entier : en effet, dans un premier volume, j'ai donné le plan de cet ouvrage ; et j'y ai traité des *quadrupèdes* et des *cétacées*. Ensuite j'ai donné mon *Ornithologie*, en six volumes in-quarto. A la mort de *Reaumur*, son cabinet fut réuni à celui du Jardin des Plantes ; ce qui me priva des matériaux absolument nécessaires à la continuation de mon travail. Ne pouvant pas aller plus avant dans cette carrière, je m'appliquai à la chymie : mais je n'en fus point du tout satisfait; je n'y trouvai aucune base capable de fixer mes idées. Les savans en chymie avoient des opinions très-différentes les unes des autres, et souvent diamétralement opposées : cela n'est pas étonnant; ils n'avoient aucun point fixe d'où ils pussent partir. Les uns regardoient comme *être composé* ce que d'autres regardoient comme *être simple*, tel que le *soufre* : les uns regardoient comme *être simple* ce que d'autres regardoient comme *être composé*, tel que l'*air*, etc. Ne sachant donc de quel côté je devois me tourner, ni à qui je devois ajouter foi, j'abandonnai cette partie, et je me livrai à la physique expérimentale. Là, je trouvai la clarté à laquelle j'aspirois : un grand nombre de vérités démontrées m'ont servi de guide dans mes travaux ultérieurs : je me suis instruit dans cette science; et j'ai ensuite cherché à en instruire les autres : je l'ai donc enseignée, et l'enseigne encore publiquement depuis 1762.

a ij

Vers l'an 1772, les habiles chymistes sentirent que les expériences qu'ils avoient faites jusqu'alors, ne pouvoient leur donner des résultats certains, parce qu'ils laissoient échapper une partie des produits que pouvoit leur fournir l'analyse des corps soumis à leurs épreuves. Ils ont donc fait leurs expériences de manière à tout retenir ; de manière à connoître toutes les substances qui entrent dans la composition d'un corps, non-seulement quant à la qualité, mais encore quant à la quantité de chacune de ces substances : ils ont, par-là, obtenu des résultats très-satisfaisans : de sorte que la chymie est devenue une science nouvelle. Au renouvellement de cette science, mon ancien goût pour elle s'est aussi renouvellé : je m'y suis livré avec zèle ; et je lui ai donné tous les momens que la physique m'a laissé de libres. Je m'en suis su bon gré ; car ayant été nommé professeur de physique à l'école centrale des Quatre-Nations, et la loi chargeant ce professeur d'enseigner en même-temps les élémens de chymie, je me suis, par-là, trouvé en état de remplir les fonctions de cette place; ce qui n'auroit pas pu être, si je n'avois eu aucune connoissance de chymie.

En remplissant mes fonctions, j'ai fait une observation, que voici : lorsque je donne une leçon de pure physique, mes auditeurs, au moyen de mon *Traité de Physique*, qui leur sert de cahiers, sont en état de me suivre : s'il leur échappe quelque chose, ils le retrouvent dans cet ouvrage, ils peuvent le lendemain revoir la leçon qu'ils ont reçue la veille, et se la mieux inculquer dans la mémoire. Mais lorsque je donne une leçon de chymie, ceux qui n'ont encore aucune notion de cette science, n'ont rien qui puisse les guider : s'il leur échappe quelque chose, ce qui n'est pas difficile à croire, il faut qu'ils l'aillent chercher dans différens ouvrages, qu'ils n'auront pas même la faculté de bien choisir : en un mot, ils n'ont point de cahiers. C'est pour suppléer à ces cahiers qui leur manquent, que j'ai composé ce petit ouvrage. Si quelque habile chymiste se fût chargé de faire un pareil ouvrage, il eût été meilleur que le mien : mais pour que ce dernier approche le plus qu'il est possible de celui de ce chymiste, j'ai puisé dans les meilleures sources ; j'ai mis à contribution *Lavoisier, Guyton, Chaptal, Berthollet, Fourcroy, Vauquelin*, etc. j'ai ensuite rangé les matériaux que m'ont fourni ces grands maîtres, suivant la méthode qui m'a paru la plus convenable : j'ai tâché d'y mettre toute la clarté et la précision dont je suis capable. Je crois n'avoir rien omis de ce qu'il est nécessaire de trouver dans un ouvrage aussi élémentaire que celui-ci ; et je pense n'y avoir rien mis d'inutile, qui auroit pu distraire de l'attention qu'il faut donner toute entière au fond de la science. C'est donc avec confiance que je livre mon ouvrage au public, dont je sollicite l'indulgence.

TABLE

De ce qui est contenu dans cet Ouvrage.

Les chiffres indiquent les articles et non les pages.

FIN DE LA TABLE.

ÉLÉMENS

OU

PRINCIPES

PHYSICO-CHYMIQUES.

1. Tous les corps de la nature sont une de ces trois choses : ce sont ou des *aggrégés*, ou des *amas*, ou des *mèlanges*.

2. On appelle *aggrégé*, une réunion de parties toutes semblables, qui ont entre elles une certaine adhérence, foible dans les uns, forte dans les autres ; telles sont une masse d'eau, une masse d'huile, une masse de métal, tels que l'or, l'argent, le fer, l'antimoine, le bismuth, etc.

3. On appelle *amas*, un ensemble de parties semblables, qui n'ont point d'adhérence entre elles ; tels sont un tas de blé, un tas de sablon, etc.

4. On appelle *mèlange*, une réunion de parties de différente nature ; tel est le plus grand nombre des corps.

5. Les molécules des corps ont entre elles une certaine appétence, une certaine tendance, dont on ignore la cause ; c'est pourquoi on a donné

A

à cette tendance le nom d'*affinité*, qu'on pourroit aussi appeler *attraction*.

6. Il y a deux sortes d'affinités ; l'*affinité d'aggrégation* et l'*affinité de composition*.

7. L'*affinité d'aggrégation* est d'autant plus forte, que les parties intégrantes sont plus rapprochées. Tout ce qui tend à les désunir est capable de diminuer la force de cette affinité : la matière de la chaleur, que l'on appelle le *calorique*, est propre à produire cet effet. L'effet du calorique est donc opposé à la force d'affinité.

8. L'*affinité de composition* consiste en une sorte d'attraction qu'exercent les uns sur les autres les corps de différentes natures. C'est par-là que s'opèrent les compositions et les décompositions. L'affinité de composition n'agit qu'entre les parties constituantes des corps. L'attraction générale de *Newton* s'exerce sur les masses : l'affinité n'agit que sur les molécules élémentaires des corps. Deux corps mis à côté l'un de l'autre, ne se confondent point ; mais si on les divise et qu'on les mêle, il peut en résulter une combinaison.

9. L'affinité de composition est en raison inverse de l'affinité d'aggrégation. Il est d'autant plus difficile de décomposer un corps, que ses principes constituans sont unis par une plus grande force, par une plus grande affinité. Il est très-difficile de décomposer les métaux, parce que leurs parties constituantes sont unies par une très-grande affinité d'aggrégation. Au con-

traire, les gas se décomposent aisément, parce que leur aggrégation est foible. Aussi la nature ne combine jamais solide à solide; mais pour cela, elle réduit tout en fluide. Pour que l'affinité de composition ait lieu, il faut qu'au moins un des corps soit fluide.

10. Lorsque deux ou plusieurs corps s'unissent par affinité de composition, leur température change. Cela vient de ce que, ou il y a combinaison de calorique, ce qui cause du refroidissement, ou il y a du calorique qui devient libre, ce qui produit de la chaleur.

11. Le composé qui résulte de la combinaison de deux corps, a des propriétés tout-à-fait différentes de celles des principes constituans de ce composé : ce n'est plus ni l'un ni l'autre des deux corps composans ; c'est un composé nouveau, et qui a des propriétés nouvelles.

12. Chaque corps a ses affinités marquées avec les diverses substances qui se présentent à lui. Si tous les corps avoient entre eux le même degré d'affinité, il n'y auroit aucun changement dans la nature ; il n'y auroit ni décompositions, ni nouvelles compositions. C'est sur cette différence d'affinités que sont fondées toutes les opérations de la nature et des arts.

13. Le principe du feu ou le calorique est l'agent que la nature emploie pour balancer l'effet de l'affinité ou attraction (5 et 7). Si cette affinité étoit seule, nous n'aurions que des corps solides. Au moyen de l'effort du calorique, nous

avons des corps de différentes consistances, qui dépendent de l'énergie respective de ces deux forces (7). Lorsque l'affinité prévaut, les corps sont à l'état solide ; lorsque le calorique domine, ils sont à l'état gaseux ; et l'état liquide paroît être le point d'équilibre entre ces deux puissances.

14. Lorsqu'on chauffe un corps, il se raréfie dans tous les sens : si l'on continue de le chauffer, ses molécules perdent presque toute leur adhérence ; il devient fluide ou même liquide : si on le chauffe encore davantage, il prend l'état gaseux, en se combinant avec le calorique. Ce corps peut ensuite se défaire de ce calorique avec plus ou moins de facilité, suivant son affinité avec lui, ou suivant l'affinité du calorique avec les corps voisins.

15. Le calorique est contenu dans les corps en plus ou moins grande quantité, suivant le degré d'affinité qu'il a avec eux : on a trouvé les moyens d'en mesurer la quantité (42) ; et c'est cette quantité qu'on appelle *calorique spécifique des corps*.

16. Le calorique est dans les corps en deux états différens ; savoir, en état de liberté et en état de combinaison. En état de liberté, c'est celui qui pénètre les corps de part en part, qui passe librement par leurs pores d'une surface à l'autre, qu'on ne peut pas retenir à son gré, et qui rend les corps d'autant plus chauds, qu'il y est en plus grande quantité. En état de com-

binaison, c'est celui qui est réellement combiné avec les molécules de ces corps, qui fait partie constituante de ces corps, et qui, en quelque quantité qu'il y soit combiné, n'élève en aucune façon la température de ces corps.

17. Il est probable que la lumière est la même substance que le carolique, mais différemment modifiée. Nous sommes peu instruits sur la nature de cette modification ; mais comme la lumière qui nous éclaire est capable d'embraser les corps, et comme le calorique qui embrase les corps, est capable de nous éclairer, on est fondé à regarder ces deux substances comme la même. La lumière produit aussi des effets qui lui sont particuliers : elle occasionne la couleur verte des plantes; sans lumière, les plantes s'étiolent ; aussi se tournent-elles, tant qu'elles peuvent, du côté du jour ; leur goût et leur odeur en dépendent aussi ; de là vient que les aromates des climats du Midi, sont les meilleurs et les plus énergiques.

18. On connoît trois êtres ; savoir, le *soufre*, le *carbone* et le *phosphore*, qui entrent dans la composition d'un grand nombre de corps.

19. Le *soufre* paroît être un être simple, et non pas un composé de phlogistique et d'acide sulfurique, comme le vouloit *Sthall*. Le soufre entre dans la composition des végétaux et des animaux ; car il se produit par leur décomposition : on en trouve sur les murs des fosses d'aisance ; il existe en nature dans quelques plantes, telles

que la *patience*, le *cochléaria*, etc. Il est abon‑
dant dans les mines de charbon ; il est combiné
dans les mines avec plusieurs métaux ; il se su‑
blime partout où les pyrites se décomposent : il
est abondant dans les endroits volcaniques. En
grand, on extrait le soufre des pyrites ou *sul‑
fures de cuivre* ou *de fer*.

20. Le *carbone* ou principe charbonneux est le
charbon pur et dégagé de toute substance étran‑
gère. Il est un être simple ; car jusqu'à présent
on n'a pas pu le décomposer. Le carbone existe
tout formé dans les végétaux : on le débarrasse
des principes huileux et volatils, par la distilla‑
tion ; et des sels, par des lotions dans l'eau pure.
Pour se le procurer bien pur, il faut le dessécher
par un coup de feu violent, dans des vaisseaux
clos : sans cela, les dernières portions d'eau y
adhèrent tellement, qu'avant de s'en détacher,
elles s'y décomposent, et forment du gas acide
carbonique et du gas hydrogène. Le carbone
existe aussi dans le règne animal ; mais il y est
peu abondant.

21. Le *phosphore* paroît être aussi un être
simple, car on ne peut pas le décomposer. C'est
le radical de l'acide qui, étant combiné avec la
chaux, forme les os des animaux, qui sont **un**
vrai phosphate calcaire. Aussi est-ce des os des
animaux qu'on extrait le phosphore avec le plus
d'avantage.

Formation des Fluides élastiques aériformes.

22. Une loi générale et constante de la nature est que, lorsqu'on échauffe un corps, soit solide, soit fluide, il augmente de dimensions dans tous les sens (14) : il n'y a à cela aucune exception.

23. Si, après avoir ainsi écarté les molécules d'un solide, on le laisse refroidir, ces molécules se rapprochent dans les mêmes proportions : le corps repasse, mais en sens inverse, par les mêmes degrés d'extension qu'il avoit parcourus ; et, rendu à sa première température, il reprend sensiblement sa première dimension. Si on le refroidit davantage, il devient plus petit.

24. Mais comme nous ne connoissons aucun degré de refroidissement qui ne soit susceptible d'augmenter, comme nous ne connoissons point le zéro chaleur, il en résulte que nous n'avons pas encore pu parvenir à rapprocher, le plus qu'il est possible, les molécules d'aucun corps, et que, par conséquent, les molécules d'aucun corps ne se touchent, ou du moins qu'elles ne se touchent que par très-peu de points : conclusion très-singulière, et à laquelle il est cependant impossible de se refuser.

25. On conçoit aisément que les molécules des corps, ainsi sollicitées par la chaleur à s'écarter les unes des autres, n'auroient aucune liaison entre elles ; il n'y auroit aucun corps solide, si elles n'étoient retenues par une force qui tendît à les réunir. Cette force, quelle qu'en

soit la cause, a été nommée *affinité* ou *attrac-tion* (5).

26. Les molécules des corps obéissent donc à deux forces contraires ; l'une répulsive, l'autre attractive, entre lesquelles elles se mettent en équilibre. Tant que l'affinité ou attraction est la plus forte, le corps demeure solide. Si l'attraction devient la plus foible, les molécules perdent leur adhérence, et le corps cesse d'être un solide (13). L'eau nous présente un exemple de ces phénomènes : au-dessous du zéro du thermomètre de *Deluc*, elle est solide, et se nomme *glace* : au-dessus du zéro elle devient un liquide : au-dessus de 80 degrés, elle prend l'état de vapeur ou de gas, et elle se transforme en un fluide aériforme.

27. On en peut dire autant de presque tous les corps de la nature : ils sont ou solides, ou liquides, ou dans l'état aériforme, suivant le rapport entre la force attractive des molécules, et la force répulsive de la chaleur, suivant le degré de chaleur auquel ils sont exposés.

28. Ces phénomènes sont l'effet d'un fluide très-subtil, qui s'insinue entre les molécules de tous les corps, qui est la cause de la chaleur, et qu'on appelle *Calorique* (7).

29. La lumière est-elle une modification du calorique? ou le calorique est-il une modification de la lumière ? cela est assez probable (17). Mais il est certain qu'on doit désigner, par des noms différens, ce qui produit des effets dif-

férens. Nous distinguerons donc la lumière du calorique, en convenant cependant qu'ils ont des qualités communes (17); et que, dans quelques circonstances, il se combinent à-peu-près de la même manière, et produisent une partie des mêmes effets.

30. De quelle manière le calorique agit-il sur les corps? puisqu'il pénètre à travers tous les pores, puisqu'aucun vase ne peut le contenir sans perte (16); on ne peut en connoître les propriétés que par des effets, la plupart fugitifs et difficiles à saisir. Quand on ne peut ni voir, ni palper, il faut se tenir en garde contre les écarts de l'imagination, qui tend toujours à s'élancer au-delà du vrai.

31. Nous venons de voir (27) que le même corps devient ou solide, ou liquide, ou aériforme, suivant la quantité de calorique dont il est pénétré, suivant que la force répulsive du calorique est ou plus foible, ou égale, ou supérieure à l'attraction de ses molécules. S'il n'existoit que ces deux forces, les corps ne resteroient liquides qu'à un degré précis de température : ils passeroient brusquement de l'état de solide à l'état aériforme. L'eau, par exemple, en cessant d'être glace, commenceroit à bouillir, et en se combinant avec le calorique (14), se transformeroit en vapeurs, en gas, en un mot, en fluide aériforme. Ce qui s'oppose à cet effet, c'est une troisième force, qui est la pres-

sion de l'athmosphère. C'est pourquoi l'eau demeure liquide depuis zéro jusqu'à 80 degrés (26). Si l'on diminue cette pression, elle bout et se vaporise plutôt, et à un moindre degré de température.

32. On voit donc que, sans la pression de l'athmosphère, nous n'aurions pas de liquides constans : les corps ne seroient dans cet état qu'au moment précis où ils se fondent : le premier degré de chaleur suivant les rendroit fluides aériformes. Nous n'aurions même pas de fluides aériformes; car, au moment où la force de l'attraction des molécules seroit vaincue par la force répulsive du calorique, ces molécules s'écarteroient indéfiniment, à moins que leur pesanteur ne les rassemblât pour former une athmosphère.

33. On peut se convaincre de cela par l'expérience suivante. Sous un récipient, auquel sont adaptés un baromètre et un thermomètre, et qui est garni d'une boîte à cuirs armée d'une lame aiguë, on place un petit vase A (*fig.* 1) de 6 centimètres (2 $\frac{1}{4}$ pouces) de haut, et 3 centimètres (13 $\frac{1}{4}$ lignes) de diamètre, exactement rempli d'éther et bien bouché avec des vessies. On fait le vide sous le récipient, et on crève les vessies avec la lame F. Aussitôt l'éther bout rapidement et remplit le récipient B C D de sa vapeur. S'il y a assez d'éther pour qu'il en reste quelques gouttes en liqueur, le fluide élastique qui a été

produit, peut soutenir le mercure du baromètre G II à 8 ou 10 pouces (250) en hiver,
et à 20 ou 25 (600) en été. Pendant la vaporisation, il y a un degré considérable de refroidissement, marqué par l'abaissement de la liqueur du thermomètre ; ce qui vient de ce que
l'éther ne prend l'état aériforme, qu'en se
combinant avec une grande quantité de calorique, lequel, par la raison qu'il est combiné,
n'excite plus aucun degré de chaleur. Si l'on
donne à tout l'appareil le tems de reprendre la
température du lieu, et qu'ensuite on fasse
rentrer l'air sous le récipient, il s'excite un
grand degré de chaleur ; ce que marque l'ascension du thermomètre : cela vient de ce que la
vapeur, par la nouvelle pression qu'elle éprouve
de la part de l'air, reprend l'état de liqueur, en
abandonnant son calorique, lequel, redevenant
libre, excite ce degré de chaleur.

On ne fait ici que supprimer la pression de
l'athmosphère ; et les effets qui en résultent
prouvent deux choses : la première, qu'à notre
température, l'éther seroit constamment fluide
aériforme, sans la pression de l'athmosphère :
la seconde, que, dans le passage de liquide à
fluide aériforme, il y a un refroidissement considérable ; et que, dans le passage de fluide aériforme à l'état de liquide, il y a beaucoup de
chaleur produite ; ce qui arrive dans tous les
cas semblables.

34. L'expérience ci-dessus (33) réussit avec tous les fluides évaporables, tels que l'alcohol, l'eau, et même le mercure. Mais la vapeur de l'alcohol ne soutient le mercure du baromètre qu'à 1 pouce ($\overset{m.\,mt.}{27}$) de hauteur en hiver, et à 4 ou 5 pouces ($\overset{m.\,mt}{120}$) en été. La vapeur de l'eau ne le soutient qu'à quelques lignes, et celle du mercure qu'à quelques fractions de ligne seulement. Il y a donc, dans ces cas-là, moins de fluide vaporisé; par conséquent moins de calorique combiné et moins de refroidissement; ce qui s'accorde très-bien avec les résultats des expériences.

35. On peut se procurer encore d'autres preuves que l'état aériforme est une modification des corps, et qu'elle dépend de la température et de la pression qu'ils éprouvent. Sous la pression de l'athmosphère, que je suppose capable de soutenir le mercure du baromètre à 28 pouces (758 millimètres) de hauteur, l'éther entre en ébullition à 33 degrés du thermomètre de mercure, divisé en 80, depuis le terme de la congélation jusqu'à celui de l'eau bouillante : l'esprit-de-vin ou alcohol, à 67 degrés; l'eau, à 80 degrés. Or l'ébullition est le moment du passage de l'état liquide à l'état aériforme : ainsi, en tenant ces liqueurs un peu au-dessus du degré précité, on les obtient dans l'état de fluides aériformes. Pour vous en assurer, faites l'expérience suivante.

Exp. Dans un grand vase A B C D (*fig.* 2) rempli d'eau, chauffé à 35 ou 36 degrés, on plonge des bouteilles F, G, à goulot renversé, remplies de la même eau, et leur goulot en en-bas : on engage, dans ce goulot, le col doublement recourbé d'un petit matras *b a* tenant de l'éther sulfurique et plongé dans la même eau. Presque aussitôt l'éther bout, et le calorique, se combinant avec lui, en fait un fluide aériforme, qui peut remplir plusieurs bouteilles.

On voit, par-là, que l'éther est tout prêt de ne pouvoir exister sur la terre, que dans l'état aériforme; que, si la pression de l'air n'équivaloit qu'à 20 ou 24 pouces (600 m. mt.) de mercure, nous ne pourrions l'obtenir dans l'état liquide, au moins en été. Il en seroit de même sur les montagnes élevées, par la diminution de la pression de l'air. Cette expérience réussit encore mieux avec l'éther nitreux, parce qu'il se vaporise à un moindre degré de chaleur.

36. La même chose arrive à l'alcohol et à l'eau, si on les expose à un degré de chaleur supérieur à celui qui les met en ébullition.

Exp. Après avoir rempli de mercure une jarre de verre A (*fig.* 3) et dont l'ouverture soit tournée en en-bas, et plongée dans une soucoupe également remplie de mercure B, on introduit, dans la jarre A, 7 à 8 grammes (environ 2 gros) d'eau qui vont se placer dans le haut C D de la jarre. Cela fait, on plonge le tout dans une chaudière de fer E F H G, placée sur un fourneau I K, et remplie d'eau salée en ébullition, et dont la température peut aller à plus de 85 degrés. Sitôt que l'eau, placée dans la partie supérieure C D de la jarre, a atteint la température d'environ 80 degrés, elle entre en ébullition; et elle se convertit en fluide aériforme, qui remplit en entier la jarre A.

37. Voilà donc plusieurs substances qui deviennent fluides aériformes à des degrés de chaleur voisins de ceux dans lesquels nous vivons. Nous verrons ci-après qu'il y en a plusieurs autres, tels que l'acide muriatique, l'acide carbonique, l'acide sulfureux, l'ammoniaque, etc. qui demeurent constamment dans l'état aériforme, au degré habituel de chaleur et de pression que nous éprouvons. D'où l'on peut établir le principe général, énoncé ci-dessus (27), que presque tous les corps de la nature sont susceptibles d'exister dans trois états différens; dans l'état de solidité, dans l'état de liquidité, et dans l'état aériforme, et que ces trois états du même corps dépendent de la quantité de calorique qui le pénètre ou qui lui est combinée.

38. Nous appellerons *gas*, ces fluides aériformes; et dans tous, nous distinguerons deux choses: le calorique qui est en quelque façon le dissolvant, et la substance, qui est combinée avec lui, et qui forme sa base.

39. Nous avons dit (26) que les molécules des

corps sont en équilibre entre leur attraction, qui tend à les rapprocher, et les efforts du calorique, qui tend à les écarter. Ainsi, non-seulement le calorique environne les corps de toutes parts, mais encore il remplit les intervalles que leurs molécules laissent entre elles; comme du sablon très-fin remplirait les intervalles qui demeurent entre de petites balles de plomb, contenues dans un vase. Ces intervalles ne sont pas d'une égale capacité dans tous les corps : cette capacité dépend de la grosseur des molécules, de leurs figures et de la distance qui demeure entre elles, suivant le rapport qui existe entre la force de leur attraction, et la force répulsive qu'exerce le calorique.

C'est dans ce sens qu'on doit entendre cette expression : *Capacité des corps pour admettre le calorique entre leurs molécules*. Aidons-nous de ce qui se passe, par exemple, dans l'eau. Si l'on plonge dans l'eau des morceaux de différens bois, égaux en volumes, et de chacun desquels on connoît le poids, l'eau s'introduit dans leurs pores, ils se gonflent, ils augmentent de poids; mais chaque espèce de bois admet une quantité d'eau différente, les plus poreux en admettent davantage, les plus compactes en admettent moins. La quantité qu'ils en admettent dépend encore de la nature des molécules de chaque bois, du plus ou moins d'affinité qu'elles ont avec l'eau : les bois résineux, par exemple, en admettent peu, quoiqu'ils soient très-poreux. Les différens bois ont donc une capacité différente pour recevoir l'eau : la même chose a lieu, à l'égard des corps qui sont plongés dans le calorique : les différens corps ont une capacité différente pour admettre le calorique; les uns en admettent plus, les autres moins.

41. D'après ces notions, il est aisé de concevoir les idées qu'on attache à ces expressions : *Calorique spécifique des corps ; capacité pour admettre le calorique ; calorique libre ; calorique combiné ; chaleur sensible ; chaleur latente* : expressions qui ne sont point synonymes, mais qui ont chacune un sens strict et déterminé. Fixons ce sens par des définitions.

42. On entend, par *calorique spécifique des corps*, la quantité de calorique, soit combiné, soit libre, qui est contenu dans ces corps ; et qui, en devenant toute libre, est respectivement nécessaire pour élever d'un même nombre de degrés la température de plusieurs corps égaux en poids. Cette quantité n'est pas la même dans tous les corps; elle dépend de l'adhérence plus ou moins grande qui existe entre leurs molécules, et de la distance qu'il y a entre ces molécules. C'est cette distance, ou plutôt l'espace qui en résulte, qu'on a qualifié de *capacité pour admettre le calorique.*

43. Le *calorique libre* est celui qui n'est engagé dans aucune combinaison. Nous vivons au milieu d'un système de corps avec lesquels le calorique a de l'adhérence. Il en résulte que nous

n'obtenons jamais tout ce principe dans l'état de liberté absolue ; il y en a toujours une portion qui se combine.

44. Le *calorique combiné* est celui qui est enchaîné dans les corps par la force d'affinité ou d'attraction , et qui constitue une partie de leur substance , même de leur solidité.

45. La *chaleur* est causée par le calorique libre (43) , ou qui le devient : elle est l'effet produit sur nos organes par l'introduction en nous du calorique qui se dégage des corps environnans. En général, nous n'éprouvons de sensations que par un mouvement quelconque ; et l'on pourroit poser comme un axiôme, *point de mouvement, point de sensation*. Lorsque nous touchons un corps froid , le calorique passe de notre main dans ce corps ; et nous éprouvons une sensation de froid : et au contraire, lorsque nous touchons un corps chaud, le calorique passe de ce corps dans notre main ; et nous avons une sensation de chaleur. Mais si le corps et la main sont de la même température , nous n'éprouvons point de sensation , ni de froid, ni de chaud ; parce qu'il n'y a point de transport du calorique ; en un mot, parce qu'il n'y a point de mouvement.

46. On entend par *chaleur latente* (expression assurément très-impropre ,) celle qui ne nous est pas sensible, celle qui, dans le vrai, n'est pas *chaleur* : c'est donc celle du calorique combiné (44), qui n'en occasionne aucune. Ce

B

fluide combiné est tout prêt à nous faire sentir la chaleur ; mais il faut pour cela qu'il devienne libre (43).

47. Il est probable que la grande élasticité des fluides aériformes vient de celle du calorique qui leur est uni, et qui paroît être le corps éminemment élastique de la nature. Il est vrai que c'est expliquer l'élasticité, par l'élasticité ; et qu'on ne fait par-là que reculer la difficulté sans la résoudre. Mais puisqu'on n'en sait pas davantage, il faut en convenir.

Formation et constitution de l'athmosphère de la terre.

48. Ce que nous venons de dire, doit nous fournir des idées sur la manière dont s'est formée notre athmosphère. On conçoit qu'elle doit être le résultat et le mélange, 1°. de toutes les substances susceptibles de rester dans l'état aériforme, au degré habituel de chaleur et de pression que nous éprouvons ; 2°. de toutes les substances, fluides ou concrètes, susceptibles de se dissoudre dans cet assemblage de différens gas.

49. Si notre terre était tout-à-coup transportée dans une région beaucoup plus chaude ; dans celle de Mercure, par exemple, beaucoup de liquides deviendroient fluides élastiques ; et il en résulteroit des décompositions et des combinaisons nouvelles ; à moins que ces substances

n'éprouvassent une très-forte pression, comme le fait l'eau dans la marmite de Papin.

50. Au contraire, si notre terre se trouvoit transportée dans des régions très-froides, la plupart de nos fluides se transformeroient en corps solides : une partie des substances aériformes deviendroient liquides, ou même solides, etc.

51. Ces deux suppositions extrêmes font voir, 1°. que *solidité*, *liquidité*, *élasticité*, sont trois états différens de la même substance, trois modifications par lesquelles presque toutes les substances peuvent passer, et qui ne dépendent que de la quantité de calorique qui les pénètre ; 2°. que notre athmosphère est un composé de tous les fluides susceptibles d'exister dans un état d'élasticité constante, au degré de chaleur et de pression que nous éprouvons, et qui ne sont pas solubles dans l'eau, ou du moins qui le sont peu.

52. On sait que, parmi nos fluides, les uns, comme l'eau et l'alcohol ou esprit-de-vin, se mêlent dans toutes proportions, et ne se séparent plus ; d'autres, comme le mercure, l'eau et l'huile, se séparent sitôt, qu'après les avoir mêlés on les laisse tranquilles, et ils se rangent alors en raison de leur pesanteur spécifique. La même chose doit arriver dans l'athmosphère : les fluides les plus légers, tels que les inflammables, doivent former des couches qui nagent

sur l'air. C'est peut-être au contact de ces couches qu'ont lieu certains météores ignés.

Des Fluides élastiques aériformes.

53. Les fluides élastiques aériformes sont tous ceux qui ont pris la forme de l'air de l'athmosphère, et qui en ont les apparences (26 *et suiv.*) Il y a deux sortes de ces fluides ; les uns sont permanens, et les autres non-permanens (37). Pour bien entendre ceci, il faut se rappeler ce que nous avons dit ci-dessus (26 et 31) : 1°. que les molécules des corps obéissent à deux forces contraires ; l'une répulsive, l'autre attractive, entre lesquelles elles se mettent en équilibre ; 2°. que le même corps devient ou solide, ou liquide, ou aériforme, suivant la quantité de calorique dont il est pénétré ; 3°. que le calorique existe dans les corps dans deux états différens ; savoir, dans l'état de liberté (43), et dans l'état de combinaison (44).

Ce calorique combiné se dégage souvent dans la décomposition des corps : il y a donc alors de la chaleur produite, comme dans la putréfaction. Il y a aussi du calorique absorbé dans certaines combinaisons : il y a donc alors du refroidissement, comme dans l'évaporation.

54. Les fluides élastiques *permanens* sont ceux dans lesquels le calorique est dans l'état de combinaison (44). Ceux-ci conservent leur état de fluides aériformes, à quelque température qu'ils

soient; c'est ce qui les a fait appeler *permanens*: tels sont l'air et les gas.

55. Les fluides élastiques *non-permanens* sont ceux dans lesquels une quantité de calorique est dans l'état de liberté (43). Ceux-ci ne peuvent conserver leur état de fluides aériformes, qu'autant qu'ils sont peu comprimés, ou qu'ils se trouvent à une température élevée, et plus ou moins, suivant leur nature et leur densité; c'est ce qui les a fait appeler *non - permanens*.

Il ne sera question ici que des fluides élastiques permanens : nous parlerons des autres, en traitant de la nature de l'eau et de ses effets.

56. Les fluides élastiques aériformes permanens sont tous compressibles, élastiques, transparens, sans couleur (1), invisibles et incondensables en liqueur par le froid. Les uns existent dans la nature, sans le secours de l'art, quoiqu'on puisse se les procurer par ce moyen ; les autres ne sont que le produit de l'art. Les uns sont complétement solubles dans l'eau ; les autres y sont insolubles, ou du moins le sont très-peu. Pour se les procurer, il faudra donc faire usage de moyens différens, comme nous le dirons ci-après (65).

57. Nous divisons ces fluides en deux classes. La première classe comprend ceux qui sont

____

(1) Il en faut excepter le gas muriatique oxigène, qui est d'un jaune verdâtre.

vivifians ; c'est-à-dire, ceux qui servent et qui sont essentiels à la respiration des hommes et des animaux, et à la combustion des corps : tels sont l'*air athmosphérique ,* et l'*air pur* ou *vital* appelé *gas oxigène.*

58. La seconde classe comprend ceux qui sont *suffoquans ,* c'est-à-dire, ceux qui ne peuvent servir ni à la respiration des animaux, ni à la combustion des corps : tels sont tous les autres *gas.*

59. Ces fluides suffoquans se divisent en trois ordres. Le premier comprend ceux qui ne sont point salins, c'est-à-dire, qui ne sont ni acides, ni alkalins ; le second, ceux qui sont salins, c'est-à-dire, qui sont ou acides ou alkalins ; le troisième, ceux qui sont inflammables, et qu'on appelle *hydrogènes.*

60. *Ordre premier.* Les gas non-salins sont au nombre de trois ; savoir, le *gas azotique* ou athmosphérique, qu'on appelle aussi *mofette ;* le *gas nitreux ;* et le *gas muriatique oxigéné.*

61. *Ordre second.* Les gas salins sont au nombre de cinq ; savoir, le *gas acide carbonique ,* le *gas acide muriatique ,* le *gas acide sulfureux ,* le *gas acide fluorique ,* et le *gas ammoniacal ,* ou alkalin.

62. *Ordre troisième.* Les gas inflammables ou hydrogènes sont tous de la même espèce ; mais il y en a plusieurs variétés. On a donc le *gas hydrogène pur,* dont les variétés sont le *gas hydrogène sulfuré,* le *gas hydrogène phosphoré,*

le *gas hydrogène carboné*, le *gas hydrogène carbonique*, et le *gas hydrogène des marais*.

Pour voir d'un coup-d'œil tous ces gas, j'en ai formé la table méthodique suivante :

63. *Table méthodique des fluides élastiques aériformes*.

Fluides élastiques
vivifians. . . . . . CLASSE I.
   Air atmosphérique. . . . . 1.
   Air pur ou vital, dit Gas oxigène. . 2.
Suffoquans. . . . . CLASSE II.
Non-salins. . . . . . . *Ordre* 1.
   Gas azotique. . . . . 3.
   Gas nitreux. . . . . 4.
   Gas muriatique oxigéné . . . . . 5.
Salins. . . . . *Ordre* 2.
   Gas acide carbonique. . . . . . . 6.
   Gas acide muriatique. . . . . . . 7.
   Gas acide sulfureux. . . . . . . 8.
   Gas acide fluorique. . . . . . . 9.
   Gas ammoniacal. . . . . 10.
Inflammables. . . . . . *Ordre* 3.
   Gas hydrogène pur. . . . . 11.
   Gas hydrogène sulfuré. . . . . . 12.
   Gas hydrogène phosphoré. . . . . 13.
   Gas hydrogène carboné. . . . . . 14.
   Gas hydrogène carbonique. . . . 15.
   Gas hydrogène des marais. . . . 16.

64. Tous ces gas ont toutes les apparences de l'air ; ils en ont même plusieurs propriétés ; telles que la transparence, la compressibilité, l'expansibilité, et l'élasticité. C'est sans doute la raison pour laquelle *Hales*, *Boyle*, *Priestley*, et plu-

sieurs autres physiciens et chymistes ont donné le nom d'*air* à tous ces fluides. Mais, comme ils diffèrent beaucoup de l'*air* par un grand nombre d'autres propriétés, et sur-tout en ce qu'ils sont absolument incapables d'entretenir la vie des animaux et la combustion des corps, on a pensé avec raison qu'il falloit ne les pas confondre avec l'air : pour les désigner, on a donc adopté le nom de *gas*, que *Vanhelmont* et d'autres chymistes antérieurs à *Hales* avoient donné à ceux de ces fluides qui étoient connus de leur tems ; car la connoissance générale des *gas* est antérieure à *Paracelse*. (*Voyez* mes *Principes de Physique*, n°. 593).

65. Nous avons dit ci-dessus (56) que parmi ces fluides, les uns sont insolubles dans l'eau ; et les autres y sont complètement solubles. Il faut donc, pour les extraire et se les procurer, deux appareils ; l'un à l'eau, pour ceux qui sont insolubles ; et l'autre au mercure, pour ceux qui sont solubles dans l'eau, et qui ne pourroient pas y être reçus sans s'y dissoudre sur-le-champ. Ces appareils sont de l'invention de *Priestley*, qui a fait, sur ces fluides, une belle suite d'expériences. (Voyez - en la description dans mes *Principes de physique*, depuis le n°. 594, jusqu'au n°. 601 inclusivement).

66. Tous les fluides aériformes sont composés d'une base, soit simple, soit elle-même composée, combinée avec le calorique. Ces fluides ne sont point contenus en entier dans les substances

dont on fait usage pour les extraire ; il n'y a que
leurs bases qui y soient contenues, lesquelles,
dans le tems de l'extraction, se combinent avec
le calorique, et prennent par-là la forme de
fluides élastiques aériformes. Je désigne ici les
bases de chacun de ces fluides.

Bases des fluides élastiques aériformes.

67. 1. L'air athmosphérique est composé de
deux fluides élastiques, simplement mêlés ensemble, dont l'un est l'air pur ou vital, appelé
gas oxigène; et l'autre est une mofette appelée
gas azotique : il s'y trouve 28 parties du premier,
et 72 parties de l'autre. Ainsi sa base est composée de l'*oxigène* et de l'*azote.*

68. 2. La base de l'air pur ou gas oxigène est
le principe acidifiant, sans lequel il n'y a point
d'acide, et que l'on appelle, pour cette raison,
oxigène, c'est-à-dire, *générateur des acides.*

69. 3. La base du gas azotique est, lorsque
ce gas est seul, un être incapable d'entretenir
la vie des animaux ; c'est pourquoi on lui a donné
le nom d'*azote,* c'est-à-dire, *privatif de la vie.*
Il est vrai que ce nom convient aussi à tous les
fluides suffoquans ; mais comme celui-ci est le
plus commun, qu'il nous environne continuellement, (et l'on verra par la suite (135) qu'il
ne nous est pas inutile) on lui a donné ce nom,
plutôt qu'aux autres.

70. 4. La base du gas nitreux est ce même
azote, combiné avec un peu d'*oxigène.*

71. 5. La base du gas muriatique oxigéné est l'*acide muriatique* surchargé d'*oxigène* et déflegmé.

72. 6. La base du gas acide carbonique est l'*oxigène* qui tient du *carbone* en dissolution, lequel carbone est du charbon dans son état de pureté.

73. 7. La base du gas acide muriatique est l'*acide muriatique* privé de l'eau surabondante à son essence.

74. 8. La base du gas acide sulfureux est l'*acide sulfurique*, qui a perdu une partie de son *oxigène*, ou qui est surchargé de *soufre*; qui, par-là, est devenu acide sulfureux, et qui est privé de l'eau surabondante à son essence.

75. 9. La base du gas acide fluorique est l'*acide fluorique*, privé de l'eau surabondante à son essence.

76. 10. La base du gas ammoniacal est l'*ammoniaque* ou alkali volatil caustique, privé de l'eau surabondante à son essence.

77. Ces quatre derniers gas sont des acides ou des alkalis aussi concentrés qu'ils puissent l'être, puisqu'ils sont privés de toute leur eau surabondante.

78. 11. La base du gas hydrogène pur est une substance inconnue, à laquelle on a donné le nom d'*hydrogène*, c'est-à-dire, *générateur de l'eau*.

79. 12. La base du gas hydrogène sulfuré,

que l'on appelle aussi gas hépatique, est l'*hydrogène* qui tient du *soufre* en dissolution.

80. 13. La base du gas hydrogène phosphoré est l'*hydrogène* qui tient du phosphore en dissolution.

81. 14. La base du gas hydrogène carboné est l'*hydrogène* qui tient du *carbone* en dissolution.

82. 15. La base du gas hydrogène carbonique est l'*hydrogène* mêlé en différentes proportions avec la base du gas acide carbonique, c'est-à-dire, avec l'*oxigène* tenant du *carbone* en dissolution.

83. 16. La base du gas hydrogène des marais est l'*hydrogène* mêlé en différentes proportions avec la base du gas azotique, c'est-à-dire, avec l'*azote*.

CLASSE I.

Des fluides élastiques vivifians.

84. Ces fluides sont ceux qui sont essentiels à la respiration des hommes et des animaux, et à la combustion des corps. Tels sont l'air athmosphérique et l'air pur ou vital, appelé *gas oxigène* (57).

1. *Air athmosphérique.*

85. L'*air athmosphérique* a été long-tems regardé comme un *élément*, comme un être dont toutes les parties, semblables entre elles, étoient simples et indécomposables. On sait aujourd'hui que l'air athmosphérique est essentiellement com-

posé de deux fluides élastiques très-différens l'un
de l'autre (67); savoir, du *gas oxigène*, fluide
absolument essentiel à la respiration des hommes et des animaux, et à la combustion des
corps, et d'une mofette appelée *gas azotique*,
fluide dans lequel les corps embrasés sont éteints
sur-le-champ, et les animaux promptement suffoqués.

86. Le premier de ces fluides, le *gas oxigène*,
est détruit ou absorbé par la combustion d'un
corps quelconque ; le second, le *gas azotique*,
est absolument incombustible. Pour vous en assurer, faites l'expérience suivante.

Exp. Sur la planche E F (*fig.* 4) de l'appareil pneumatochymique, mettez une cloche de
verre (*fig.* 5) pleine d'air athmosphérique, qui
couvre une bougie allumée, flottante sur une
petite rondelle de bois. L'activité de la flamme
de la bougie ira toujours en diminuant, jusqu'à
ce qu'enfin la bougie s'éteigne : pendant ce tems-
là, l'eau de la cuvette montera dans la cloche.
Lorsque le tout sera refroidi et revenu à la température qui existoit avant l'expérience, vous
trouverez environ le quart de la capacité de la
cloche rempli d'eau.

87. Cette eau a pris la place du fluide absorbé :
ce qui reste n'est plus qu'une mofette, capable
de suffoquer les animaux et d'éteindre les corps
embrasés. Le fluide respirable a donc été détruit
par la combustion. Les expériences faites avec
soin, prouvent que dans l'air bien constitué,

sur 100 parties en volumes, il y en a 28 de gas oxigène, et 72 de gas azotique. Le gas azotique qui demeure sous la cloche, n'est pas pur : dans ce cas-là, il se trouve mêlé avec un autre fluide élastique, qui est le gas acide carbonique, qui est toujours produit par tous les corps qui brûlent. Ce dernier gas est aisément absorbé par l'eau de chaux, avec laquelle il se combine pour former de la craie : il suffit donc de remuer fortement ce mélange dans l'eau de chaux ; le gas acide carbonique est absorbé, et le gas azotique demeure pur.

88. L'air athmosphérique n'est donc pas un être dont toutes les parties sont homogènes, puisque les unes sont détruites par la combustion d'un corps, et que les autres sont inaltérables par cette épreuve. Il n'y a donc dans l'air amosphérique qu'environ un quart qui soit propre à la respiration et à la combustion, tandis que les trois autres quarts ne le sont pas.

Examinons maintenant séparément les deux fluides qui composent l'air athmosphérique.

2. *Air pur ou vital, appelé* Gas oxigène.

89. L'air pur est composé d'une base, à laquelle on a donné le nom d'*oxigène,* combinée avec une grande quantité de calorique (68). Cette base a été appellée *Oxigène,* c'est-à-dire, *générateur des acides,* parce qu'elle est le vrai *principe acidifiant,* le principe sans lequel il

n'y a point d'acide. C'est cet air que *Priestley* a appelé *air déphlogistiqué.*

90. Ce fluide existe naturellement dans notre athmosphère, et il en compose environ un quart. On peut l'obtenir aussi par le secours de l'art. On peut le retirer, par la seule chaleur, de beaucoup de substances; mais sur-tout de l'oxide natif de manganèse, et des oxides métalliques qu'on peut révivifier sans addition de matières inflammables, tels que les oxides de mercure. Le mercure *précipité perse* et le *précipité rouge* en fournissent une grande quantité. Il en est de même de l'oxide natif de manganèse. (Voyez mes *Principes de Physique*, numéros 648 et suiv.)

91. Ce fluide n'est point contenu en entier dans ces substances ; elles n'en contiennent que la base, qui est l'oxigène. Car les métaux ne se calcinent ou ne brûlent qu'en se combinant avec l'oxigène, qui y prend l'état de solidité, et leur ajoute son poids. Cet oxigène est ensuite chassé par la chaleur, et, en se combinant avec le calorique, il passe à l'état de fluide élastique ; et voilà *l'air pur.* Pendant ce tems-là, le métal, perdant l'oxigène qui l'avoit réduit à l'état d'oxide, reprend son éclat métallique, et perd le poids qu'il avoit acquis en devenant oxide.

92. Toutes les combustions ne sont donc qu'une combinaison de l'oxigène avec le corps combustible : ce n'est donc point le corps com-

bustible qui est décomposé ; c'est l'air pur. Ainsi, on peut dire que, dans toutes les combustions, il n'y a que l'air pur de détruit.

93. L'air pur émane aussi des plantes vertes exposées au soleil avec de l'eau, et non des fleurs et des racines, comme l'a prouvé *Jnghen-Houze*. Dans cette opération, les feuilles des végétaux décomposent l'eau, en absorbant l'hydrogène, l'une de ses parties constituantes ; et en laissant dégager, dans l'état d'air pur, l'oxigène, autre partie constituante de cette liqueur (275). La lumière contribue sans doute à cette décomposition, puisqu'elle n'a pas lieu sans son contact, comme l'a encore prouvé *Jnghen-Houze*.

94. L'air pur est un peu plus pesant que l'air athmosphérique : sa pesanteur spécifique est à celle de l'air, comme 108$\frac{4}{7}$ est à 100 : et à celle de l'eau distillée, comme 13,3929 est à 10000,0000 ; de sorte que le décimètre cube de ce fluide pèse 1 gramme 339 milligrammes (25,206$^{\text{gr.}}$) ; et le mètre cube pèse 1 kiliogramme 338 grammes 811 milligrammes (2 livres 11 onces 6 gros 6 grains) : *en mesures et poids anciens*, le pouce cube de ce fluide pèse 0,5$^{\text{gr.}}$ (26,557$^{\text{m.gm.}}$) ; et le pied cube 1 once 4 gros (45 grammes 891 milligrammes.)

95. L'air pur ne donne aucun signe d'acidité, quoiqu'il soit le générateur de tous les acides, le principe sans lequel il n'y a point d'acide :

car il ne rougit point les couleurs bleues des végétaux, comme le font tous les acides.

96. L'air pur n'est point absorbé par l'eau ; il n'y est point du tout soluble. Mais il est absorbé presqu'en entier par le gas nitreux, avec lequel son oxigène se combine, comme nous le verrons ci-après (197) : et cette combinaison, qui est tout-à-fait soluble dans l'eau, forme l'acide nitreux.

97. L'air pur sert éminemment à la respiration : un animal qui seroit renfermé dans une capacité remplie d'air pur, y vivroit environ quatre fois aussi long-tems qu'il y pourroit vivre, si cette capacité étoit pleine d'air athmosphérique ; parce que, dans le premier cas, cet animal trouveroit quatre fois autant de fluide propre à la respiration, qu'il en trouveroit dans le second cas, puisque l'air athmosphérique ne contient qu'environ un quart d'air pur (90).

98. L'air pur est donc le seul fluide propre à l'entretien de la vie des animaux : en voici la raison. Il faut beaucoup de calorique pour l'entretien de la vie : l'air pur est le seul de tous les fluides élastiques qui en puisse fournir ; 1°. parce qu'il en contient beaucoup plus que les autres : 2°. parce que sa base a, avec le carbone et l'hydrogène, une grande affinité, que n'ont pas les bases des autres gas. Or il se dégage, du sang dans les poumons, une certaine quantité d'hydrogène carboné. L'air pur inspiré se com-

bine donc avec ces deux substances, l'hydrogène et le carbone. Une partie de cet air, en se
combinant avec le carbone, forme, en abandonnant une partie de son calorique, du gas
acide carbonique (215) : ceci peut être regardé
comme une vraie combustion du carbone. Une
autre partie de l'air pur se combine avec l'hydrogène, et forme de l'eau, en abandonnant
tout son calorique. Ce sont ces deux portions
de calorique, abandonné par l'air pur, qui en-
tretiennent la chaleur animale et la vie. (Voyez
les preuves de tout cela dans mes *Principes de
Physique*, n°. 662.)

99. Mais puisque dans la respiration il se
dégage, de l'air pur, une très-grande quantité
de calorique, il est probable que ce fluide pourroit être nuisible aux animaux qui le respire-
roient seul pendant un certain tems, en leur
fournissant trop de calorique ; ce qui raréfieroit
trop leur sang, et augmenteroit la rapidité de
sa circulation ; d'où il pourroit résulter une
fièvre ardente et une inflammation aux poumons, comme *Lavoisier* l'a prouvé par expérience.

100. L'air pur est le seul fluide élastique dans
lequel les corps puissent brûler : car dans l'air
athmosphérique, dans lequel les corps brûlent
aussi, il n'y a que l'air pur qui s'y trouve, qui
soit propre à la combustion ; parce que la combustion n'est qu'une combinaison de l'oxigène
avec ce corps combustible (92). Mais lorsque

C

l'air pur est dégagé de tout autre fluide, la combustion s'y fait avec beaucoup de chaleur et de lumière : ce qui est dû à la séparation rapide du calorique, qui prend l'état de liberté, en quittant la base de cet air, à mesure que cette base se fixe dans le corps qui brûle. (Voyez-en les preuves dans mes *Principes de Physique*, nᵒˢ. 665, 666, 667.)

101. Si l'on souffle le feu avec de l'air pur, on en augmente considérablement l'activité, comme cela a été prouvé par *Priestley* et *Lavoisier*. (*Principes de Physique*, nᵒ. 668). On ne connoît point de chaleur aussi vive que celle-là.

102. La base de l'air pur (l'oxigène) est une des parties constituantes de l'eau, comme cela sera prouvé ci-après (275).

103. L'air pur, ou gas oxigène, est aisément décomposé par le phosphore, le soufre et le carbone, comme cela a été prouvé par expérience. Pour opérer avec plus d'exactitude, dans ces expériences, il ne faut pas employer l'air athmosphérique, mais seulement l'air vital ou gas oxigène pur, autant qu'il sera possible.

104. *Exp.* Sur l'appareil pneumato-chymique à l'eau (*fig.* 4) on a rempli de gas oxigène un récipient de 5 à 6 pintes (environ 5 ou 5 $\frac{1}{2}$ litres) de capacité : on l'a ensuite transporté sur l'appareil au mercure (*fig.* 6) au moyen d'une capsule de verre qu'on a passée par-dessous : on a bien séché la surface du

mercure, avec un papier brouillard; et l'on y introduit 61 ¼ grains (3 ¼ grammes) de phosphore de Kunkel, que l'on a divisés dans deux capsules de porcelaine semblables à celle que l'on voit en D (*fig.* 6) sous la cloche A ; et pour pouvoir allumer chacune de ces deux portions séparément, et que l'inflammation ne se communiquât pas de l'une à l'autre, on a recouvert l'une des deux avec un petit carreau de verre. Tout étant ainsi préparé, on a élevé le mercure dans la cloche A à la hauteur E F, en suçant avec un siphon de verre G H I, qu'on a introduit pardessous la cloche : et pour qu'il ne se remplît pas en passant à travers le mercure, on a tortillé à son extrémité I un petit morceau de papier. Ensuite, avec un fer recourbé (*fig.* 7) rougi au feu, on a allumé successivement le phosphore des deux capsules, en commençant par celle qui n'étoit pas recouverte d'un carreau de verre.

La combustion s'est faite avec une grande rapidité, avec une flamme brillante, et un dégagement considérable de chaleur et de lumière. Dans le premier instant il y a eu une grande raréfaction du gas oxigène, occasionnée par la chaleur; ce qui a fait baisser le mercure, qui est ensuite remonté beaucoup plus haut, car il y a eu une absorption considérable : en même tems l'intérieur de la cloche s'est tapissé de flocons blancs et légers, qui étoient de l'acide phosphorique concret.

105. La quantité de gas oxigène employée étoit de 162 pouces cubes (environ 3213493 millimètres cubes) : après l'absorption , il n'en restoit plus que 23 $\frac{1}{4}$ pouces cubes (environ 461196 millimètres cubes) : la quantité de gas oxigène absorbée a donc été de 138 $\frac{1}{4}$ pouces cubes (2742379 millimètres cubes), ou de 69,$\overset{\text{gr.}}{3}$75 (3 grammes 685 milligrammes). Il n'y a eu qu'environ 45 grains (2 grammes 390 milligrammes) de phosphore de brûlé , car il s'en est trouvé sur les capsules environ 16 $\frac{1}{4}$ grains (863 milligrammes).

106. Dans cette expérience, 45 grains (2 grammes 390 milligrammes) de phosphore se sont combinés avec 69,$\overset{\text{gr.}}{3}$75 (3 grammes 685 milligrammes) d'oxigène ; et ont formé 114,$\overset{\text{gr.}}{3}$75 (6 grammes 75 milligrammes) de flocons blancs, qui sont un véritable acide phosphorique concret, d'où l'on peut conclure que, pour saturer 100 livres de phosphore, il faut 154 livres d'oxigène, d'où il résulte 254 livres d'acide phosphorique concret : ou pour saturer 100 kiliogrammes de phosphore, il faut 154 kiliogrammes d'oxigène, d'où il résulte 254 kiliogrammes d'acide phosphorique concret.

107. Cette expérience prouve qu'à un certain degré de température , l'oxigène a avec le phosphore plus d'affinité qu'il n'en a avec le calorique ; qu'en conséquence le phosphore décompose le gas oxigène , en s'emparant de sa base :

et alors le calorique , prenant l'état de liberté , passe dans les corps environnans, et y produit de la chaleur.

108. L'expérience suivante , faite plus en grand, prouve les résultats précédens d'une manière plus rigoureuse et plus exacte. Voici cette expérience. On prend un grand ballon de verre A (*fig.* 8) , dont l'ouverture E F ait 81 millimètres (3 pouces) de diamètre ; cet ouverture se recouvre avec une plaque de crystal usée à l'émeril , laquelle est percée de deux trous , pour le passage de deux tuyaux yyy , xxx garnis de robinets. Avant de fermer le ballon avec sa plaque, on y introduit un support C B surmonté d'une capsule de porcelaine D , qui contient 8 grammes (150 $\frac{1}{7}$ grains) de phosphore : après quoi on ferme exactement le ballon , en y luttant la plaque de cristal ; et on le vide d'air, en appliquant le tuyau xxx à une pompe pneumatique. Ensuite on pèse tout l'appareil avec une bonne balance ; après quoi on remplit le ballon de gas oxigène, en appliquant le tuyau yyy à la machine hydro-pneumatique, dont on peut voir la description dans les *Mémoires de l'Académie des Sciences*, année 1782, page 466. On peut, à l'aide de cette machine, connoître, d'une manière rigoureuse, la quantité de gas oxigène introduite dans le ballon , et celle qui se consomme pendant le cours de l'opération.

109. Le tout étant ainsi disposé, on met le feu au phosphore avec un verre ardent. La com-

bustion est très-rapide , et accompagnée d'une grande flamme et de beaucoup de chaleur. A mesure qu'elle s'opère , il se forme une si grande quantité de flocons blancs , qui s'attachent aux parois intérieures du vase , que bientôt il en est entièrement obscurci.

110. Lorsque tout l'appareil est parfaitement refroidi , et qu'on s'est assuré de la quantité de gas oxigène qui a été employée, on pèse de nouveau le ballon , avant de l'ouvrir. Ensuite on lave , on sèche , et l'on pèse la petite quantité de phosphore restée dans le capsule , afin de la réduire de la quantité totale de phosphore employée dans l'expérience. Moyennant ces précautions , il est facile de constater , 1º. le poids du phosphore brûlé ; 2º. le poids du gas exigène qui s'est combiné avec le phosphore ; 3º. le poids des flocons blancs obtenus par la combustion. Cette expérience donne à-peu-près les mêmes résultats que la précédente.

111. D'où il résulte que le phosphore, en brûlant, se combine avec un peu plus d'une fois et demie son poids d'oxigène ; et que le poids des flocons blancs ou de l'acide phosphorique concret , qui est produit , est égal à la somme des poids du phosphore brûlé et de l'oxigène combiné.

112. Il y a , en pareil cas, beaucoup de chaleur produite : en effet, l'expérience prouve qu'un hectogramme de phosphore , en brûlant, peut fondre un peu plus de 5o kiliogrammes de

glace. Cette combustion excite donc plus de 6000 degrés de chaleur (332).

113. La combustion du phosphore réussit aussi dans l'air de l'athmosphère, mais avec ces deux différences ; 1°. que la combustion est beaucoup moins rapide, étant ralentie par la mofette de l'air ; 2°. qu'il n'y a qu'environ un cinquième de l'air d'absorbé, cette absorption se faisant toute aux dépens du gas oxigène.

114. Le phosphore, par sa combustion se transforme donc en une substance nouvelle ; et il acquiert des propriétés toutes nouvelles. D'insoluble qu'il étoit dans l'eau, non-seulement il y devient soluble, mais il attire l'humidité contenue dans l'air avec une étonnante rapidité ; et il se résout en une liqueur beaucoup plus dense que l'eau, et d'une pesanteur spécifique beaucoup plus grande. Le phosphore, avant sa combustion, n'a presque aucun goût : par sa combinaison avec l'oxigène, il prend un goût extrêmement aigre et piquant ; il devient ce qu'on appelle un acide. Enfin, de la classe des combustibles, il passe dans celle des substances incombustibles.

115. Cette conversibilité d'une substance combustible en une substance incombustible ; en un mot, en un acide, par l'addition de l'oxigène, est, comme nous le verrons dans la suite (802 et *suiv.*) une propriété commune à un grand nombre de corps. Aussi nommerons-nous, en

général, *oxigénation*, la combinaison d'un corps combustible quelconque avec l'oxigène.

116. Le soufre est également un corps combustible, qui a la propriété de décomposer l'air pur, et d'enlever l'oxigène au calorique. On peut s'en assurer par des expériences toutes semblables aux précédentes (104 et *suiv.*) Mais il faut avertir qu'il est impossible, en opérant sur le soufre, d'obtenir des résultats aussi exacts que ceux qu'on obtient avec le phosphore, par la raison que l'acide formé par la combustion du soufre est difficile à condenser ; que le soufre lui-même brûle avec beaucoup de difficulté, et qu'il est susceptible de se dissoudre dans différens gas.

117. Mais on peut assurer, d'après l'expérience, que le soufre, en brûlant, se combine avec la base de l'air pur ; que l'acide qui se forme alors, est beaucoup plus pesant que n'étoit le soufre ; car son poids est égal à la somme des poids du soufre et de l'oxigène qui y est combiné : il n'étoit donc pas tout formé dans le soufre, comme le prétendoient les anciens. Qu'enfin cet acide est pesant, incombustible, et susceptible de se combiner avec l'eau en toutes proportions : il ne reste d'incertitude que sur les quantités de soufre et d'oxigène qui constituent cet acide, que l'on appelle *acide sulfurique* ou *sulfureux*, suivant le plus ou le moins d'oxigène qui y est combiné.

118. Le carbone, qu'on peut regarder comme une substance combustible simple, a également la propriété de décomposer l'air pur, et d'enlever sa base au calorique. Mais l'acide qui résulte de cette combustion, ne se condense pas en liqueur, ni sous forme concrète, au degré de pression et de température dans lequel nous vivons : il demeure dans l'état de fluide aériforme ; et il faut une grande quantité d'eau pour l'absorber : une certaine quantité d'eau n'en peut dissoudre qu'un volume à-peu-près égal au sien. Cet acide a toutes les propriétés communes aux autres acides, mais dans un degré plus foible, il se combine comme eux, avec toutes les bases susceptibles de former des sels neutres ; mais il en est chassé par tous les acides, même les plus foibles.

119. On peut opérer la combustion du charbon comme celle du phosphore (104), sous une cloche de verre A (*fig.* 7) remplie d'air pur ou gas oxigène, et renversée sur l'appareil pneumato-chymique au mercure. Mais comme la chaleur d'un fer chaud, et même rouge, ne suffiroit pas pour allumer le charbon, on a soin de mettre par-dessus un petit morceau d'amadou, et un petit atome de phosphore : le fer rouge allume aisément le phosphore ; ensuite l'inflammation se communique à l'amadou, puis au charbon. On trouvera le détail de cette expérience dans les *Mémoires de l'Académie des Sciences*, année 1781, page 448.

120. Il en résulte que, pour saturer d'oxigène 28 parties de carbone, il faut 72 parties d'oxigène, mesurant par le poids; et que l'acide aériforme qui est produit, a une pesanteur parfaitement égale à la somme des poids du carbone et de l'oxigène qui ont servi à le former. C'est cet acide aériforme qu'on appelle aujourd'hui *gas acide carbonique*.

121. On a éprouvé, par le moyen du calorimètre (*fig.* 46) qu'une livre (489506 milligrammes) de charbon, en brûlant, pouvoit fondre 96 livres 6 onces (47 kiliogrammes 176 grammes) de glace : dans cette opération, 2 livres 9 onces 1 gros 10 grains (1 kiliogramme 257 grammes 789 milligrammes) d'oxigène se combinent avec le charbon ; et il se forme 3 livres 9 onces 1 gros 10 grains (1 kiliogramme 258 grammes 714 milligrammes) de gas acide carbonique, dont le pouce cube (19836 millimètres cubes) pèse $0,695^{gr.}$ (37 milligrammes). La combustion d'une livre (489506 milligrammes) de charbon forme donc 47358 pouces cubes (939 litres 411 centimètres cubes) ou plus de 27 pieds cubes (plus de 9 hectolitres) de gas acide carbonique.

122. Ces exemples suffisent pour faire voir que la formation des acides s'opère par l'oxigénation d'une substance quelconque. On voit que l'oxigène est un principe commun à tous, et que c'est lui qui constitue leur acidité ; qu'ils sont ensuite différenciés les uns des autres par

la nature de la substance acidifiée, par la nature de leur base. Il faut, dans tout acide, distinguer la base acidifiable, à laquelle *Guiton-Morveau* a donné le nom de *radical*, et le principe aci-difiant, qui est l'oxigène.

123. Il y a différens degrés d'oxigénation. Lorsque les substances métalliques sont échauf-fées à un certain degré, l'oxigène a plus d'affi-nités avec elles, qu'il n'en a avec le calorique. En conséquence, les substances métalliques, si l'on en excepte l'or, l'argent et le platine, ont la propriété de décomposer le gas oxigène, et de se combiner avec sa base, en en dégageant le calorique. Cela ne les convertit pas en acides; il n'y a pas assez d'oxigène pour cela : cela les réduit seulement en une poudre terreuse.

124. Les anciens ont donné à ces poudres ter-reuses, le nom de *chaux*, comme on l'a donné à toute substance qui a été exposée long-tems à l'action du feu sans se fondre. Ils ont donc con-fondu, sous le même nom, et la pierre calcaire, qui, de sel neutre qu'elle étoit, se convertit, par la calcination, en un alkali terreux, en per-dant moitié de son poids, et les métaux, qui, par la même opération, se combinent avec une nouvelle substance, qui ajoute à leur poids. Pour distinguer ces deux choses si différentes, nous nommerons donc *chaux* les pierres calcinées; et nous appellerons *oxides* les métaux combinés avec l'oxigène, ainsi que quelques autres subs-tances combinées avec peu d'oxigène.

125. Le premier degré d'oxigénation constitue les *oxides*. Le second degré constitue les *acides foibles*, ceux dont on a terminé les noms en *eux*, comme les acides *nitreux*, *sulfureux*, etc. Le troisième degré constitue les *acides forts*, saturés d'oxigène, et dont on a terminé les noms en *iques*, tels que l'acide *nitrique*, l'acide *sulfurique*, etc. Le quatrième degré d'oxigénation constitue ceux qui sont plus que saturés d'oxigène, et qu'on appelle *oxigénés* : tel est le muriate *oxigéné*.

CLASSE II.

Des Fluides élastiques suffoquans.

126. Ces fluides sont ceux qui ne peuvent servir ni à la respiration, ni à la vie des animaux, ni à la combustion des corps. Tels sont tous les gas dont nous allons parler (58). Nous les avons divisés en trois ordres : 1°. ceux qui ne sont point salins ; 2°. ceux qui sont salins ; 3°. ceux qui sont inflammables (59).

Nous allons parler d'abord de ceux qui ne sont point salins (60).

ORDRE I.

Gas non - salins.

127. Ce sont ceux qui ne sont ni acides ni alkalins (60) : tels sont le gas azotique, le gas nitreux et le gas muriatique oxigéné.

3. *Gas azotique.*

128. Le gas azotique ou athmosphérique est la partie non-respirable de l'athmosphère, dont elle forme à-peu-près les trois quarts (87). C'est ce fluide que *Priestley* avoit appelé *air phlogistiqué*, parce qu'il avoit cru qu'il n'étoit que de l'air altéré par le phlogistique dégagé des corps en combustion, ou des matières odorantes, etc. Mais il est bien prouvé maintenant que ce fluide est tout formé dans l'athmosphère, et qu'il reste entier à mesure que l'air pur est absorbé.

129. Le gas azotique est composé d'une base appelée *azote* (69), combinée avec le calorique. Cette base est peu connue, parce qu'on ne peut pas se la procurer seule et hors de toute combinaison ; parce qu'on ne peut pas la séparer du calorique, sans la fixer dans un autre corps. On lui a donné le nom d'*azote*, qui signifie privatif de la vie, parce que les animaux ne peuvent pas vivre dans ce fluide, lorsqu'il est seul, et séparé de l'air pur ou vital.

130. Le gas azotique est le résidu de la respiration des animaux, de la combustion des corps, et de la putréfaction ; parce que, dans tous ces cas, l'air pur est ou absorbé ou détruit.

131. Dans la respiration des animaux, l'air pur est en partie décomposé dans leur poitrine, son oxigène se combinant avec l'hydrogène qui s'y rencontre, pour former de l'eau, et abandou-

nant tout son calorique : l'autre portion de l'air pur se combine avec le carbone qu'y apporte le sang veineux, et forme du gas acide carbonique, en abandonnant une partie de son calorique. Ce sont ces deux portions de calorique abandonnées par l'air pur, qui réparent la perte de leur chaleur naturelle que font continuellement les animaux. L'air pur étant employé en entier à ces deux fonctions, le gas azotique demeure entier, et est expiré conjointement avec le gas acide carbonique qui a été formé (98).

132. Dans la combustion des corps, une partie de l'oxigène de l'air pur se combine avec le corps qui brûle ; une autre partie se combine avec le carbone que fournit le corps combustible, et forme du gas acide carbonique ; et le gas azotique demeure mêlé avec le gas acide carbonique qui vient de se former.

133. Dans la putréfaction, comme dans la combustion, une partie de l'oxigène de l'air pur se combine avec le corps qui pourrit ; une autre partie se combine avec le carbone fourni par la matière en putréfaction, et forme du gas acide carbonique ; et le gas azotique se trouve encore là mêlé de gas acide carbonique.

134. On voit donc que, dans tous ces cas, le gas azotique se trouve mêlé de gas acide carbonique, dont il est aisé de le débarrasser, en secouant le tout dans de l'eau de chaux. L'acide carbonique se combine avec la chaux, et forme de la craie ; et le gas azotique demeure pur.

135. Il y a plusieurs moyens de se procurer le gas azotique pur : le plus usité est le procédé de *Scheelle*, qui consiste à exposer une quantité déterminée d'air athmosphérique sur du sulfure ou foie de soufre liquide, sous des cloches de verre : le sulfure absorbe peu-à-peu la base du gas oxigène ; et lorsque l'absorption est complète, le gas azotique demeure pur. 2°. On l'obtient aussi, d'après la découverte de *Bertholet*, membre de l'Institut national des Sciences et des Arts, en traitant la chair musculaire, ou la partie fibreuse du sang bien lavée, avec l'acide nitreux, dans l'appareil pneumato-chymique ; parce que la base de ce gas, l'*azote*, entre dans la composition des chairs, et sert à les animaliser. Mais il faut que les matières animales soient bien fraîches ; car si elles sont altérées, elles fournissent du gas acide carbonique mêlé au gas azotique. 3°. On le retire du nitre par la détonnation, avec quelques corps combustibles ; mais si le corps combustible, dont on fait usage, est du charbon, le gas azotique se trouve mêlé avec du gas acide carbonique, dont on le débarrasse ensuite par l'alkali caustique ou l'eau de chaux. 4°. On le retire encore de la combinaison de l'ammoniaque avec les oxides métalliques : dans cette combinaison, l'hydrogène de l'ammoniaque se combine avec l'oxigène de l'oxide, et forme de l'eau ; et l'azote se dégage sous forme gaseuse.

136. On trouvera encore le gas azotique pur dans le résidu de l'air qui a servi à l'oxidation

des métaux, ainsi que dans le résidu de l'air qui a été mêlé en juste proportion avec le gas nitreux (197), parce que les métaux et le gas nitreux se combinent avec l'oxigène, base de l'air pur : il ne reste, après cette combinaison, que le gas azotique.

137. *Fourcroy*, membre de l'Institut national des Sciences et des Arts, a découvert que les vessies natatoires des poissons sont pleines de gas azotique, et que, pour le recueillir, il suffit de crever ces vessies sous des cloches pleines d'eau.

138. Le gas azotique est un peu plus léger que l'air athmosphérique : sa pesanteur spécifique est à celle de l'air, comme 96,31 est à 100,00 ; et à celle de l'eau distillée, comme 11,9048 est à 10000,0000 ; de sorte que le décimètre cube de ce fluide pèse 1 gramme 190 milligrammes ($22\overset{gr.}{,}406$) ; et le mètre cube, 1 kiliogramme 190 grammes 64 milligrammes (2 livres 6 onces 7 gros 13 grains) ; *en mesures et poids anciens,* le pouce cube de ce fluide pèse 0,4444 de grain ($23\overset{m.\,gm.}{,}604$) ; et le pied cube, 1 once 2 gros 48 grains (40 grammes 792 milligrammes).

139. Le gas azotique, lorsqu'il est pur, n'a aucune odeur ni saveur sensibles.

140. Il n'est point soluble dans l'eau, ou du moins très-peu. On peut s'en assurer, en mettant, dans un long tube de verre (*fig.* 9), divisé en mesures égales par des traits de diamant, 3 ou 4 mesures de ce gas ; agitant ensuite forte-

ment ce tube dans l'eau, son ouverture étant en en-bas : son volume ne sera pas sensiblement diminué.

141. Le gas azotique ne donne aucun signe d'acidité : il ne rougit point les couleurs bleues des végétaux, comme le font tous les acides ; il ne précipite point la chaux dissoute dans l'eau.

142. Le gas azotique éteint subitement les corps embrasés ; et il suffoque, avec beaucoup de promptitude et d'énergie, les animaux qu'on y plonge.

143. Le gas azotique devient respirable par la végétation de la verdure, parce que ces végétaux occasionnent la production de l'air pur, en absorbant l'hydrogène de l'eau, qui, en se décomposant, sert à la végétation, et en laissant l'oxigène libre, qui, en se combinant avec le calorique, forme de l'air pur. En effet, si, à 72 parties de ce gas, on mêle 28 parties d'air pur, on en fera un air semblable à celui de l'athmosphère, et respirable comme lui (87).

144. La base du fluide azotique, *l'azote*, est un des principes les plus abondamment répandus dans la nature. Combiné avec le calorique, il forme le gas azotique (129), qui demeure constamment sous la forme gaseuse, ce qui fait environ les trois quarts du fluide que nous respirons : combiné avec l'hydrogène, il forme l'ammoniaque (847) : avec l'oxigène, il forme ou l'oxide nitreux, base du gas nitreux (70), ou les acides nitreux ou nitriques (806), suivant son

degré d'oxigénation : combiné avec le carbone,
ou le phosphore, ou le soufre, il forme des azo-
tures ; car ces trois substances sont susceptibles
de se dissoudre dans le gas azotique.

145. L'*azote* est aussi un des élémens qui constitue essentiellement les matières animales : il
y est combiné avec le carbone et l'hydrogène ,
et quelquefois avec le phosphore : le tout est lié
par une certaine portion d'oxigène, qui les met
à l'état d'oxide, ou même à celui d'acide, suivant le degré d'oxigénation. La nature des matières animales peut donc varier, comme le fait
celle des matières végétales (1003 et *suiv.*), de
trois manières : 1°. par le nombre des substances
qui entrent dans la combinaison du radical ;
2°. par la proportion de chacune de ces substances ; 3°. par le degré d'oxigénation.

146. Tout nous porte à croire que l'*azote* est
un être simple et élémentaire ; du moins n'a-t-il
pas encore été décomposé ; et ce motif suffit pour
le regarder comme élément.

Nous venons d'analyser les deux fluides qui
constituent essentiellement l'air athmosphérique : il convient d'examiner maintenant quelles
sont les propriétés physiques de ce fluide, dans
lequel nous vivons.

Des propriétés physiques de l'air athmosphérique.

147. Nous venons de voir (85) que l'air athmosphérique est un mélange de deux fluides

élastiques, dont l'un est l'air pur ou gas oxigène (89), et l'autre, le gas azotique (128). Le
premier de ces fluides est le seul propre à l'entretien de la vie des hommes et des animaux (98),
et à la combustion des corps (100); le second,
s'il étoit seul, nous suffoqueroit très-promptement, et éteindroit subitement les corps embrasés
qu'on y plongeroit (142). Il est vrai que, si nous
respirions le premier seul et sans mèlange, il
pourroit aussi nous faire périr assez vîte, par la
chaleur ardente qu'il imprimeroit à tout notre
être (99). Nous devons donc admirer la pro-
vidence dans la composition et le mèlange du
fluide qu'elle nous a donné à respirer. Cet air
si pur et si propre à l'entretien de la vie, peut
être comparé aux liqueurs spiritueuses, qui sont
bonnes en elles-mêmes, mais dont il faut user
sobrement.

148. L'air environne de toutes parts le globe
terrestre, et lui sert, en quelque manière, d'enveloppe. C'est cette enveloppe que l'on appelle
athmosphère. Nous devons donc considérer l'air
sous deux différens rapports : 1°. en lui-même ;
2°. comme formant l'athmosphère. En cette dernière qualité, l'air a des propriétés qu'il n'a pas
lorsqu'on n'en considère qu'une portion, et
qu'on fait abstraction de ce qui s'y mêle d'é-
tranger.

De l'Air considéré en lui-même.

149. L'air est, comme tous les autres fluides permanens de cette espèce (56), pesant, compressible, élastique, transparent, sans couleur, invisible, et incondensable en liqueur par le froid.

150. L'air ne devient jamais partie constituante d'aucun corps ; mais ses bases (68 et 69), savoir, l'oxigène et l'azote, entrent dans la composition d'un grand nombre de corps : l'oxigène entre dans la composition de tous les oxides, de tous les acides, etc. et l'azote dans celle des animaux, dans celle de quelques végétaux, dans celle des oxides et des acides nitreux, dans celle de l'ammoniaque, etc. pourvu que ces bases cessent d'être combinées avec le calorique.

151. Tant que ces bases demeurent combinées avec le calorique, elles forment un fluide qui ne cesse jamais de l'être : cette fluidité constante est causée par l'élasticité, qui tend toujours à dilater la masse, et qui conserve la mobilité respective des parties.

152. L'air adhère assez fortement à la surface des corps.

153. L'air est un fluide *pesant :* et sa pesanteur spécifique est à celle de l'eau distillée, comme 1 est à 809. D'où l'on conclut que le litre d'air pèse 1 gramme 232 (23,193); et le kiliolitre ou mètre cube d'air pèse 1 kiliogramme 231 grammes 903 (2 livres 8 onces 2 gros 9 grains) : et

en mesures anciennes, le pouce cube d'air pèse
24,4382 (o,4601), et le pied cube d'air pèse
42 grammes 126,2530 (1 once 3 gros 3 grains).

154. L'air est un fluide *compressible*. Il se comprime par son propre poids, et par toutes les forces qui agissent sur lui. Mais quels rapports gar-
dent entre elles la condensation de l'air et la
force qui le comprime ? L'expérience prouve que
l'air comprimé diminue de volume dans le même
rapport dans lequel la compression augmente :
d'où l'on conclut que *l'air se condense en raison*
directe des poids dont il est chargé.

155. L'air est un fluide *élastique :* et son élasticité tend toujours à dilater sa masse.

156. L'élasticité de l'air est *parfaite ;* c'est-
à-dire, que, lorsque la force qui a comprimé l'air
cesse d'agir, il se rétablit, 1°. complètement ;
2°. avec la même promptitude que celle avec
laquelle il a été comprimé.

157. L'élasticité de l'air est de plus *inaltérable :*
ni la force, ni la durée de la compression n'altèrent en aucune manière le ressort de l'air. *Ro-*
berval a éprouvé qu'une masse d'air, qui est de-
meurée comprimée pendant 15 ans, a eu autant
de force de ressort, après ce long intervalle de
temps, qu'elle en auroit eu un instant après la
compression.

158. Le ressort de l'air augmente comme sa
densité, et dans le même rapport : de sorte que
le ressort de l'air égale toujours, et fait équi-

libre à la puissance qui le comprime : et, par sa réaction, il peut produire le même effet que produiroit cette puissance.

159. La chaleur appliquée à une masse d'air, produit sur elle un de ces deux effets : 1°. elle en augmente le volume, si ce volume a la liberté de s'étendre ; 2°. si ce volume d'air ne peut pas s'étendre, s'il est retenu par des obstacles, la chaleur en augmente le ressort ; et cela d'autant plus que la force qui retient cette masse d'air est plus grande.

160. L'air athmosphérique est non-seulement le fluide essentiel à l'entretien de la vie des hommes et des animaux, mais il est encore le plus approprié à cette fonction. Nous avons prouvé ci-dessus (85) que l'air de l'athmosphère est composé d'une partie d'un fluide essentiel à la respiration des hommes et des animaux, et de trois parties d'une mofette, qui, si elle étoit seule, seroit capable de les suffoquer. Nous avons de plus fait voir (99) que ce fluide, essentiel à la respiration et à la vie, s'il étoit seul, pourroit nous faire périr, en nous fournissant trop de calorique, et en occasionnant une inflammation aux poumons. Mais son activité est tempérée par la mofette, qui est le gas azotique, dont la base remplit encore une autre fonction ; car elle entre dans la composition des chairs, et sert à les animaliser (135). *L'air athmosphérique est donc le fluide le plus approprié à l'entretien de la vie des hommes et des animaux.*

161. L'air athmosphérique, et principalement l'air pur, qui en fait partie, est essentiel à la combustion des corps ; de sorte que les matières les plus combustibles ne peuvent s'enflammer qu'en contact avec l'air; et celles qui sont déjà enflammées, s'éteignent promptement si elles manquent d'air. Cela vient de ce que, comme nous l'avons dit ci-dessus (100), la combustion n'est autre chose qu'une combinaison de l'oxigène, base de l'air pur, avec le corps combustible. Si cet oxigène manque, la combustion ne peut donc pas avoir lieu.

De l'Air considéré comme athmosphère terrestre.

162. Quelque part où nous nous trouvions, nous sommes toujours plongés dans l'air, sans lequel nous ne pourrions pas vivre (147) ; la terre est donc enveloppée d'air de toutes parts. C'est cette enveloppe qu'on nomme *athmosphère terrestre* (148) , qui pèse sur la terre, et qui est emportée avec elle dans ses mouvemens diurne et annuel.

163. L'athmosphère est un fluide mêlangé d'une grande quantité de substances étrangères. Le raisonnement seul suffit pour nous en convaincre. Car, comme rien de ce qui a été créé ne s'anéantit, il est évident que tout ce qui se dissipe et disparoît, passe dans l'athmosphère : et, comme en tous temps et en tous lieux on ne rencontre pas toujours les mêmes substances,

son état doit varier suivant les temps et les lieux.

164. Nous pouvons considérer l'athmosphère sous deux aspects différens : 1º. comme un fluide en repos, du moins respectivement à nous : 2º. comme un fluide agité.

L'athmosphère considérée comme un fluide en repos.

165. Nous avons dit (153) que l'air est un fluide pesant : mais l'athmosphère est composée d'air ; donc *l'athmosphère est pesante*. Mais sa pesanteur est celle d'un fluide ; elle doit donc croître ou diminuer selon la hauteur perpendiculaire des colonnes, et selon la largeur de leur base. C'est en effet suivant ces proportions qu'elle agit sur la terre et sur nous ; comme on s'en est assuré par expérience.

166. La hauteur de l'athmosphère seroit une chose curieuse à connoître : mais cela est très-difficile, pour ne pas dire impossible. Le poids de la colonne d'air nous donneroit cette hauteur, si l'air de l'athmosphère étoit de la même densité dans toute son étendue ; ou du moins si nous connoissions dans quelle progression l'air se dilate à mesure qu'il s'éloigne de la surface de la terre, et qu'il est moins chargé. Mais nous n'avons point cette connoissance ; ou du moins nous ne l'avons que pour la partie inférieure de la colonne d'air, encore n'est-ce qu'un à-peu-près.

167. C'est ce qui a déterminé *de la Hire*

(*Mémoires de l'Académie des Sciences*, année 1713, pag. 54), d'après une idée de *Kepler*, à employer, pour acquérir cette connoissance, la méthode des crépuscules. Les astronomes conviennent que les crépuscules n'ont lieu que lorsque le soleil n'est pas plus abaissé que de 18 degrés au-dessous de l'horizon, ces 18 degrés étant pris sur un cercle vertical. Alors le rayon solaire va toucher obliquement la surface supérieure de l'athmosphère, et en s'y réfractant, arrive jusqu'à la terre. Si l'athmosphère étoit moins haute qu'elle n'est, il faudroit que le soleil fût moins abaissé que de 18 degrés, pour que le crépuscule commençât : et si l'athmosphère étoit plus haute, le crépuscule commenceroit, le centre du soleil étant plus bas que 18 degrés. Il y a donc un rapport nécessaire entre la durée des crépuscules et la hauteur de l'athmosphère. C'est d'après la recherche de ce rapport que *de la Hire* a conclu, avec vraisemblance, cette hauteur d'environ 16 lieues. Il est cependant probable que l'air s'étend à une plus grande hauteur; mais qu'il a, au-dessus de 16 lieues, trop peu de densité pour réfracter sensiblement la lumière.

168. Le poids de la colonne d'air, indiqué par le baromètre, peut nous faire connoître le poids de l'athmosphère sur une surface donnée. Nous pouvons donc par-là savoir quelle est sur nous la pression de l'air. Cette pression équivaut à celle d'une colonne de mercure qui auroit pour hauteur celle du mercure dans le tube du baro-

mètre, et une base égale à la surface de notre corps; ce qui est énorme; car elle équivaut à plus de 3o milliers. Cependant nous ne nous en appercevons guère; parce que nous respirons le même fluide que celui qui nous presse; et parce que cette pression est une sensation continuelle : or nous ne nous appercevons bien que des choses qui ne nous sont pas ordinaires.

169. Nous avons dit ci-dessus (163) qu'il y a dans l'athmosphère beaucoup de substances étrangères, de différentes natures, qui s'élèvent de la terre dans l'air. Nous divisons ces matières en deux classes : l'une comprend toutes celles qui tiennent de la nature de l'eau et qu'on appelle *vapeurs* : dans l'autre sont comprises les parties salines, grasses, spiritueuses, etc. auxquelles on a donné le nom d'*exhalaisons*. Toutes ces substances différemment mèlangées ou modifiées, prennent différentes formes, et produisent différens phénomènes, qu'on nomme *météores*.

170. Les météores sont donc des phénomènes qui ont lieu dans l'athmosphère. On en distingue de trois sortes : les météores aqueux; les météores lumineux; les météores enflammés.

171. Les météores aqueux sont tous produits par l'eau qui se trouve dans l'athmosphère, soit en vapeur, soit en dissolution. Tels sont le *serein*, la *rosée*, les *brouillards*, les *nuages*, la *pluie*, la *neige*, la *grêle*, etc.

172. Les météores lumineux sont ceux qui ren-

dent apparentes les couleurs de la lumière, par sa décomposition. Tels sont l'*arc-en-ciel* ou l'*iris*, les *couronnes*, etc.

173. Les météores enflammés sont ceux qui occasionnent des inflammations ou embrasemens dans l'athmosphère. Tels sont les *éclairs*, le *tonnerre*, les *globes de feu*, les *aurores boréales*, etc.

L'athmosphère considérée comme un fluide agité.

174. On observe dans l'air de l'athmosphère deux sortes de mouvement. L'un n'est qu'un mouvement de tremblotement ou de vibration, imprimé aux parties de ce fluide, et qui les agite pendant quelque temps, sans les déplacer : c'est celui qui nous apporte le son. L'autre est un vrai mouvement de translation, par lequel une portion assez considérable de l'athmosphère est poussée d'un lieu dans un autre, avec une vîtesse plus ou moins grande, et dans une direction déterminée : c'est celui qui produit le vent.

Du Son.

175. Le son naît d'un mouvement de vibration imprimé à un corps sonore par le choc d'un autre corps, communiqué ensuite par ce corps sonore au fluide qui l'environne, et transmis par ce fluide jusqu'à l'oreille, qui est l'organe destiné à en recevoir l'impression.

176. De cette définition, il suit que nous

devons considérer le son sous trois aspects différens; 1°. dans le corps sonore qui le fait naître; 2°. dans le milieu qui le transmet; 3°. dans l'organe qui en reçoit l'impression.

177. Pour que les corps soient sonores, il faut nécessairement qu'ils soient élastiques; et leur son est proportionnel à leurs vibrations, pour la durée, et pour l'intensité ou la force.

178. Nous ne pouvons nous appercevoir du mouvement des corps qui sont à quelque distance de nous, qu'autant qu'il y a un milieu capable de nous transmettre ce mouvement. Sans ce milieu nous ne nous appercevrions donc pas des vibrations du corps sonore. Les fluides élastiques sont les milieux les plus propres à cet effet.

179. L'air est le milieu le plus ordinaire par lequel le son se transmet : et le son est porté et entendu d'autant plus loin, que le fluide, par lequel il se propage, a plus de densité. Le son se propage aussi par les liqueurs ; car, quoiqu'elles soient très-peu élastiques, elles ne sont pas totalement dénuées de ressort. Le son peut aussi se transmettre par des corps solides, pourvu qu'ils aient le degré de ressort nécessaire.

180. Quand le son rencontre des obstacles, il change de direction, et se réfléchit : c'est là ce qui forme les échos. Ils ne se trouvent point en rase campagne ; il faut nécessairement des objets élevés sur le terrein. Aussi n'en entend-on point en pleine mer, ni dans les plaines, où il n'y a ni maisons ni arbres ; mais on en trouve souvent

dans les bois, dans les vallées, vis-à-vis des rochers, des montagnes, etc.

181. L'oreille est l'organe destiné à recevoir les sons : l'ouïe est donc une sensation excitée en nous par les sons reçus dans l'oreille. Les sons arrivent d'abord à l'oreille extérieure, qui ayant à-peu-près la forme d'un entonnoir, favorise l'entrée d'une plus grande quantité de rayons sonores, qui se rendent, par le conduit auditif, jusqu'au tympan ; de-là dans la caisse du tambour ; et ensuite à toutes les parties de l'oreille interne. Ces sensations se transmettent ensuite jusqu'au cervelet par le moyen du nerf auditif, qui est divisé en plusieurs branches, lesquelles se subdivisent en petites fibres, et se distribuent à toutes les parties de l'oreille.

Des Vents.

182. Le vent est un mouvement de translation de l'air, par lequel une certaine portion de l'athmosphère est poussée d'un lieu dans un autre, avec une vîtesse plus ou moins grande, et dans une direction déterminée. C'est de cette direction que dérivent les noms que portent les vents ; car ils en prennent différens, relativement aux différens points de l'horizon d'où ils soufflent.

183. On divise les vents en généraux ou constans, en périodiques ou réglés, et en variables. Les vents généraux sont ceux qui soufflent toujours du même côté. Tels sont les *vents alizés*, qu'on remarque entre les deux tropiques, sur-

tout en pleine mer, et qui soufflent constamment de l'est à l'ouest, avec les petites variations que causent les différentes déclinaisons du
soleil.

184. Les vents périodiques ou réglés sont ceux
qui soufflent périodiquement d'un point de l'horizon dans un certain temps, et d'un autre point
dans un autre temps. Tels sont les *moussons*,
comme ceux qui soufflent du sud-est depuis le
mois de vendémiaire (octobre) jusqu'au mois
de floréal (mai) ; et du nord-ouest depuis le mois
de floréal (mai) jusqu'au mois de vendémiaire
(octobre), entre la côte de Zanguebar et l'isle
de Madagascar.

185. Les vents variables sont ceux qui soufflent tantôt d'un côté, tantôt d'un autre, et qui
commencent ou cessent sans aucune règle, ni
de lieux ni de temps ; et qui varient par la direction, par la durée et par la vîtesse. Tels sont
ceux que nous observons à Paris.

186. Les vents sont causés, en général, par
un défaut d'équilibre dans l'air ; de sorte que
les parties qui ont le plus de force, se portent
du côté où elles trouvent moins de résistance.
Mais quelle est la cause qui produit ce défaut
d'équilibre ? C'est ce qu'on ne sait que très-im-
parfaitement. Il me semble que j'aimerois mieux
donner, pour cause première et générale des
vents, l'électricité, qu'on sait qui règne continuellement dans l'athmosphère et à la surface de
notre globe, plutôt que les causes qu'en ont

donné les physiciens, qui sont des causes vagues et peu satisfaisantes.

187. On peut considérer, dans le vent, sa direction, sa vîtesse, et sa force. Sa direction est determinée par le point de l'horizon d'où il souffle. Sa vîtesse est très-variable : on a imaginé différens moyens de la mesurer. La force du vent dépend de sa vîtesse, et de la masse d'air qu'il fait agir contre l'obstacle qui lui est opposé. Le même vent fait donc d'autant plus d'effort, que l'obstacle lui présente plus de surface.

188. On tire de très-grands avantages des vents, en leur faisant produire des effets qui exigeroient la force d'un grand nombre d'hommes ou d'animaux. Ce sont les vents qui font tourner nos moulins à moudre les grains, à broyer les fruits et les semences pour en extraire les huiles, à fouler les draps, etc. Ce sont les vents qui transportent les vaisseaux d'un bord de l'Océan à l'autre ; ce qu'on ne pourroit faire que difficilement et à grands frais à force de rames.

Pour avoir de plus grands détails sur les propriétés physiques de l'air, voyez mes *Principes de physique* depuis l'art. 886 jusqu'à l'art. 1039 inclusivement.

Suite des Fluides élastiques suffoquans.

4. *Gas nitreux.*

189. Le gas nitreux a été découvert par *Hales*: mais *Priestley* a fait connoître la plupart de ses

propriétés. Il n'existe point dans la nature sans le secours de l'art. Il est une des parties constituantes de l'acide nitreux; et il seroit lui-même de l'acide nitreux, s'il n'étoit pas privé d'une bonne partie de son oxigène, ce qui fait qu'il cesse d'être acide. Il est composé de la même base que celle de l'acide nitreux, qui est de l'azote (70) tenant, dans l'état de gas, 2 parties d'oxigène; cette base étant combinée avec le calorique. Dans cet état il n'est point soluble dans l'eau : mais si on lui fournit une troisième partie d'oxigène, en se combinant avec cette partie de plus, il devient acide, et très-soluble dans l'eau. Si donc, sur 1 partie d'azote, il n'y a que 2 parties d'oxigène, ce n'est qu'un oxide nitreux, qui est la base du gas nitreux : s'il y a 3 parties d'oxigène, cela forme l'acide nitreux fumant : enfin s'il y a 4 parties d'oxigène, il en résulte l'acide nitrique blanc. Ces deux derniers composés sont acides et très-solubles dans l'eau : le premier n'est ni acide, ni soluble.

190. Il est aisé de se convaincre, et par l'analyse et par la synthèse, que la base de l'acide nitreux est de l'azote combiné avec de l'oxigène, mais non pas jusqu'à saturation; ce qui en feroit de l'acide nitrique, 1°. par l'analyse. On peut décomposer l'acide nitreux, en le faisant agir sur un métal, par exemple du cuivre, qui lui enlève une partie de son oxigène, et le réduit d'abord à l'état de gas nitreux : ensuite on expose ce gas nitreux sur du sulfure alkalin, qui lui ôte ce qui

lui reste d'oxigène : il ne reste plus que du gas azotique : donc, etc. 2°. par la synthèse. *Cawendish* a formé de l'acide nitreux, en exposant à l'action des étincelles électriques un mélange de 7 parties d'air pur et de 3 parties de gas azotique : l'azote s'est combiné avec l'oxigène de l'air pur ; et il en est résulté de l'acide nitreux : donc la base du gas nitreux est de l'azote combiné avec de l'oxigène.

191. On obtient donc le gas nitreux de l'acide nitreux ou nitrique que l'on fait agir sur des matières combustibles. Ces matières se combinent avec une plus ou moins grande portion de l'oxigène de l'acide, tandis que l'azote, qui retient une partie de l'oxigène, se combinant avec le calorique, forme le gas nitreux, qui passe dans la cloche. Les matières qui y sont propres, sont le fer, le cuivre rouge, le cuivre jaune, l'étain, l'argent, le mercure, le bismuth et le nickel. On peut l'extraire aussi de l'acide nitrique qui entre dans l'acide nitro-muriatique, par le moyen de l'or et de l'antimoine. On l'extrait encore du même acide nitreux, que l'on fait agir sur l'alcohol, sur les éthers, sur les huiles, les résines, les gommes, les charbons, le sucre, etc.

192. Ses propriétés sont les mêmes de quelque substance dont on se serve pour l'extraire : mais c'est par le moyen des métaux qu'on en obtient le plus. Il y en a cependant quelques-uns par le moyen desquels on n'extrait que du gas azotique ; parce qu'ils s'emparent de tout l'oxigène de l'a-

E

cide nitreux qu'on emploie. Le flacon dont on se sert pour faire agir l'acide sur le métal doit être rempli en entier d'acide : car s'il y restoit de l'air, le gas, en se dégageant, se combineroit avec l'oxigène de l'air pur : et cette combinaison, se dissolvant dans la liqueur, occasionneroit un vide qui permettroit à l'eau de la cuvette de passer dans le flacon.

193. Le gas nitreux est un peu plus pesant que l'air athmosphérique : sa pesanteur spécifique est à celle de l'air, comme 105,35 est à 100,00 : et à celle de l'eau distillée, comme 13,0179 est à 10000,0000. Le décimètre cube de ce fluide pèse 1 gramme 301 milligrammes. (24,500 $^{\text{gr.}}$); et le mètre cube pèse 1 kiliogramme 301 grammes 335 milligrammes (2 livres 10 onces 4 gros 20 grains). *En mesures et poids anciens*, le pouce cube de ce fluide pèse 0,4860 $^{\text{gr.}}$ (25,814 $^{\text{m. gm.}}$); et le pied cube 1 once 3 gros 48 grains (44 grammes 616 milligrammes).

194. Le gas nitreux bien pur n'est point du tout solubre dans l'eau, comme on peut s'en assurer en l'y secouant.

195. Il ne donne aucun signe d'acidité; car il ne rougit point les couleurs bleues des végétaux : il ne se combine point avec les alkalis, à moins qu'il ne soit mêlé d'air; car alors il devient acide en s'emparant de l'oxigène de l'air.

196. Le gas nitreux fait promptement périr les plantes et les animaux qu'on y plonge : et il

éteint les corps enflammés, en donnant une couleur verte à la flamme, avant de l'éteindre.

197. Si l'on mêle du gas nitreux à l'air de l'athmosphère, il devient rutilant, et a l'odeur de l'acide nitreux, comme il est aisé de s'en assurer, en en répandant un peu dans l'air. Il absorbe alors l'oxigène de l'air; il se combine avec lui, et devient l'acide nitreux. On peut encore mieux s'en assurer par l'expérience suivante. Dans un long tube de verre (*fig.* 9) divisé en mesures égales, par des traits de diamant, mettez 2 mesures d'air athmosphérique, et ensuite 1 mesure de gas nitreux. Sur-le-champ le mèlange deviendra rutilant et s'échauffera : et comme cette combinaison, qui est vraiment de l'acide nitreux, est très-soluble dans l'eau (189), vous verrez l'eau remonter dans le tube à mesure que le mèlange s'y dissoudra; de sorte que des 3 mesures il y en aura environ 1 ½ de dissoute, si l'air est d'une bonne qualité. Ce qui demeure sous la forme gaseuse, n'est plus que du gas azotique. La chaleur produite en cette occasion est due au calorique de ces fluides, qui prend l'état de liberté. Si, au lieu d'air athmosphérique, vous mêlez de l'air pur au gas nitreux, savoir, deux mesures de gas et une mesure d'air pur, le rutilant sera beaucoup plus intense; la chaleur produite, beaucoup plus grande; et le mèlange sera presque en entier dissous dans l'eau.

198. On voit que, par le moyen de ce gas, on peut juger de la salubrité de l'air; car il ne se

combine qu'avec l'oxigène ou base de l'air pur, qui est la seule partie de l'athmosphère qui soit respirable. On doit donc juger l'air ainsi éprouvé, d'autant plus propre à la respiration, qu'il y en a un plus grand volume d'absorbé.

199. L'eau qui a dissous ce mélange de gas nitreux et d'air pur, est devenue l'acide nitreux en liqueur, d'autant plus fort qu'il y a moins d'eau. 1°. Elle rougit les couleurs bleues des végétaux ; donc elle est acide. 2°. Cet acide s'unit et se combine avec les alkalis, et forme avec eux des nitres détonnans ; donc c'est un acide nitreux. Pour en avoir la preuve, au fond d'une cloche de verre, (*fig.* 10) attachez un petit nouet de gase plein de carbonate ammoniacal concret : posez cette cloche sur la planche E F (*fig.* 4) de l'appareil pneumato-chymique à l'eau : que la cloche soit aux deux tiers pleine d'air athmosphérique, et l'autre tiers plein d'eau ; faites ensuite passer du gas nitreux dans cette cloche. Le mélange deviendra d'abord rutilant (197), effet de la combinaison de ce gas avec la partie respirable de l'air. Par cette combinaison, le gas est devenu acide nitreux. Ensuite on apperçoit beaucoup de vapeurs blanches, qui sont l'effet de la combinaison de cet acide avec le carbonate ammoniacal. Ces vapeurs se condensent ensuite et crystallisent. Ces crystaux recueillis fuseront sur des charbons ardens ; donc c'est du nitre.

4. *Gas muriatique oxigéné.*

200. Le gas muriatique oxigéné, qui est l'acide muriatique déphlogistiqué de *Scheelle* sous forme gaseuse, est le gas acide muriatique dont nous parlerons ci-après (229 et *suivant*), mais surchargé d'oxigène, et parfaitement déphlegmé (71).

201. On obtient ce gas, en faisant chauffer et évaporer l'acide muriatique, pendant qu'il agit sur une substance qui tient l'oxigène, comme, par exemple, l'oxide natif de Manganèse. Si donc l'on met, dans une petite cornue de verre (*fig.* 12), 5o grammes d'oxide natif de Manganèse, et 100 grammes d'acide muriatique, et qu'on chauffe la cornue ; il s'excitera une vive fermentation, pendant laquelle l'acide muriatique passe en gas, mais surchargé d'oxigène, qu'il enlève à l'oxide de Manganèse, parce qu'il a avec lui une très-grande affinité. Pour recueillir ce gas, lorsqu'on juge que tout l'air de la cornue est sorti, on engage son bec sous une cloche pleine de mercure, ou même d'eau ; car ce gas ne se dissout dans l'eau qu'en petite quantité ; et quand l'eau en est saturée, le gas excédant passe à la partie supérieure de la cloche.

202. Ce gas est donc composé du gas acide muriatique (229) et d'un excès d'oxigène. C'est cet oxigène en excès qui, quoiqu'il soit le principe acidifiant, lui ôte toute ou presque toute son acidité, et le rend moins soluble dans l'eau.

Ceci est une chose difficile à expliquer. Nous avons vu (197 et *suiv.*) qu'un excès d'oxigène, ajouté au gas nitreux, y produit un effet contraire : car il lui donne l'acidité qu'il n'avoit pas, et il le rend tout-à-fait soluble dans l'eau. Il seroit difficile de dire d'où viennent ces deux effets opposés ; mais ce sont des faits bien constatés, que nous devons adopter, quoique nous en ignorions la cause.

203. Le gas muriatique oxigéné n'est point invisible, comme le sont les autres gas : il est d'un jaune verdâtre, qui le fait bien appercevoir. Il a une odeur forte et piquante, et qu'il est dangereux de respirer ; parce qu'il excite une toux violente, et pourroit causer une hémorragie.

204. Nous venons de dire (202) que le gas muriatique oxigéné n'est point acide, ou du moins qu'il l'est très-peu : la preuve en est qu'il ne se combine point, ou presque point, avec les alkalis, et qu'il n'a pas la force de chasser l'acide carbonique des différentes bases auxquelles il est combiné; ce que peuvent faire tous les acides que nous connoissons, quelque foibles qu'ils soient. De plus il ne rougit pas les couleurs bleues des végétaux, comme il le feroit s'il étoit acide. Mais il efface, non-seulement les couleurs bleues, mais aussi toutes les autres couleurs, et réduit tout au blanc. Il décolore donc toutes les fleurs : il décolore de même et blanchit la toile, la cire jaune, la soie, etc. C'est par le moyen de son excès d'oxigène qu'il produit ces effets ; et en

perdant cet excès d'oxigène, il redevient gas acide muriatique simple, qui est alors tout-à-fait soluble dans l'eau.

205. Le gas muriatique oxigéné éteint les corps enflammés, et fait périr très-promptement les animaux qu'on y plonge.

206. Ce gas a la propriété de décomposer l'ammoniaque : son oxigène excédant se combine avec l'hydrogène de l'ammoniaque, (lequel est composé de 1 partie d'hydrogène et de 6 parties d'azote) et forme de l'eau; et l'azote se trouve libre.

207. Le gas muriatique oxigéné n'est pas aussi soluble dans l'eau que l'est le gas acide muriatique simple (lequel ne peut en aucune façon être recueilli sous l'eau) : il y est cependant soluble jusqu'à un certain point (201), et forme alors le *muriate oxigéné* en liqueur, qui est le vrai dissolvant de l'or, du platine, etc. comme on peut en avoir la preuve, en mettant dans cette liqueur quelques feuilles d'or, qui y sont promptement dissoutes.

208. Dans l'acide nitro-muriatique c'est ce même agent qui dissout l'or ; car l'acide nitro-muriatique est un mèlange d'acide muriatique et d'acide nitrique. Dans ce mèlange l'acide muriatique (dont le radical a une grande affinité avec l'oxigène) se combine avec l'oxigène de l'acide nitrique, et devient par-là le muriate oxigéné (807); et la base de l'acide nitrique demeure libre : de sorte que, dans cette liqueur, il ne

reste peut-être plus rien d'acide. L'acide nitri-tique a perdu son acidité, en perdant son oxi-gène ; et l'acide muriatique a perdu la sienne en se combinant avec l'oxigène de l'acide ni-trique : deux faits qui, comme nous l'avons dit ci-dessus (202), sont difficiles à expliquer.

209. Le muriate oxigéné se décompose peu-à-peu par le contact de la lumière, qui en dé-gage l'oxigène excédant. En perdant cet excès d'oxigène, il repasse à l'état d'acide muriatique pur : et cet oxigène ainsi dégagé, se combi-nant avec le calorique, forme de l'air pur, appellé *gas oxigène*.

ORDRE II.

Gas salins.

210. Ce sont ceux qui sont ou acides ou al-kalins (61). Parmi ceux-ci, il n'y en a qu'un qui se trouve naturellement ; tous les autres ne sont que le produit de l'art.

6. *Gas acide carbonique.*

211. Le gas acide carbonique, est, de tous les gas, le plus anciennement connu. *Paracelse* et les anciens le nommoient *esprit sauvage, spi-ritus sylvestris. Vanhelmont* l'appella ensuite *gas sauvage, gas sylvestre.* Il fut, après cela, nommé *air fixe* par *Black, Boyle, Hales, Priestley, Lavoisier, ect. ; acide méphitique* par *Bewly ; gas méphitique* par *Macquer; acide aérien* par *Bergman ;* enfin *Fourcroy* l'a

appelé *gas acide crayeux;* et *Lavoisier gas acide carbonique,* parce qu'il est composé d'oxigène combiné avec une matière charbonneuse, qu'il tient en dissolution (72), et dans la proportion d'environ 72 parties d'oxigène et 28 parties de matière charbonneuse, appelée *carbone* par les modernes.

212. En effet, mettez dans une cloche de verre pleine d'air pur, et placée sur l'appareil pneumato-chymique au mercure, un petit vase contenant une quantité déterminée de charbon, privé de gas hydrogène par une calcination préliminaire dans des vaisseaux fermés; sur ce charbon, mettez $\frac{1}{4}$ de grain d'amadou et un très-petit morceau de phosphore. Allumez le phosphore avec un fer rouge recourbé, que vous ferez passer à travers le mercure; l'inflammation du tout sera très-rapide, et accompagnée de beaucoup de lumière. Après quoi, vous trouverez dans la cloche du gas acide carbonique, dont le poids sera égal au poids de l'air pur employé, plus au poids qu'aura perdu le charbon. Vous en aurez la preuve en introduisant, sous cette cloche, un poids connu d'alkali caustique en liqueur, qui absorbera le gas acide carboniqne formé dans cette combustion; et cet alkali sera augmenté de poids d'une quantité égale au poids du gas acide carbonique dont nous venons de parler.

213. Dans cette opération, l'oxigène, dont la combinaison avec le calorique formoit l'air

pur, se combine avec le carbone (1) et une portion du calorique, et forme le gas acide carbonique; le reste du calorique se dégage avec chaleur et lumière en prenant l'état de liberté. En effet il y a du calorique de trop; car le gas acide carbonique, pour avoir la forme gaseuse, n'a pas besoin d'une aussi grande quantité de calorique qu'en exige l'air pur.

214. Le gas acide carbonique se trouve naturellement dans plusieurs souterreins, dans les galeries des mines, dans différentes sources d'eau; c'est ce gas qui rend ces eaux spiritueuses et acidules. Telles sont les eaux de Pyrmont, de Saint-Mion, de Seltz, de Pougues, de Chateldon, de Bussang, de Spa, etc.

215. Le gas acide carbonique est fourni abondamment, 1°. par les liqueurs spiritueuses fermentantes, tels que le vin, la bière, etc. Sa formation est due alors à la combinaison de la matière charbonneuse de la partie sucrée avec le principe oxigène de l'eau. 2°. Par la respiration des hommes et des animaux, dans laquelle une portion de l'oxigène de l'air se combine avec une matière charbonneuse, qui, selon les chymistes modernes, se dégage du sang et des poumons, en abandonnant une par-

______

(1) Le charbon ordinaire est composé d'une base terreuse et d'une substance charbonneuse, que les chymistes modernes ont appelée *carbone*. Ce carbone seul est dissoluble dans certains gas; et la base terreuse est ce qui forme la cendre après la combustion du charbon.

tie de son calorique pour l'entretien de la vie (98). 3°. Par la combustion des corps, dans laquelle une partie de l'oxigène de l'air pur se combine avec la matière charbonneuse du corps qui brûle.

216. La base du gas acide carbonique est combinée dans un grand nombre de corps naturels, tels que le carbonate calcaire, le marbre, toutes les pierres à chaux, les carbonates alkalins, et, en général, dans toutes les substances naturelles qui font effervescence avec les acides. Il est aisé de l'extraire de ces substances au moyen d'un flacon A (*fig*. 11) à 2 tububres, et garni d'un entonnoir E et d'un tuyau recourbé B C D, en faisant agir sur elles un acide nitrique ou sulphurique affoibli d'eau : car cet acide carbonique a si peu d'affinité avec ses bases, qu'il en est chassé par tout autre acide, et même quelquefois par la chaleur seule.

217. Le gas acide carbonique est soluble dans l'eau, mais en petite quantité : et l'eau en dissout plus ou moins, suivant son degré de chaleur, ou plutôt suivant son degré de refroidissement : plus elle est froide, plus elle en dissout; mais même dans ce cas-là elle n'en peut dissoudre qu'un volume environ égal au sien.

218. L'eau qui tient le gas acide carbonique en dissolution, a un goût acidule, et a les mêmes propriétés que les eaux minérales simplement gaseuses. Cette eau est vraiment acide ; car elle rougit la teinture de tournesol : elle précipite

la chaux dissoute dans l'eau. Le gas lui-même produit les mêmes effets : en se combinant avec la chaux, il forme du carbonate calcaire, connu sous le nom de *craie*, qui n'est pas soluble dans l'eau : voilà pourquoi il se précipite. L'eau de chaux est donc une pierre de touche propre à faire reconnoître ce gas acide.

219. La chaux dissoute dans l'eau est précipitée de même par le fluide que les animaux expirent : vous en aurez la preuve, si, dans un verre en partie rempli d'eau de chaux, vous soufflez avec un tube, de manière à faire passer le fluide que vous expirez à travers l'eau de chaux : vous verrez la chaux se précipiter.

220. Il se forme donc du gas acide carbonique dans la poitrine, comme nous l'avons dit ci-dessus (98), et cela par la combinaison de l'oxigène de l'air pur avec la matière charbonneuse qui se dégage du sang dans les poumons : et ce gas est ensuite expiré avec le gas azotique (128).

221. Le gas acide carbonique se combine avec les alkalis, et les fait crystalliser, en formant avec eux des sels neutres. Si, dans un bocal à bords recourbés, plein de ce gas, l'on met un peu d'alkali pur et caustique en liqueur; et qu'après avoir promptement bouché l'orifice de ce vase avec de la vessie mouillée, on étende bien l'alkali sur ses parois; il y aura diminution de volume, due à l'absorption du gas par l'alkali; ce que prouvera l'enfoncement de la ves-

sie : il s'excitera de la chaleur pendant la combinaison, laquelle chaleur est causée par le calorique du gas qui prend l'état de liberté : et peu de temps après on apperçoit, sur les parois du bocal, des crystaux, qui deviennent de plus en plus gros.

222. Le gas acide carbonique est plus pesant que l'air athmosphérique. Sa pesanteur spécifique est à celle de l'air comme 150,60 est à 100,00 : et à celle de l'eau distillée, comme 18,6161 est à 10000,0000. Le décimètre cube de ce fluide pèse 1 gramme 861 milligrammes (35 grains) ; et le mètre cube pèse 1 kiliogramme 860 grammes 963 milligrammes (3 livres 12 onces 6 gros 45 grains, poids de marc). *En mesures et poids anciens*, le pouce cube de ce fluide pèse 0,6950 de grain ($36,915$) ; et le pied cube pèse 2 onces 0 gros $48,9600$ (63 grammes 789 milligrammes). On peut avoir une preuve de cet excès de pesanteur, en versant du gas acide carbonique dans un vase plein d'air : le gas, comme plus pesant, prendra la place de l'air, et le forcera de s'extravaser : vous en aurez la preuve en y plongeant ou une bougie allumée, ou un animal vivant. La bougie sera éteinte sur-le-champ, et l'animal sera promptement suffoqué ; tandis que ni l'un ni l'autre ne seroit arrivé, si le vase fût demeuré plein d'air.

223. Le gas acide carbonique éteint donc les corps embrasés et suffoque les animaux.

224. Les êtres vivans qui périssent le plus promptement dans ce gas, sont ceux qui ont deux ventricules au cœur : tels sont les hommes, les quadrupèdes, les cétacées et les oiseaux : quelques minutes suffisent pour les faire périr sans retour. Mais les grenouilles, les serpens, les poissons, les insectes, etc. à la vérité, y paroissent morts, après y être demeurés plongés pendant quelque temps; mais si après cela on les expose à l'air libre, ils sont rappelés à la vie. J'ai tenu des poissons plongés dans ce gas pendant plus d'une demi-heure, ils y paroissoient absolument sans vie. Je les ai ensuite exposés à l'air libre, ils s'y sont ranimés; ils n'étoient qu'asphixiés. Mais ils se sont rétablis beaucoup plus promptement, lorsqu'en sortant du gas, je les ai plongés dans l'eau : au bout de deux minutes ils étoient aussi vifs qu'avant d'être plongés dans le gas. Sans doute que l'eau absorbe ce gas (217) qui les suffoque, et les met en état de recevoir de l'air. Si les hommes pouvoient être plongés dans l'eau sans être suffoqués, ce seroit peut-être le moyen le plus prompt de les guérir de l'asphixie.

225. Plusieurs physiciens pensent que le gas acide carbonique a la propriété de conserver les substances animales et de retarder leur putréfaction; ce que je n'ai pas de peine à croire, parce que la présence de l'air pur (89), ou du moins d'une substance capable de fournir de l'oxigène, telle que l'eau, par exemple, est

nécessaire à la putréfaction ; car les corps ne se pourrissent qu'en se combinant avec l'oxigène. Quelques-uns ont même cru que ce gas est capable de rétablir les matières déjà putréfiées, ou du moins qui sont commencées à se putréfier ; ce que je crois difficilement.

226. On a aussi prétendu que ce gas, extrait du carbonate calcaire par l'acide sulphurique, et pris en lavement, est bon contre les maladies putrides : que l'eau imprégnée de ce gas est capable de dissoudre la pierre de la vessie : il seroit bon de s'assurer si ces faits sont vrais.

227. Comme la respiration des animaux (215), et la combustion des corps usent continuellement de l'air pur, et font passer à sa place, dans l'athmosphère, du gas acide carbonique, le fluide que nous respirons deviendroit bientôt infect et mortel, si rien ne le rétablissoit. Mais l'eau, dont la plus grande partie de la surface de notre globe est couverte, absorbe une grande partie de ce gas (217); et la végétation de la verdure en décompose une autre partie : car le tissu végétal absorbe le carbone, et l'oxigène, demeuré libre, se combinant avec le calorique, forme de l'air pur (89). De plus une partie de l'eau qui sert à la végétation, se décompose; l'hydrogène est absorbé par la plante, et l'oxigène demeure libre et forme de l'air pur (93).

228. Les quatre espèces de gas salins qui suivent sont tout-à-fait solubles dans l'eau : pour se les procurer commodément, il faut donc

faire usage de l'appareil pneumato-chymique **au** mercure.

7. *Gas acide muriatique.*

229. Le gas acide muriatique ne se trouve **na**turellement nulle part, il n'est que le produit de l'art. On l'obtient en chauffant l'acide muriatique fumant dans une cornue O M (*fig.* 12), dont le bec est engagé sous une cloche pleine de mercure, placée sur la planche de l'appareil pneumato-chymique au mercure. On peut l'obtenir aussi, avec le même appareil, en chauffant, au lieu d'acide muriatique, un mélange de muriate de soude ou sel marin et d'acide sulphurique. L'acide sulphurique se combine alors avec la soude, base du sel marin ; et l'acide muriatique, demeuré libre, passe en gas acide muriatique.

230. Nous avons dit (228) que le gas acide muriatique est tout-à-fait soluble dans l'eau , et cela très-promptement. Si donc , dans la cloche , dans laquelle vous aurez recueilli ce gas, vous faites passer un peu d'eau , qui, par sa légèreté respective , se portera à la surface du mercure ; sur-le-champ le gas sera entièrement absorbé et dissous dans l'eau ; le mercure remontera jusques vers le haut de la cloche ; et **la** liqueur qui se trouvera au-dessus du mercure , sera de véritable acide muriatique , d'autant plus concentré qu'il y aura plus de gas et moins d'eau.

231. Le gas acide muriatique n'est donc autre chose que l'acide muriatique lui-même privé d'eau (73), c'est-à-dire, aussi concentré qu'il puisse l'être, et combiné avec le calorique qui lui fait prendre la forme gaseuse.

232. Le gas acide muriatique a une odeur vive et piquante. Si l'on en mêle à l'air de l'athmosphère, il forme, de même que le fait l'acide muriatique, des fumées ou vapeurs blanches, produites par la combinaison de ce gas avec l'humidité de l'air, et d'autant plus apparentes que l'air est plus humide.

233. La base du gas acide muriatique ou son radical est fortement combiné avec l'oxigène, avec lequel il a une si grande affinité qu'on ne peut pas l'en séparer. Aussi ignore-t-on ce que c'est que ce radical: il est jusqu'à présent inconnu. Son affinité avec l'oxigène est telle, qu'il peut même se combiner avec une plus grande quantité d'oxigène que celle qui lui est nécessaire pour le constituer acide; et il forme alors le gas muriatique oxigéné dont nous avons parlé ci-dessus (200 et *suiv.*).

234. Le gas acide muriatique est beaucoup plus pesant que l'air athmosphérique. Sa pesanteur spécifique est à celle de l'air comme 172,71 est à 100,00 : et à celle de l'eau distillée comme 21,3482 est à 10000,0000. Le décimètre cube de ce gas pèse 2 grammes 134 milligrammes ($4^\text{gr.},179$); et le mètre cube pèse 2 kiliogrammes

134 grammes 83 milligrammes (4 livres 5 onces 6 gros 3 grains). *En mesures et poids anciens,* le pouce cube de ce fluide pèse 0,7970 de grains ($42,332$) ; et le pied cube 2 onces 3 gros 9,2160 (73 grammes 151 milligrammes).

235. Le gas acide muriatique donne les mêmes signes d'acidité que l'acide muriatique lui-même ; cela doit être, puisque c'est le même être. Il rougit les couleurs bleues des végétaux ; mais il ne les détruit pas, non plus que les autres couleurs, comme le fait le gas muriatique oxigène (204).

236. Le gas acide muriatique se combine avec toutes les bases alkalines, et forme avec elles des sels muriatiques. Si on le mêle avec le gas ammoniacal (255), il se combine avec lui, et forme un vrai muriate d'ammoniaque.

237. Il suffoque les animaux qu'on y plonge. Il éteint la flamme des bougies, mais en l'agrandissant d'abord, et en donnant à son disque une couleur verte ou bleuâtre.

238. Ce gas est absorbé par les corps spongieux, tels que du charbon, une éponge, etc.

239. Il dissout le camphre. Il s'empare de l'eau surabondante du sulfate d'alumine et du borate, et les réduit en poudre. Il fait fondre la glace aussi promptement que si on la jetoit au milieu d'un brasier. Dans tous ces cas il est absorbé, et forme un acide muriatique pareil à celui dont on l'a extrait.

240. Tout ceci n'est que l'effet très-connu de la grande violence avec laquelle les acides concentrés s'unissent à l'eau.

8. *Gas acide sulfureux.*

241. Le gas acide sulfureux ne se trouve nulle part naturellement; il n'est que le produit de l'art. On l'obtient, en chauffant dans une cornue O M (*fig.* 12), (de même que nous avons dit (229) qu'on le fait pour obtenir le gas acide muriatique) de l'acide sulfurique pendant qu'il agit sur des corps combustibles, tels que de l'huile, du charbon, du mercure, etc. en un mot, sur des corps qui puissent enlever une partie de l'oxigène qui est combiné avec le soufre dans cet acide; car l'acide sulfureux est l'acide sulfurique, mais privé d'une partie de son oxigène. C'est donc du soufre combiné avec une quantité d'oxigène moindre que celle qui est nécessaire pour en faire de l'acide sulfurique. Le corps combustible enlève donc une partie de son oxigène à l'acide sulfurique, qui par-là devient acide sulfureux ; et le calorique se combinant avec cet acide sulfureux, lui fait prendre la forme gaseuse. Tout cela doit se faire avec l'appareil au mercure, parce que le gas acide sulfureux est entièrement soluble dans l'eau.

242. Si donc l'on met dans la cornue O M dont nous venons de parler (241) de l'acide sulfurique sur du mercure, et qu'on le chauffe,

1°. le mercure s'oxide sous la forme d'une poudre blanche; et l'acide sulfurique, devenu acide sulfureux, passe sous forme gaseuse. 2°. Cette opération finie, si l'on substitue une autre cloche pleine de mercure, et qu'on continue de chauffer, il passe un autre fluide élastique, qui est de l'air pur ou gas oxigène : et le mercure redevient coulant. L'oxigène, qui avoit premièrement oxidé le mercure, s'échappe par la chaleur, et forme l'air pur en se combinant avec le calorique. Dans cette expérience il y a donc un métal 1°. oxidé, 2°. révivifié : et le mercure n'est nullement altéré; il se trouve tel qu'on l'avoit mis dans la cornue. Il est donc clair que les deux fluides élastiques, que l'on obtient, sont dûs à l'acide sulfurique qui est décomposé.

243. Le gas acide sulfureux est plus de deux fois aussi pesant que l'air athmosphérique. Sa pesanteur spécifique est à celle de l'air, comme 205,43 est à 100,00 ; et à celle de l'eau distillée, comme 25,3929 est à 10000,0000. Le décimètre cube de ce gas pèse 2 grammes 538 milligrammes ($47,791$ gr.) ; et le mètre cube de ce même gas pèse 2 kiliogrammes 538 grammes 407 milligrammes (5 livres 2 onces 7 gros 55 grains). *En mesures et poids anciens*, le pouce cube de ce gas pèse 0,9480 de grain ($50,353$ m gm.) ; et le pied cube de ce même gas pèse 2 onces 6 gros $54,1440$ gr. (87 grammes 10 milligrammes).

244. Le gas acide sulfureux, de même que tous les autres gas suffoquans, éteint les corps embrasés, et suffoque les animaux qu'on y plonge.

245. Il détruit beaucoup de couleurs végétales : il se rapproche par-là du gas muriatique oxigéné, dont nous avons parlé ci-dessus (200 et *suiv.*).

246. Le gas acide sulfureux se combine avec les alkalis, et forme avec eux des sels neutres, mais qui diffèrent de ceux qui sont formés par l'acide sulfurique et les mêmes alkalis, par la forme, la saveur, et sur-tout par la propriété d'être décomposés par les acides les plus foibles, et même par l'acide acéteux.

247. Non-seulement ce gas est entièrement soluble dans l'eau, comme nous venons de le dire (241); mais il s'y unit promptement toutes les fois qu'il en rencontre; et il devient alors l'acide sulfureux en liqueur. Aussi fait-il fondre la glace aussi promptement que le fait le gas acide muriatique (239).

9. *Gas acide fluorique.*

248. Le gas acide fluorique ne se trouve naturellement nulle part : on ne peut se le procurer que par le secours de l'art. On l'obtient, de même que le précédent (241), en chauffant, dans une cornue O M (*fig.* 12), de l'acide sulfurique pendant qu'il agit sur du spath fluor pulvérisé. Alors l'acide sulfurique, en se combinant avec la base

du spath fluor (qui est calcaire) (251), en dégage un autre acide, qui est tout formé dans ce spath, et qui, en se combinant avec le calorique, passe sous la forme d'un fluide élastique, qui est le gas acide fluorique, que l'on connoissoit ci-devant sous le nom de *gas acide spathique*.

249. C'est à *Margraff* à qui nous devons la première connoissance de cet acide : le duc de *Liancourt*, dans un mémoire imprimé sous le nom de *Boulanger*, nous a fait connoître quelques-unes de ses propriétés : enfin *Scheelle* paroît y avoir mis la dernière main. Mais on ignore quelle est la nature du radical fluorique, parce qu'on n'a pas encore pu décomposer cet acide.

250. Il faut recueillir ce gas sur le mercure, parce qu'il est tout-à-fait soluble dans l'eau, et que sa solution y est même très-prompte. Mais la solution de ce gas dans l'eau est communément accompagnée d'un phénomène très-singulier; c'est la précipitation ou déposition d'une terre blanche très-fine, qui est quartzeuse ou siliceuse.

251. Le gas acide fluorique n'est donc autre chose, comme l'a pensé *Scheelle*, qu'un acide particulier, extrait du spath fluor, dont on ne connoît pas le radical, et qui est combiné avec le calorique, qui lui fait prendre la forme gaseuse. Cet acide tient souvent en dissolution une terre vitrifiable; et il en tient une plus grande quantité lorsqu'il est sous la forme gaseuse, qu'il n'en tient lorsqu'il est en liqueur; puisque, lorsqu'on le fait passer de l'état de gas à celui de liqueur,

il en dépose une partie. Cette terre ne vient point du spath, comme l'a cru *Priestley* : car la base du spath fluor est calcaire : en voici la preuve. Le gas acide fluorique précipite la chaux dissoute dans l'eau ; et en se combinant avec cette chaux, il forme sur-le-champ du spath fluor. D'où vient donc cette terre vitrifiable ? Il est probable qu'elle est fournie par les vases de verre ou terre dont on se sert pour extraire ce gas ; car celui qui est extrait dans des vases de métal, comme l'a fait *Meyer*, ne tient point de terre en dissolution. Aussi est-on sûr à présent que le gas acide fluorique corrode et perce le verre. C'est en conséquence de cette propriété que *Puymorin* a imaginé de graver sur le verre par le moyen de l'acide fluorique, comme on grave sur le cuivre par le moyen de l'acide nitrique.

252. Le gas acide fluorique paroît être plus pesant que l'air athmosphérique. Je n'en connois pas encore exactement la pesanteur spécifique.

253. Ce gas acide rougit fortement les couleurs bleues des végétaux. Il éteint les corps embrasés, et suffoque les animaux qu'on y plonge.

254. Le gas acide fluorique a une odeur forte et pénétrante, qui approche de celle du gas acide muriatique (232), mais qui est cependant un peu plus active. Lorsqu'on en mêle à l'air, il forme, de même que le fait le gas acide muriatique, des vapeurs blanches, en se combinant avec l'humidité de l'air. Malgré ces ressemblances avec l'acide muriatique, il en diffère cependant

beaucoup; car il forme avec les alkalis des sels neutres fluoriques très-différens de ceux que forme le gas acide muriatique avec les mêmes alkalis.

10. *Gas ammoniacal.*

255. Le gas ammoniacal ne se trouve naturellement nulle part : il ne peut être produit que par le secours de l'art. Pour l'obtenir, on met dans une cornue O M (*fig.* 12), garnie d'un tube recourbé M N, une certaine quantité d'ammoniaque en liqueur : on chauffe le fond de la cornue avec quelques charbons allumés, ou avec une lampe à l'esprit-de-vin : on laisse d'abord sortir l'air de la cornue et du tube, et on ne recueille le gas dans des cloches pleines de mercure, que quand l'ébullition du liquide est bien établie. Pour éviter de faire passer dans la cloche de l'eau en vapeur, qui s'y condenseroit et dissouderoit le gas, il est bon de mettre, entre la cornue et le tube qui aboutit sous la cloche, dans laquelle on doit recueillir le gas, un petit vase qu'on refroidit avec de la glace, afin d'y faire condenser l'eau qui pourroit passer en vapeur. Moyennant cela on se procure du gas ammoniacal très-sec et très-pur. Si l'on n'avoit pas d'ammoniaque, on pourroit y suppléer par un mélange de trois parties de chaux vive et d'une partie de muriate d'ammoniaque. Ce sel, qui est composé d'acide muriatique et d'ammoniaque, se décompose alors : son acide se combine avec

la chaux ; et l'ammoniaque , qui devient libre , en se combinant avec le calorique , passe sous la forme gaseuse.

256. On ne pourroit pas recueillir le gas ammoniacal avec l'appareil à l'eau ; il faut se servir de l'appareil au mercure ; parce que ce gas est entièrement soluble dans l'eau : et cette dissolution est l'ammoniaque en liqueur.

257. Le gas ammoniacal n'est donc autre chose que de l'ammoniaque privé d'eau (76), et dans l'état de la plus parfaite concentration , combiné avec le calorique qui lui fait prendre la forme gaseuse.

258. Ce gas ammoniacal si pur est lui-même composé d'une partie de gas hydrogène , dont nous parlerons ci-après (264 et *suiv.*), et de six parties de gas azotique , dont nous avons parlé ci-devant (128 et *suiv.*) combinés ensemble. En voici la preuve fournie par *Bertholet*, de l'Académie des Sciences. Dans une cloche pleine de mercure , on mêle ensemble du gas ammoniacal (255) et du gas muriatique oxigéné (200). Le gas ammoniacal est promptement décomposé : l'excès d'oxigène du gas muriatique se combine avec l'hydrogène, base du gas hydrogène, l'une des parties constituantes du gas ammoniacal, et forme de l'eau : le gas muriatique oxigéné, en perdant son excès d'oxigène , devient acide muriatique simple , et se dissout dans cette eau : et il reste un fluide aériforme , qui est du gas azotique , autre partie constituante du gas am-

moniacal. Le tout est accompagné de chaleur, qui est due à l'état de liberté que prend le calorique qui étoit combiné avec le gas hydrogène et avec le gas muriatique oxigéné.

259. Le gas ammoniacal est le plus léger de tous les gas salins, et même beaucoup plus léger que l'air athmosphérique. Sa pesanteur spécifique est à celle de l'air, comme 52,87 est à 100,00, et à celle de l'eau distillée, comme 6,5357 est à 10000,0000. Le décimètre cube de ce fluide pèse 653 ½ milligrammes ($12,3^{gr.}$); et le mètre cube pèse 653 grammes 345 milligrammes (1 livre 5 onces 2 gros 61 grains). *En mesures et poids anciens,* le pouce cube de ce gas pèse 0,2440 de grain ($12,960^{m.\ gm.}$); et le pied cube pèse 5 gros $61,6320^{gr.}$ (22 grammes 395 milligrammes).

260. Le gas ammoniacal a une odeur pénétrante, et une saveur âcre et caustique. Il verdit promptement et fortement les couleurs bleues des végétaux.

261. Il se combine rapidement avec les gas acides carbonique, muriatique et sulfureux, et forme sur-le-champ des sels neutres, en excitant beaucoup de chaleur, due à l'état de liberté que prend le calorique qui étoit combiné avec ces gas. Tous ces sels sont ammoniacaux.

262. Le gas ammoniacal suffoque les animaux, et éteint les corps enflammés, comme le font les autres gas suffoquans : mais, comme il est légè-

rement inflammable par le gas hydrogène qui entre dans sa composition (258), il augmente la flamme d'une bougie et lui fait prendre un volume plus considérable avant de l'éteindre.

263. Le gas ammoniacal est promptement absorbé et dissous par l'eau qui le touche ; et il forme alors de l'ammoniaque pareil à celui dont on l'a extrait (255). Si l'eau est en état de glace, le gas ammoniacal la fait fondre sur-le-champ en produisant du froid, parce qu'il faut une grande quantité de calorique combinée avec la glace pour la faire fondre (332). Au contraire, le gas ammoniacal produit de la chaleur en se dissolvant dans l'eau déjà fluide ; parce que cette eau n'ayant pas besoin d'une nouvelle quantité de calorique, celui du gas prend l'état de liberté.

ORDRE III.

Gas inflammables ou hydrogènes.

264. Les gas hydrogènes, connus sous le nom de gas *inflammables* (62), se trouvent naturellement dans les vases des eaux bourbeuses et des marais ; dans les mines, soit métalliques, soit de charbon de terre ; dans les entrailles des animaux. Ils s'exhalent des latrines, des cimetières, en un mot, de tous les lieux où il y a des matières animales ou végétales en putréfaction ; et de-là ils s'élèvent dans l'athmosphère. Mais dans tous ces cas ils ne sont jamais bien purs.

265. On peut obtenir le gas hydrogène dans

son état de pureté par le secours de l'art, et cela en décomposant l'eau ; puisque sa base est une des parties constituantes de l'eau (78) ; c'est pourquoi on a donné à cette base le nom d'*hydrogène*, c'est-à-dire, *générateur de l'eau*. Cette base est, jusqu'à présent, inconnue : on ignore quelle est cette substance, parce qu'on ne peut pas la séparer du calorique, qui lui donne la forme gaseuse, sans la fixer dans un autre corps.

266. Jusqu'à ces derniers temps, on avoit regardé l'eau comme une substance simple, comme un élément ; on n'étoit point parvenu à la décomposer ; ou du moins les décompositions de l'eau qui s'opèrent journellement, avoient échappé aux observations. Nous allons donner des preuves évidentes de la décomposition et de la récomposition de l'eau qui convaincront qu'elle n'est point un être simple ; qu'elle n'est point un élément.

Décomposition de l'eau.

267. *Exp.* On prend un tube de verre vert E F (*fig.* 12) bien cuit et d'une fusion difficile, de 23 à 25 millimètres (10 à 11 lignes) de diamètre. Il est bon de l'enduire d'un lut d'argile, mêlé avec un ciment fait de poteries de grés réduites en poudre ; et de le soutenir dans son milieu afin qu'il ne fléchisse pas. On fait passer ce tube au travers d'un fourneau C F E D, en lui donnant une légère inclinaison. A son extrémité

supérieure E, on ajuste une cornue de verre A,
qui contient une quantité connue d'eau distillée, et qui est soutenue sur un fourneau V V.
A l'extrémité inférieure F du tube de verre est
un serpentin S S qui s'adapte au goulot d'un flacon H à deux·tubulures : à l'autre tubulure du
flacon s'adapte un tube de verre recourbé K K,
destiné à conduire les gas dans un appareil propre à en déterminer la qualité et la quantité.
Le tout étant ainsi disposé, on allume du feu
dans le fourneau CFED, et on l'entretient de
manière à faire rougir le tube de verre EF, mais
sans le fondre : en même tems on allume, dans
le fourneau V V X X, assez de feu pour entretenir toujours bouillante l'eau de la cornue A.

268. *Effet*. A mesure que l'eau de la cornue A
se vaporise par l'ébullition, elle remplit l'intérieur du tube E F, et en chasse l'air commun,
qui s'évacue par le serpentin S S et le tube K K.
La vapeur d'eau est ensuite condensée par le refroidissement dans le serpentin S S ; et il tombe
de l'eau goutte à goutte dans le flacon tubulé H.
Quand toute l'eau de la cornue A est évaporée,
et qu'on a laissé bien égoutter les vaisseaux, on
trouve dans le flacon H une quantité d'eau rigoureusement égale à celle qui étoit dans la cornue A; et il n'y a eu dégagement d'aucun gas : en
sorte que cette opération se réduit à une simple
distillation ordinaire, dont le résultat est absolument le même que si l'eau n'eût pas été portée

à l'état incandescent, en traversant le tube de verre E F.

269. *Exp*. Tout étant disposé comme dans la précédente expérience, on a introduit dans le tube de verre E F 28 grains de charbon, concassé en morceaux de médiocre grosseur, et qui préalablement a été long-tems exposé à une chaleur incandescente dans des vaisseaux fermés. On a fait ensuite, comme dans l'expérience précédente, bouillir l'eau de la cornue A jusqu'à évaporation totale.

270. *Effet*. L'eau de la cornue A s'est distillée comme dans la première expérience : elle s'est condensée dans le serpentin S S, et a coulé goutte à goutte dans le flacon tubulé H. Mais en même tems il s'est dégagé une quantité considérable de gas, qui s'est échappée par le tuyau K K, et qu'on a recueillie dans un appareil convenable. L'opération finie, on n'a plus retrouvé dans le tube E F que quelques atomes de cendre ; les 28 grains de charbon sont totalement disparus.

271. Les gas qui se sont dégagés, se sont trouvés peser ensemble . . . . . 113,7. gr.

Il s'est trouvé des gas de deux espèces ; savoir, 144 pouces cubiques de gas acide carbonique (211), qui ont pesé . . . 100. gr.

Et 380 pouces cubiques d'un gas trèsléger, qui ont pesé . . . . 13,7.

Ce dernier gas s'est allumé par l'approche d'un corps enflammé, lorsqu'il a eu le contact de l'air.

En vérifiant ensuite le poids de l'eau passée dans le flacon, on l'a trouvé moindre que celui de la cornue A, de . . 85,7.^{gr.}

Ainsi, dans cette expérience, 85,7^{gr.} d'eau et 28 grains de charbon ont formé, de gas acide carbonique . . . . . 100.^{gr.}

Et d'un gas particulier susceptible de s'enflammer . . . . 13,7.

272. Nous avons dit ci-dessus (211) que, pour former 100 grains de gas acide carbonique, il faut unir 72 grains d'oxigène à 28 grains de charbon ou carbone. Les 28 grains de charbon, placés dans le tube de verre E F, ont donc enlevé à l'eau 72 grains d'oxigène, puisqu'il s'est formé, de gas acide carbonique . . 100.^{gr.}

Donc 85,7^{gr.} d'eau sont composés de 72 grains d'oxigène, et de 13,7^{gr.} d'une substance formant la base d'un gas susceptible de s'enflammer. On va en avoir la preuve.

273. *Exp*. L'appareil étant disposé comme ci-dessus, on a introduit, dans le tube E F, au lieu des 28 grains de charbon, 274 grains de petites lames de fer très-doux roulées en spirales. On a ensuite fait rougir le tube E F, comme dans les expériences précédentes : on a fait bouillir et évaporer en totalité l'eau de la cornue A, comme ci-dessus.

274. Il n'y a eu de dégagé qu'une seule espèce d'un gas, qui s'est trouvé inflammable : on en a obtenu environ 406 pouces cubiques, qui ont

pesé . . . . $15.^{gr.}$

Les 274 grains de fer, qu'on avoit introduits dans le tube E F, se sont trouvés peser, de plus que lorsqu'on les y a introduits, ... 85.

Et l'eau, primitivement employée a été diminuée de . . . . 100.

Le volume de ces lames de fer s'est trouvé considérablement augmenté. Ce fer n'étoit presque plus attirable à l'aimant : il se dissout sans effervescence dans les acides; en un mot, il est dans l'état d'oxide noir, comme celui qui a été brûlé dans le gas oxigène.

275. Il y a donc ici une véritable oxidation du fer par l'eau, toute semblable à celle qui s'opère dans l'air à l'aide de la chaleur. 100 grains d'eau ont été décomposés : de ces 100 grains, 85 grains se sont unis au fer pour le constituer dans l'état d'oxide noir : ces 85 grains étoient donc de l'oxigène. Les 15 grains restans, combinés avec le calorique, ont formé un gas inflammable. Donc l'eau est composée d'oxigène et de la base d'un gas inflammable, dans la proportion de 85 parties contre 15, ou de 17 contre 3.

276. Ainsi l'eau, outre l'oxigène, qui est un de ses principes, et qui lui est commun avec

beaucoup d'autres substances, contient un autre principe qui lui est propre, et qui est son radical constitutif. On a nommé ce radical, *hydrogène*, c'est-à-dire, *générateur de l'eau :* et l'on appelle *gas hydrogène,* la combinaison de ce radical avec le calorique.

277. Ce radical est donc un nouveau corps combustible, c'est-à-dire, un corps qui a assez d'affinité avec l'oxigène pour l'enlever au calorique, et pour décomposer l'air vital ou gas oxigène. Ce corps combustible a lui-même une telle affinité avec le calorique, qu'à moins qu'il ne soit engagé dans une combinaison, il est toujours dans l'état aériforme ou gaseux au degré de pression et de température dans lequel nous vivons.

Récomposition de l'eau.

278. S'il est vrai, comme on vient de le prouver, que l'eau est composée d'hydrogène combiné avec l'oxigène, il en résulte qu'en réunissant ces deux principes, on doit refaire de l'eau. C'est, en effet, ce qui arrive, comme on va en juger par l'expérience suivante.

279. *Exp.* On a pris un ballon A de crystal (*fig.* 14) à large ouverture, et dont la capacité étoit d'environ 3o litres. On y a mastiqué une platine de cuivre BC, surmontée d'un cylindre de même métal *g*FD percé de trois trous auxquels aboutissent trois tuyaux. Le premier *h*H est destiné à s'adapter par son extrémité *h* à une pompe pneumatique, par le moyen de la-

G

quelle on vide d'air le ballon A. Le second tuyau *g g* communique, par son extrémité M M, avec un réservoir de gas oxigène, et est destiné à l'amener dans le ballon A. Le troisième tuyau *d*'D*d* communique, par son extrémité N N, à un réservoir de gas hydrogène : l'extrémité *d*' de ce tuyau se termine par une ouverture si petite qu'à peine une très-fine aiguille peut y passer. C'est par cette petite ouverture que doit arriver dans le ballon A le gas hydrogène contenu dans le réservoir. Enfin la platine B C est percée d'un quatrième trou, dans lequel est placé un tube de verre mastiqué, au travers duquel passe un fil de métal F L, qui porte, à son extrémité L, une petite boule, destinée à tirer une étincelle électrique entre la boule et l'extrémité *d*' du tuyau qui porte le gas hydrogène dans le ballon A. Le fil de métal F L est mobile dans son tuyau de verre, afin de pouvoir approcher ou éloigner à volonté la boule de métal L de la pointe *d*'. Les trois autres tuyaux *h*H, *g g*, *d*'D*d* sont chacun garnis d'un robinet.

280. Pour que les gas arrivent bien secs par les tuyaux qui les portent au ballon A, et qu'ils soient dépouillés d'eau autant qu'il est possible, on met, dans les parties renflées M M, N N des tuyaux, un sel capable d'attirer l'humidité avec beaucoup d'activité, tels que l'acétite de potasse, le muriate de chaux, ou le nitrate de chaux. Ces sels ne doivent être que grossièrement broyés, afin qu'ils ne fassent pas

masse, et que les gas passent librement dans les interstices que laissent entre eux les morceaux de sel. Il faut s'être muni d'avance d'une quantité suffisante de gas oxigène bien pur, et d'un volume à-peu-près triple de gas hydrogène pareillement pur. Pour l'obtenir tel et exempt de tout mèlange, il faut l'extraire de la décomposition de l'eau par du fer bien ductile et bien pur.

281. Le tout étant ainsi préparé, on a adapté la pompe pneumatique, au tuyau h H, et l'on a vidé d'air le grand ballon A : on l'a ensuite rempli de gas oxigène, par le tuyau $g\,g$; et, par un certain degré de pression, on a obligé le gas hydrogène d'arriver dans le ballon A par l'extrémité d' du tuyau d D d'. Enfin on a allumé ce gas par le moyen d'une étincelle électrique; en fournissant ainsi de chacun des deux gas, on peut en continuer long-tems la combustion.

282. *Effets.* A mesure que la combustion s'opère, il se dépose de l'eau sur les parois intérieures du ballon A : la quantité de cette eau augmente peu-à-peu; elle se réunit en grosses gouttes, qui coulent et se rassemblent dans le fond du ballon.

283. On a pris les moyens de connoître le poids des gas employés : avant la préparation de l'expérience, on avoit eu soin de peser le ballon A; on l'a pesé de nouveau après l'opération; ce qui a fait connoître le poids de l'eau qui s'est ainsi formée. On a donc eu, dans cette

expérience, une double vérification : d'une part le poids de chacun des gas employés; d'autre part le poids de l'eau formée : et ces deux quantités se sont trouvées égales, à un deux-centième près. Cette expérience a été faite chez *Lavoisier*, (que nous ne cessons de regretter) et en présence d'une commission nombreuse de l'Académie des Sciences, dont j'étois un des membres. C'est par une expérience de ce genre que *Lavoisier* a reconnu qu'il faut 85 parties en poids d'oxigène, et 15 parties également en poids d'hydrogène, pour composer 100 parties d'eau.

284. Pour former un mètre cube d'eau, pesant 1000 kiliogrammes, il faut donc 850 kiliogrammes de gas oxigène, et 150 kiliogrammes de gas hydrogène. Pour cela il faut un volume de gas oxigène qui égale 634 mètres cubes 886 décimètres cubes 354 centimètres cubes 187 millimètres cubes, plus 32 millièmes de millimètre cube : ce volume de gas oxigène pèse 850 kiliogrammes, ou 1736 livres 7 onces 0 gros 69,5$^{gr.}$ poids de marc. Il faut aussi un volume de gas hydrogène qui égale 1514 mètres cubes 37 décimètres cubes, 404 centimètres cubes 127 millimètres cubes, plus 276 millièmes de millimètre cube : ce volume de gas hydrogène pèse 150 kiliogrammes, ou 306 livres 6 onces 7 gros 16,5$^{gr.}$ poids de marc. Si l'on brûle ensemble ces deux volumes de gas, il en résultera un mètre cube

d'eau, pesant 1000 kilogrammes, ou 2042 livres 14 onces 0 gros 14 grains, poids de marc.

285. Il est donc bien prouvé que l'eau n'est point une substance simple ; qu'elle est composée de deux principes, l'*oxigène* et l'*hydrogène :* et que ces deux principes séparés l'un de l'autre ont une telle affinité avec le calorique, qu'ils ne peuvent exister que sous forme de gas, au degré de température et de pression dans lequel nous vivons.

286. Ce phénomène de la décomposition et de la récomposition de l'eau s'opère continuellement sous nos yeux, à la température de l'athmosphère, et par l'effet des affinités composées. C'est à cette décomposition que sont dûs, du moins jusqu'à un certain point, les phénomènes de la fermentation spiritueuse, ceux de la putréfaction, et même ceux de la végétation.

287. On obtiendra donc du *gas hydrogène* de l'eau, toutes les fois qu'on mettra en contact avec cette eau un corps, sur lequel on fera agir un acide, et qu'on chauffera, et qui aura plus d'affinité avec l'oxigène que n'en a l'oxigène avec l'hydrogène. Le fer et le zinc, ainsi que le charbon et les huiles, sont de cette espèce : ils sont donc capables de décomposer l'eau, en s'emparant de son oxigène. Si l'on fait usage d'un acide, il faut avoir soin de l'affoiblir avec de l'eau, puisque c'est elle qui doit fournir l'hydrogène ; sans elle on n'obtiendroit pas de gas.

288. On peut encore obtenir du *gas hydro-gène* par le moyen des substances animales et végétales combustibles, par leur analyse à feu nu. C'est toujours l'eau de ces substances qui, en se décomposant, en fournit la plus grande partie; car son oxigène se combine avec ces substances; et son hydrogène, se combinant avec le calorique, passe sous la forme de gas.

289. Il n'y a donc qu'une seule espèce de gas hydrogène, en quelque endroit qu'on le trouve, et quelles que soient les matières qu'on emploie pour l'extraire : il ne peut être que mêlé de différentes substances, ou en tenir quelques-unes en dissolution; et c'est ce qui forme ses variétés, qui sont au nombre de cinq; savoir, le *gas hydrogène sulfuré*, le *gas hydrogène phosphoré*, le *gas hydrogène carboné*, le *gas hydrogène carbonique*, et le *gas hydrogène des marais*. Nous allons nous occuper d'abord des propriétés du *gas hydrogène pur* et sans mélange : nous parlerons ensuite de celles de ses variétés.

11. *Gas hydrogène pur.*

290. Le *gas hydrogène pur* a une odeur forte et désagréable.

291. Il ne donne aucun signe d'acidité. Il ne précipite point la chaux dissoute dans l'eau : il ne rougit point la teinture de tournesol; car si, dans un vase plein de ce gas, vous mettez de l'eau de chaux, ou de la teinture de tourne-

sol, la couleur de la teinture n'est point chan-
gée, ni la chaux précipitée.

292. Lorsque le *gas hydrogène* est bien pur,
il se conserve sans altération dans des bouteilles
bien bouchées; il s'y conserveroit de même
quoiqu'il y eût de l'eau, parce qu'il n'y est point
du tout soluble.

293. Le gas hydrogène pur est le plus léger
de tous les fluides élastiques. Sa pesanteur spécifique est à celle de l'air, comme 8,02 est à
100,00 ; et à celle de l'eau distillée comme 0,9911
est à 10000,0000. Le décimètre cube de ce fluide
pèse 99,073 (1,865); et le mètre cube pèse 99
grammes 73 milligrammes (1865 ¼ grains.) *En
mesures et en poids anciens,* le pouce cube de ce
gas pèse 37 millièmes de grains (1,965); et le
pied cube pèse 63,936 (3 grammes 396).

294. Le gas hydrogène suffoque les animaux,
comme le font tous les autres gas suffoquans,
mais en leur causant de vives convulsions.

295. Quoique ce gas soit un des êtres qui
s'enflamment le plus aisément, cependant il
éteint les corps enflammés qu'on y plonge,
comme, par exemple, une bougie allumée :
cette bougie, en entrant dans le gas, l'enflamme à sa surface, tandis qu'elle s'éteint quand
elle y est plongée : parce que ce gas ne s'enflamme que dans l'endroit où il est en contact
avec l'air. Mais si ses contacts avec l'air sont
multipliés, comme lorsqu'il est mêlé à l'air,

alors le tout s'enflamme à-la-fois, et fait explosion comme le fait la poudre à canon : et cette explosion est d'autant plus violente, que l'air approche plus de son état de pureté.

296. Le gas hydrogène est capable de décomposer l'acide sulfurique, et de le réduire à l'état d'acide sulfureux, en lui enlevant une partie de son oxigène, avec lequel sa base ou l'hydrogène a plus d'affinité que n'en a le soufre : et cette combinaison de l'oxigène et de l'hydrogène forme de l'eau, tandis que l'acide sulphureux prend la forme gaseuse.

297. Nous avons dit (264) que le gas hydrogène s'exhale des mines, des eaux bourbeuses, des marais, des latrines, des cimetières, etc. Il est aisé de concevoir qu'il est la matière des feux follets qu'on voit au-dessus de ces endroits. Sa légèreté (293) lui permet de s'élever assez haut dans l'athmosphère : et, comme il peut s'enflammer par une étincelle électrique, il est probable qu'il s'enflamme ainsi souvent dans les orages, et qu'il augmente alors la détonation du tonnerre. Voilà sans doute pourquoi le tonnerre est plus fréquent et plus fort dans certains lieux que dans d'autres. Quand ce gas brûle en pareil cas, sa base ou l'hydrogène, en se combinant avec l'oxigène de l'air, forme de l'eau qui tombe en pluie. En effet, dans les orages il y a souvent des pluies violentes et subites, après quelques coups de tonnerre.

298. Le gas hydrogène est devenu un fluide

intéressant pour les physiciens, et sur-tout pour les aéronautes, depuis qu'on s'en est servi pour remplir les machines ou ballons aérostatiques. Sa légèreté spécifique (293) est la cause de l'ascension de ces ballons.

299. On a aussi cherché à le substituer à des matières combustibles, dans des réchauds et des lampes. *Neret* a donné la description d'un réchaud à gas hydrogène dans le *Journal de Physique* de janvier 1777. *Furstenberger*, physicien de Bâle, *Brander*, mécanicien d'Augsbourg, *Ehrmann*, démonstrateur de physique à Strasbourg, ont imaginé des lampes à gas hydrogène, qu'on peut allumer la nuit par le moyen d'une étincelle électrique. Mais il est nécessaire de prendre toutes les précautions convenables pour empêcher qu'il ne s'introduise, dans la lampe, de l'air athmosphérique, qui occasionneroit une vive détonation (295), et la rupture du vaisseau, au grand danger des assistans.

300. Il est certain maintenant que le *gas hydrogène* est une substance d'une nature déterminée, toujours la même, et dont il n'y a qu'une seule espèce ; et dans la combinaison de laquelle il entre une grande quantité de calorique, qui y est peu lié et presque dans l'état de feu libre. Mais cette espèce de gas peut se mêler avec d'autres substances, et en tenir quelques-unes en dissolution : c'est ce qui forme ses variétés, dont nous allons parler.

12. *Gas hydrogène sulfuré.*

301. Le gas hydrogène sulfuré est celui qui tient du soufre en dissolution, et qui est connu sous le nom de *gas hépatique* (79). *Gengembre*, qui en a fait l'analyse, le regarde comme formé de gas hydrogène pur et de soufre très-divisé. C'est ce soufre, qu'il tient en dissolution, qui lui donne ses caractères distinctifs.

302. On obtient le gas hydrogène sulfuré des sulfures solides, en les décomposant par les acides affoiblis d'eau, dans des appareils pneumato-chymiques (65). Le sulfure s'empare de l'oxigène de l'eau; et son hydrogène, en se combinant avec une partie du soufre et du calorique, forme ce gas.

303. J'ignore quelle est sa pesanteur spécifique; mais il est certainement beaucoup plus pesant que le gas hydrogène pur (293); et il est soluble dans l'eau. C'est sans doute le soufre qui le rend ainsi soluble, et plus pesant.

304. Le gas hydrogène sulfuré a une odeur très-fétide. Il a, comme les autres, la propriété de suffoquer les animaux. Il verdit le sirop de violettes.

305. L'air pur que l'on mêle avec ce gas, le décompose par la combinaison de son oxigène avec l'hydrogène du gas; et par-là en fait précipiter le soufre. Par la même raison ce gas est décomposé de même, et son soufre précipité, par l'acide nitreux, par l'acide sulfureux, et, dans certai-

nes circonstances, par l'acide muriatique oxigéné : dans tous ces cas il y a de l'eau de formée.

3o6. Le gas hydrogène sulfuré s'allume par le contact des corps enflammés, et même par l'étincelle électrique. Il brûle avec une flamme d'un bleu rougeâtre ; et, en brûlant, il dépose, sur les parois des vases qui le contiennent, du soufre, lequel ne peut pas brûler par la petite chaleur qui est cependant suffisante pour brûler le gas.

3o7. C'est le gas hydrogène sulfuré qui minéralise les eaux sulfureuses ou hépatiques, telles que les eaux d'Enghien, de Bonnes, de Baredge, de Cauterestz, etc.

13. *Gas hydrogène phosphoré.*

3o8. Le gas hydrogène phosphoré est celui qui tient du phosphore en dissolution (8o). Il a été découvert par *Gengembre*, qui l'a obtenu en faisant bouillir une lessive de potasse, avec moitié de son poids de phosphore coupé en petits morceaux ; et en recevant le fluide aériforme, qui s'en est dégagé, dans des cloches pleines de mercure. On ne pourroit pas le recueillir sur l'eau, parce qu'il y est très-soluble. C'est, sans doute, le phosphore qui le rend ainsi soluble dans l'eau.

3o9. Le gas hydrogène phosphoré a une odeur très-fétide. Il a, de même que les autres, la propriété de suffoquer les animaux.

31o. Il s'enflamme par le seul contact de l'air,

et en produisant une explosion qui seroit très-forte, et peut-être même dangereuse, si l'on en présentoit à l'air une trop grande quantité à la fois : il n'en faut présenter que très-peu ; une bulle à-peu-près grosse comme une aveline suffit. C'est le phosphore que ce gas tient en dissolution, qui, en s'allumant par le contact de l'air, communique au gas son inflammation. Pendant que ce gas brûle, il en part une fumée qui, dans l'air calme, forme une espèce de couronne circulaire, qui augmente de diamètre en s'élevant. Cette fumée est de l'acide phosphorique concret.

311. Si, dans une cloche, en partie pleine de gas hydrogène phosphoré, et placée sur l'appareil pneumato-chymique au mercure (65), on fait passer de l'air pur, le gas s'enflamme avec un éclat admirable ; il brûle avec une très-grande rapidité, en produisant une épaisse fumée blanche : et il s'excite une chaleur et une raréfaction si considérables, que la cloche se brise, si elle n'est pas de verre très-épais.

14. *Gas hydrogène carboné.*

312. Le gas hydrogène carboné est celui qui tient du carbone en dissolution (81). On sait aujourd'hui que le charbon, quoique très-fixe dans des vaisseaux clos et aux feux ordinaires, contient cependant un principe charbonneux (auquel on a donné le nom de *carbone*) susceptible d'être réduit en vapeurs à l'aide d'une très-forte chaleur, et d'être dissous dans des fluides

aériformes. Le gas hydrogène sur-tout jouit de la propriété de dissoudre ainsi ce principe charbonneux : il en entraîne donc souvent avec lui en prenant la forme gaseuse.

313. On obtient un gas hydrogène ainsi *carboné*, lorsqu'on fait agir, non pas sur du fer doux, mais sur de la fonte de fer ou sur de l'acier, l'acide sulfurique affoibli avec de l'eau (273), parce que l'une et l'autre tiennent de ce principe charbonneux. La fonte de fer l'a absorbé dans les hauts fourneaux ; et l'acier, dans la cémentation : ce qui prouve bien, contre l'opinion des anciens chymistes, que l'acier n'est pas un fer si pur que celui dont il a été formé.

314. Le gas hydrogène carboné est beaucoup plus pesant que le gas hydrogène pur. Ce n'est donc pas celui-là dont il faut se servir pour remplir les ballons aérostatiques : il seroit trop lourd, et il exgigeroit, dans le ballon, un trop grand volume. Il faut donc faire attention à ce qu'il ne se trouve point d'acier mêlé à la limaille de fer, dont on fait ordinairement usage pour extraire le gas destiné à remplir les ballons.

315. Le gas hydrogène carboné brûle avec une flamme bleue ; et il lance, pendant sa combustion, de petites étincelles blanches ou rougeâtres.

316. On peut dissoudre immédiatement du carbone dans du gas hydrogène, en faisant tomber, dans le milieu d'une cloche pleine de ce gas, le foyer d'un verre ardent sur du charbon

flottant au-dessus du mercure qu'on suppose au fond de la cloche. De cette manière on aura un gas hydrogène carboné.

15. *Gas hydrogène carbonique.*

317. Le gas hydrogène carbonique est celui qui est simplement mêlé de gas acide carbonique (211), mais sans aucune combinaison (82).

318. On l'obtient par la distillation de plusieurs matières végétales, et en particulier du tartrite acidule de potasse et de tous les sels tartareux, des sels acéteux, des bois durs, du charbon de terre, du charbon qui brûle à l'aide de l'eau, etc.

319. Le gas hydrogène carbonique brûle assez difficilement; cependant, quoique le mèlange fût composé de trois parties de gas acide carbonique et d'une partie seulement de gas hydrogène pur, cela ne le feroit pas cesser d'être inflammable.

320. On peut séparer le gas hydrogène du gas acide carbonique qui lui est mêlé, par l'eau de chaux et par les alkalis, avec lesquels le gas acide carbonique se combine.

321. On peut faire artificiellement du gas hydrogène carbonique, en mêlant du gas hydrogène pur avec du gas acide carbonique, en telle proportion qu'on voudra : ce qui prouve que ce gas n'est ni une espèce particulière, ni même une variété du gas hydrogène, ce n'est qu'un simple mèlange de deux gas.

16. *Gas hydrogène des marais.*

322. Le gas hydrogène des marais, appelé, par *Volta, air* ou *gas inflammable des marais*, est celui qui est simplement mêlé avec de la mofette ou gas azotique (83).

323. Il se dégage des eaux bourbeuses des marais, des mares, des étangs, des égouts, des latrines, et de tous les lieux où des matières animales pourrissent dans l'eau. Il est donc le produit de la putréfaction de quelques matières végétales, et de presque toutes les substances animales.

324. Il n'est qu'un simple mèlange, et sans combinaison, du gas hydrogène pur (290) et du gas azotique (128). Car de la combinaison de ces fluides, il résulteroit du gas ammoniacal (258), qui seroit soluble dans l'eau (256); et le gas hydrogène des marais ne l'est pas. C'est à *Bertholet*, de l'Institut national des Sciences et des Arts, qu'on doit la connoissance exacte de ce gas.

325. Le gas hydrogène des marais brûle avec une flamme bleue. Il ne détonne que difficilement avec l'air pur. Lorsqu'on l'a fait détonner dans l'eudiomètre de *Volta*, on a trouvé des gouttes d'eau, et un résidu de gas azotique plus ou moins pur. L'eau résulte de la combinaison de l'hydrogène du gas avec l'oxigène de l'air pur; et la mofette ou azote demeure sous la forme gaseuse.

326. Pour comparer aisément les pesanteurs

spécifiques des fluides élastiques, je place ici toutes celles qui sont connues : on peut les comparer d'un coup-d'œil.

327. *Pesanteurs spécifiques des fluides élastiques, comparées à celle de l'air.*

Air athmosphérique. . . . . 100,00.
Air pur ou gas oxigène. . . . . 108,35.
Gas azotique. . . . . 96,31.
Gas nitreux. . . . . 105,35.
Gas acide carbonique. . . . . 150,60.
Gas acide muriatique. . . . . 172,71.
Gas acide sulfureux. . . . . 205,43.
Gas ammoniacal. . . . . 52,87.
Gas hydrogène pur. . . . .   8,02.

328. *Pesanteurs spécifiques des fluides élastiques, comparées à celle de l'eau.*

Eau distillée. . . . . 10000,0000.
Air athmosphérique. . . . . 12,3609.
Air pur ou gas oxigène. . . . . . . 13,3929.
Gas azotique. . . . . 11,9048.
Gas nitreux. . . . . 13,0179.
Gas acide carbonique. . . . . 18,6161.
Gas acide muriatique. . . . . 21,3482.
Gas acide sulfureux. . . . . 25,3929.
Gas ammoniacal. . . . .   6,5357.
Gas hydrogène pur. . . . .   0,9911.

Des propriétés physiques de l'eau.

329. La nature de l'eau nous est actuellement bien connue. Nous avons prouvé (266 et *suiv.*) qu'elle est composée de 17 parties (mesurant par le poids) de la base de l'air pur, appelée *oxigène*, et de 3 parties de la base du gas hydrogène, appelée *hydrogène* (275). Il s'agit maintenant de voir quelles sont ses propriétés physiques : il est d'autant plus intéressant pour nous de les connoître, que ce fluide nous est presque aussi nécessaire que l'air. Si sa nécessité n'est pas de tous les instans, comme celle de l'air, il nous seroit impossible de nous en passer long-temps, sans périr. L'eau ou ses parties constituantes entrent dans un grand nombre de productions de la nature : sans elle, il n'y a point de végétation : elle est la boisson des hommes et des animaux ; et elle est presque essen-.tielle aux commodités de la vie.

330. L'eau se présente à nous dans trois états différens, sous lesquels il nous la faut considérer : 1°. dans l'état de *glace*, état dans lequel elle n'est point combinée avec le calorique ; 2°. dans l'état de *liqueur*, dans lequel elle est combinée avec une certaine quantité de calorique ; 3°. dans l'état de *vapeur*, dans lequel elle est pénétrée d'une très-grande quantité de calorique, soit combiné, soit libre. Ces trois manières d'être, qui ne changent rien à son essence, la rendent propre à produire des effets différens. Comme l'état de liqueur est celui dans lequel elle se présente à nous le plus communément, nous l'examinerons d'abord comme *liqueur* ; ensuite, comme *vapeur* ; et enfin, comme *glace*.

II

L'eau considérée dans l'état de liqueur.

331. L'eau, dans l'état de liqueur, est un fluide insipide, visible, transparent, sans couleur, sans odeur, presque incompressible, très-peu élastique, qui adhère à la surface de la plupart des corps, qui en dissout un grand nombre, qui en pénètre un nombre plus grand encore, et qui est capable d'éteindre les matières enflammées qu'on y plonge, ou sur lesquelles on en jette en assez grande quantité. Cette définition ne convient en entier qu'à l'eau parfaitement pure : si donc elle est opaque, colorée, odorante, ou qu'elle ait quelque goût, elle est certainement mêlée avec quelque matière étrangère.

332. La liquidité de l'eau vient de ce qu'elle est combinée avec une quantité de calorique égale aux trois quarts de celle qui est nécessaire pour la faire bouillir : c'est ce calorique combiné qui entretient la mobilité respective de ses parties, en quoi consiste la liquidité. Sitôt que cette combinaison est rompue, les parties se rapprochent, adhèrent ensemble au point de former un corps solide, connu sous le nom de *glace* (348). Toutes les autres substances susceptibles de devenir liquides, le deviennent par la même cause.

333. L'eau nous est fournie de deux manières : elle nous vient, 1°. de l'athmosphère, par les pluies, la neige, la grêle, etc. (171); 2°. du sein de la terre, par les sources et les fontaines,

qui forment ensuite les rivières et les fleuves,
lesquels transportent toutes leurs eaux à la mer.

334. De toutes les eaux naturelles, la plus
pure est celle de la pluie; si elle se trouve mêlée
avec des substances étrangères, elles sont volatiles, et s'en dégagent aisément. Toutes les
autres eaux tiennent presque toujours en dissolution quelques substances étrangères, qui
leur donnent des qualités qu'elles n'auroient pas
sans cela. Ces substances sont souvent salines
ou métalliques; et elles font alors ce qu'on appelle les *eaux minérales*.

335. Lorsque l'eau est trop mêlée de substances étrangères, il faut chercher à la purifier. Le
moyen le plus usité est la filtration, et le plus
efficace est la distillation. La filtration ne purge
l'eau que des matières grossières; et tout ce qui
est dissous passe avec l'eau au travers du filtre.
Au lieu que la distillation purge l'eau de tout
ce qui est fixe; et les substances volatiles qui
passent avec elle, se volatilisent promptement
de nouveau, et la laissent dans toute sa pureté.
La distillation est le seul moyen efficace de rendre l'eau de la mer potable.

336. L'eau, de même que les autres liqueurs,
ne paroît point compressible; c'est-à-dire, que,
quelque force qu'on emploie, on ne peut pas
faire diminuer son volume d'une quantité sensible. On ne doit cependant pas la regarder
comme absolument incompressible; car elle est
élastique, puisqu'elle transmet les sons. Or,

tout corps élastique est nécessairement compressible.

337. Les particules de l'eau ont entre elles une certaine adhérence : la preuve de cela, c'est qu'une goutte d'eau demeure suspendue au bout du doigt, quoique les particules inférieures de la goutte ne touchent qu'à d'autres particules d'eau.

338. Si, dans le moment que l'eau cesse d'être glace, on l'expose sur le feu dans un vaisseau ouvert, et soumis à la pression de l'athmosphère, elle s'échauffe et se raréfie jusqu'à ce qu'elle bouille, et non au-delà, quelque long-temps qu'on la chauffe : et lorsqu'elle s'est autant raréfiée qu'elle peut l'être, son volume est augmenté de $\frac{1}{26}$; et elle a alors 80 degrés de chaleur.

339. L'eau s'introduit et pénètre dans un très-grand nombre d'espèces de corps, même parmi les corps durs ; car elle pénètre les grès, et toutes les pierres non étincelantes, exceptés les gypses, les pierres pesantes, les spaths, les albâtres et les marbres.

340. L'eau est le dissolvant d'un grand nombre de corps ; mais les sels sont les substances qui s'y dissolvent, ou en plus grande quantité, ou plus vîte. Elle n'en dissout pas la même quantité de toutes les espèces ; les unes y sont plus solubles que les autres : et de chaque espèce, l'eau en dissout une quantité d'autant plus grande, qu'elle est plus chaude.

341. La dissolution des sels dans l'eau présente un phénomène singulier, que voici. Un sel, en se dissolvant dans l'eau, la refroidit communément; je dis *communément*, parce qu'il en faut excepter quelques-uns, tels que le carbonate de potasse, l'acétite de plomb, et les sulfates de magnésie, de fer, de cuivre et de zinc. Celui de tous les sels qui est le plus propre à refroidir l'eau, en s'y dissolvant, est le muriate d'ammoniaque ; sans doute parce qu'étant très-soluble, il rend l'opération plus prompte, et par-là le refroidissement plus sensible. Aussi est-il très-propre à suppléer la glace pour rafraîchir les liqueurs.

342. L'eau est capable d'éteindre les corps embrasés, pourvu qu'elle puisse subsister sur eux dans l'état de liqueur plus long-temps que ne peut durer l'embrasement ; car alors elle empêche le contact de l'air, fluide absolument essentiel pour la combustion des corps (100. 161). Mais si elle se vaporisoit, et qu'elle se décomposât, son oxigène se combineroit avec le corps qui brûle ; et son hydrogène (285) se combinant avec le calorique, formeroit un gas inflammable qui, en s'embrasant, augmenteroit beaucoup l'activité du feu.

L'eau considérée dans l'état de vapeur.

343. Lorsque l'eau est plus chaude que l'air qui la touche, le calorique, qui tend toujours à

se répandre uniformément, en sortant de l'eau, en emporte les parties les plus subtiles et les moins adhérentes à la masse, et en se combinant avec elles, réduit cette portion de l'eau à l'état de vapeur ou de fluide élastique. Ce fluide a des propriétés particulières, et qui le distinguent de l'eau en liqueur.

344. La vapeur est parfaitement invisible, lorsqu'elle passe dans un air un peu sec, et dont la température est un peu élevée, comme, par exemple, lorsqu'elle est de 18 ou 20 degrés ou au-dessus.

345. Mais si l'air qui reçoit la vapeur, est déjà chargé d'eau, et que sa température ne soit que de 7 à 8 degrés ou au-dessous, alors la vapeur y devient apparente, et y forme un nuage très-sensible d'un gris blanc. Aussi voit-on fumer en hiver l'eau qu'on tire d'un puits un peu profond, ce qui n'arrive pas en été.

346. La combinaison du calorique avec les parties aqueuses, les raréfie au point que, dans cet état de fluide élastique, elles occupent un volume 12 ou 1400 fois plus grand que celui qu'elles occupoient dans l'état de liqueur; ce qui leur donne une légèreté respective suffisante pour les élever dans l'air. Mais si la vapeur se trouve exposée à un grand degré de chaleur, elle prend un volume encore considérablement plus grand. La chaleur de l'eau bouillante, qui ne raréfie l'eau que de $\frac{1}{n}$ (338), raréfie la va-

peur au point de lui faire occuper un volume 13 ou 14000 fois plus grand que celui de l'eau qui l'a formée.

347. Si la vapeur est retenue par des obstacles, la chaleur augmente son ressort autant qu'elle auroit augmenté son volume, si elle avoit eu la liberté de s'étendre. En vertu de cette augmentation de ressort, elle fait alors, contre tout ce qui lui résiste, des efforts prodigieux et capables de vaincre des obstacles considérables. On en a des exemples très-saillans dans ces superbes machines appelées *pompes à feu*.

L'eau considérée dans l'état de glace.

348. Nous avons dit ci-dessus (332) que l'eau n'est dans l'état de liqueur que lorsqu'elle est combinée avec une assez grande quantité de calorique pour entretenir ses parties mobiles entre elles. Lorsque, par le voisinage d'un air froid, elle perd du calorique libre, elle se refroidit, mais demeure liqueur : si ensuite elle perd son calorique combiné, ses parties se rapprochent, se touchent plus intimément, et par la force de la cohésion, adhèrent les unes aux autres, de manière à former un corps dur qu'on nomme *glace*. Ce passage de l'eau de l'état de liqueur à celui de glace, n'est donc dû qu'à la disette du calorique combiné.

349. L'eau augmente de volume en approchant de la congélation, comme le prouve l'expérience. La glace a donc une pesanteur spécifique moin-

dre que celle de l'eau ; la preuve de cela est qu'elle y surnage.

350. La glace des eaux courantes se forme tout autrement que celle des eaux dormantes. Lorsque le froid agit sur une eau tranquille, il fait gêler d'abord la surface : se communiquant ensuite de couche en couche, et pénétrant l'épaisseur de l'eau, il augmente celle de la glace la première formée. La glace, ainsi formée, est ordinairement la plus dure, la plus unie, la plus transparente, et d'une couleur plus approchante de celle de l'eau. Il n'en est pas de même des glaçons qu'on voit flotter sur les rivières, lorsqu'elles charrient : ils ont beaucoup moins de consistance, et sont comme spongieux : leur surface est inégale et raboteuse, ils sont opaques, et d'une couleur blanchâtre ; le dessous et les bords en sont souvent chargés d'une épaisseur assez considérable de glace impure, et remplie d'herbes, de sable, de terre, etc. et que l'on nomme *bouzin*. Voyez les raisons de tout cela dans mes *Principes de Physique*, nᵒ. 1082 et *suiv*.

351. Lorsque l'eau se trouve mêlée de substances étrangères, il faut un plus grand degré de froid pour lui faire prendre l'état de glace. Voilà pourquoi les sels, le sucre, les esprits retardent la congélation de l'eau. Ces substances produisent à-peu-près dans l'eau le même effet qu'y produit le calorique, soit libre, soit combiné ; leurs particules étant placées entre chaques

particules d'eau, les empêchent de se réunir,
et leur conservent ainsi leur mobilité respective,
jusqu'à ce qu'enfin le froid, qui augmente,
oblige ces substances étrangères à s'extravaser
en quelque sorte, et à passer dans la partie
encore liquide : voilà pourquoi le centre de ces
glaçons se trouve, plus que le reste, chargé de
ces substances.

352. Il n'en est pas de même du froid qui fait
gêler l'eau, comme de la chaleur qui la fait
bouillir. L'eau qui bout n'augmente plus de chaleur, quelque long-temps qu'on la chauffe (338) :
mais la glace étant une fois formée, si elle se
trouve exposée à un froid qui dure un certain
temps, et qui aille en augmentant, elle devient
toujours de plus en plus froide. On peut aussi la
refroidir artificiellement, en y mêlant des sels,
ou des acides, ou même des liqueurs spiritueuses.

353. Quoique la glace soit un corps solide et
très-dur, elle s'évapore considérablement et
même plus que l'eau en temps égal. Cela vient
de la contexture particulière de la glace, qui,
occupant un plus grand volume que l'eau, et
offrant une plus grande superficie hérissée d'un
grand nombre d'inégalités, doit, par cela même,
donner plus de prise à la cause générale de l'évaporation (343).

Pour avoir de plus grands détails sur les propriétés physiques de l'eau, voyez mes *Principes*

de Physique, depuis l'art 1040, jusqu'à l'article 1098 inclusivement.

Êtres simples et leurs combinaisons.

354. De la connoissance de ces fluides aériformes (53 et *suiv.*) il résulte qu'il y a un certain nombre de substances simples qui entrent dans la composition des autres corps, comme *principes*, et qui peuvent être regardées comme leurs *élémens*.

355. La chymie, en soumettant à l'expérience les différens corps de la nature, a pour objet de les décomposer, et de se mettre à portée d'examiner séparément les substances qui entrent dans leur combinaison. Cette science a fait de nos jours des progrès très-rapides. Anciennement on regardoit l'huile et le sel comme les principes des corps : nous verrons ci-après que ce sont des êtres composés ; que les sels sont composés d'un acide et d'une base, et que c'est de cette réunion que résulte leur état de neutralité. Nous verrons que les acides eux-mêmes sont formés par la combinaison d'un principe acidifiant (l'oxigène) commun à tous, et d'un radical particulier à chacun, qui les différencie et qui les constitue plutôt tel acide que tel autre : que les radicaux eux-mêmes des acides ne sont pas toujours des substances simples, qu'ils sont souvent, ainsi que le principe huileux, un composé d'hydrogène et de carbone. Nous verrons enfin que sou-

vent les bases des sels ne sont pas plus simples que les acides, comme *Bertholet* l'a prouvé pour l'ammoniaque, qui est composé d'azote et d'hydrogène.

356. Nous ne pouvons pas même assurer que ce que nous regardons aujourd'hui comme simple, le soit en effet. Tout ce que nous pouvons dire, c'est que telle substance est à un terme de simplicité tel, qu'elle est pour nous indécomposable.

357. Les substances de cette espèce sont :

Substances simples qu'on peut regarder comme les élémens des corps.
- Le calorique.
- L'oxigène.
- L'azote.
- L'hydrogène.

Substances simples non - métalliques oxidables et acidifiables.
- Le carbone.
- Le soufre.
- Le phosphore.
- Le radical muriatique.
- Le radical fluorique.
- Le radical boracique.

Substances simples métalliques oxidifiables, et quelques - unes acidifiables.
- L'or.
- Le platine.
- L'argent.
- Le cuivre.
- Le fer.
- L'étain.
- Le plomb.
- Le mercure.
- Le bismuth.
- Le cobalt.
- Le nickel.
- Le zinc.

Substances simples métalliques oxidifiables, et quelques-unes acidifiables.

- L'antimoine.
- L'arsenic.
- Le manganèse.
- Le tungstène.
- Le molybdène.
- Le titane.
- Le chrôme.
- Le tellurium.

Substances simples terreuses salifiables.

- La chaux.
- La magnésie.
- La baryte.
- L'alumine.
- La silice.
- La strontiane.
- La zircône.
- La glucine.

Du Calorique.

358. Ces êtres simples se combinent entre eux, et avec d'autres substances pour former des composés. Nous savons que tous les corps de la nature sont plongés dans le calorique, qu'il en sont pénétrés de toutes parts, et qu'il remplit tous les intervalles que laissent entr'elles leurs molécules : que dans certains cas le calorique se fixe dans les corps, de manière même à contribuer à leur solidité ; mais que souvent aussi il en écarte les molécules en exerçant sur elles une force répulsive ; et que c'est de son action ou de son accumulation plus ou moins grande que dépend le passage des corps de l'état solide à l'état liquide, de l'état liquide à l'état aériforme.

359.   La combinaison du calorique
avec

l'oxigène.	*forme*	le gas oxigène ou air vital.
l'azote.		le gas azotique ou mofette de l'air.
l'oxigène et l'azote.		le gas nitreux.
l'oxigène et le carbone. . . .		le gas acide carbonique.
l'oxigène et le radical muriatique.		le gas acide muriatique.
l'oxigène et le radical muriatique, et une surcharge d'oxigène. .		le gas muriatique oxigéné.
l'oxigène et le soufre.		le gas acide sulfureux.
l'oxigène et le radical fluorique. .		le gas acide fluorique.
l'ammoniaque.		le gas ammoniacal.
l'hydrogène.		le gas hydrogène pur.
l'hydrogène et le soufre. . . .		le gas hydrogène sulfuré.
l'hydrogène et le phosphore. .		le gas hydrogène phosphoré.
l'hydrogène et le carbone. . .		le gas hydrogène carboné.
l'eau.		le gas aqueux.
l'alcohol ou esprit-de-vin. . .		le gas alcohol.
l'éther		le gas éthéré.

De l'Oxigène.

360. L'oxigène est une des substances les plus abondamment répandues dans la nature : il forme près du tiers du poids de notre athmosphère. C'est dans cet immense réservoir que vivent et croissent les animaux et les végétaux. Les animaux en absorbent une grande quantité par la respiration : il se combine avec les radicaux végétaux et animaux pour en faire des acides : il acidifie toutes les substances acidifiables : il est le vrai *principe acidifiant;* sans lui il n'existe point d'acide. L'attraction réciproque qui s'exerce entre l'oxigène et les différentes substances est telle, qu'il est impossible de l'obtenir seul et dégagé de toute combinaison.

361. Il faut, pour qu'un corps s'oxigène, réunir un certain nombre de conditions : la première est que les molécules constituantes de ce corps n'exercent pas sur elles-mêmes une attraction plus forte que celle qu'elles exercent sur l'oxigène. Si les molécules de ce corps n'ont pas sur l'oxigène cette force supérieure d'attraction, on peut la leur donner artificiellement, en les échauffant, c'est-à-dire, en y introduisant du calorique, qui, en les écartant les unes des autres, diminue la force de leur attraction sur elles-mêmes, et leur permet d'en exercer une plus grande sur l'oxigène : alors l'oxigénation a lieu.

362. Le degré de chaleur nécessaire pour produire ce phénomène, n'est pas le même pour toutes les substances. Il y en a qui s'oxigènent à une température si basse, que nous ne les trouvons que dans l'état d'oxigénation : tel est l'acide muriatique, qui ne se présente à nous que dans l'état d'acide, et qu'on n'a pas encore pu décomposer. Pour oxigéner la plupart des corps, et en général presque toutes les substances simples, il suffit de les exposer à l'action de l'air de l'athmosphère, et de les élever à une température convenable. Pour oxigéner le plomb, le mercure, l'étain, la température nécessaire n'est pas fort supérieure à celle dans laquelle nous vivons. Il faut, au contraire, un degré de chaleur assez grand pour oxigéner le fer et le cuivre, par la voie sèche, et lorsque l'oxigé-

nation n'est point aidée par l'action de l'humidité.

363. Quelquefois l'oxigénation se fait avec une extrême rapidité ; et alors elle est accompagnée de chaleur, de lumière, et même de flamme : telle est la combustion du phosphore dans l'air, et celle du fer dans le gas oxigène. Celle du soufre est beaucoup moins rapide. Le plomb, l'étain et la plupart des métaux s'oxident lentement, et sans que le dégagement du calorique soit sensible.

364. Il y a encore une autre manière d'oxigéner les substances simples. Au lieu de leur présenter l'oxigène uni au calorique, on peut leur présenter l'oxigène uni à un métal avec lequel il ait peu d'affinité : l'oxide rouge de mercure est un des plus propres à remplir cet objet; car dans cet oxide l'oxigène tient très-peu au métal ; il n'y tient même plus au degré de chaleur qui commence à faire rougir le verre. L'oxide noir de manganèse, l'oxide rouge de plomb, les oxides d'argent, et presque tous les oxides métalliques peuvent, jusqu'à un certain point, remplir le même objet.

365. Toutes les réductions ou révivifications métalliques sont des oxigénations du charbon par un oxide métallique : le charbon, en se combinant avec l'oxigène et du calorique, s'échappe sous forme de gas acide carbonique; et le métal reste pur et révivifié.

366. On peut encore oxigéner toutes les subs-

tances combustibles en les combinant, soit avec
du nitrate de potasse ou de soude, soit avec du
muriate oxigéné de potasse. A un certain degré
de chaleur l'oxigène quitte le nitrate et le muriate, et se combine avec le corps combustible,
mais avec une violence extrême. En voici les
raisons. L'oxigène, se combinant avec les nitrates, et sur-tout les muriates oxigénés, y entre
avec une quantité de calorique presque égale à
celle qui est nécessaire pour le constituer gas
oxigène. Au moment de sa combinaison avec le
corps combustible, tout ce calorique devient subitement libre ; et il en résulte des détonations
terribles. Il ne faut donc tenter ces sortes d'oxigénations qu'avec de très-grandes précautions,
et sur de très-petites quantités.

367. Il y a différens degrés d'oxigénation : le
premier degré forme des oxides ; le second degré
forme des acides foibles ; le troisième degré forme
des acides forts ; et le quatrième degré forme des
acides suroxigénés.

368. ## La combinaison de l'oxigène
avec

le calorique *forme* le gas oxigène.
l'hydrogène. . . l'eau.

Degrés
d'oxigénation.

l'azote. . . .
1 . l'oxide nitreux ou base du gas nitreux.
2 . l'acide nitreux ou rutilant.
3 . l'acide nitrique ou blanc. (1)
4 . l'acide nitrique oxigéné.

le carbone. .
1 . l'oxide de carbone.
2 . l'acide carboneux.
3 . l'acide carbonique.
4 . l'acide carbonique oxigéné.

Substances simples non-métalliques.

le soufre. . .
1 . l'oxide de soufre. Soufre mou.
2 . l'acide sulfureux.
3 . l'acide sulfurique.
4 . l'acide sulfurique oxigéné.

le phosphore.
1 . l'oxide de phosphore.
2 . l'acide phosphoreux.
3 . l'acide phosphorique.
4 . l'acide phosphorique oxigéné.

le radical mu-riatique. . .
1 . l'oxide muriatique.
2 . l'acide muriateux.
3 . l'acide muriatique.
4 . l'acide muriatique oxigéné.

le radical fluo-rique. . . ,
1 . l'oxide fluorique.
2 . l'acide fluoreux.
3 . l'acide fluorique.

le radical bo-racique. . .
1 . l'oxide boracique.
2 . l'acide boraceux.
3 . l'acide boracique.

(1) *Raymond* pense que l'acide nitrique blanc et le rutilant tiennent la même quantité d'oxigène ; et que le rutilant ne vient que d'une combinaison foible de la base du gas nitreux avec l'acide blanc. *Journal des Mines,* n°. 22.

La combinaison de l'oxigène avec

Degrés d'oxigénation.

Substances		Degrés	
	l'or.	1 *forme*	l'oxide jaune d'or.
		2 . . .	l'oxide rouge d'or : précipité de Cassius.
	le platine . .	1 . . .	l'oxide jaune de platine.
	l'argent . . .	1 . . .	l'oxide d'argent.
	le cuivre. . .	1 . . .	l'oxide rouge-brun de cuivre.
		2 . . .	l'oxide vert et bleu de cuivre.
	le fer	1 . . .	l'oxide noir de fer.
		2 . . .	l'oxide jaune et rouge de fer.
	l'étain . . .	1 . . .	l'oxide gris d'étain.
		2 . . .	l'oxide blanc d'étain.
	le plomb. . .	1 . . .	l'oxide gris de plomb.
		2 . . .	l'oxide jaune et rouge de plomb.
	le mercure. .	1 . . .	l'oxide noir de mercure.
		2 . . .	l'oxide jaune et rouge de mercure.
Substances	le bismuth .	1 . . .	l'oxide gris de bismuth.
simples		2 . . .	l'oxide blanc de bismuth.
métalli-	le cobalt. . .	1 . . .	l'oxide gris de cobalt.
ques.	le nickel. . .	1 . . .	l'oxide de nickel.
	le zinc. . . .	1 . . .	l'oxide gris de zinc.
		2 . . .	l'oxide blanc de zinc.
	l'antimoine .	1 . . .	l'oxide gris d'antimoine.
		2 . . .	l'oxide blanc d'antimoine.
	l'arsenic. . .	1 . . .	l'oxide gris d'arsenic.
		2 . . .	l'oxide blanc d'arsenic.
		3 . . .	l'acide arsenique.
	le manganèse.	1 . . .	l'oxide noir de manganèse.
		2 . . .	l'oxide blanc de manganèse.
	le tungstène.	1 . . .	l'oxide de tungstène.
		3 . . .	l'acide tunstique.
	le molybdène.	1 . . .	l'oxide de Molybdène.
		3 . . .	l'acide molybdique.
	le titane. . .	1 . . .	l'oxide de titane.
	le chrôme. .	1 . . .	l'oxide de chrôme.
		3 . . .	l'acide chrômique.

369. Dans le règne minéral presque tous les radicaux oxidables et acidifiables paroissent sim-

ples : dans le règne végétal, au contraire, et sur-tout dans le règne animal, il n'y en a presque point qui ne soient composés de deux substances, d'hydrogène et de carbone ; souvent l'azote et le phosphore s'y réunissent, et il en résulte des radicaux à quatre bases.

370. D'après ces observations on voit que les oxides et les acides animaux et végétaux peuvent différer entr'eux de trois manières ; 1°. par le nombre des principes oxidables et acidifiables qui constituent leur base ; 2°. par la différente proportion de ces principes ; 3°. par les différens degrés d'oxigénation. Cela est plus que suffisant pour rendre raison du grand nombre de variétés que nous présente la nature.

371. D'après cela on voit donc qu'on peut convertir un grand nombre d'acides végétaux les uns dans les autres ; il ne faut, pour cela, que changer la proportion du carbone et de l'hydrogène, et de les oxigéner plus ou moins ; c'est ce qu'a fait *Crell*, par des expériences très-ingénieuses. Il en résulte que le carbone et l'hydrogène donnent, par un premier degré d'oxigénation, de l'acide tartareux ; par un second degré, de l'acide oxalique ; et par un troisième degré, de l'acide acéteux ou acétique.

372. La combinaison de l'oxigène avec les radicaux composés, tels que

Les radicaux carbone-hydreux et hydro carboneux du Règne végétal : tels sont les radicaux	tartarique.	*forme* l'acide tartareux.	ou	du tartre.
	malique	l'acide malique		des pommes.
	citrique.	l'acide citrique		du citron.
	pyro-lignique.	l'acide pyro-ligneux.		empyreumatique du bois.
	pyro-mucique.	l'acide pyro-muqueux.		empyreumatique du sucre.
	pyro-tartarique.	l'acide pyro-tartareux.		empyreumatique du tartre.
	oxalique	l'acide oxalique.		sel de l'oseille.
	acétique	{ l'acide acéteux.		le vinaigre.
		l'acide acétique.		le vinaigre radical.
	succinique.	l'acide succinique		sel volatil de succin.
	benzoïque.	l'acide benzoïque		fleurs de benjoin.
	camphorique.	l'acide camphorique.		
	gallique.	l'acide gallique		le principe astringent des végétaux.
Les radicaux cardone-hydreux ou hydro carboneux du Règne animal, joints à l'azote, et souvent au phosphore : tels sont les radicaux	lactique	l'acide lactique.		du petit-lait aigri.
	saccho-lactique.	l'acide saccho-lactique		
	formique.	l'acide formique.		des fourmis.
	bombique.	l'acide bombique.		des vers-a-soie.
	sébacique.	l'acide sébacique		du suif.
	lithique.	l'acide lithique		du calcul de la vessie.
	prussique.	l'acide prussique		la matière colorante du bleu de Prusse.

De l'Azote.

373. L'azote est un des principes les plus abondamment répandus dans la nature. Combiné
avec le calorique, il forme le gas azotique (128)
ou la mofette, qui est, en volume, environ les
trois quarts, et en poids, environ les deux tiers
de l'air athmosphérique. Il demeure constamment à l'état de gas au degré de pression et de
température dans lequel nous vivons; on ne connoît même aucun degré de compression ni de
froid qui ait encore pu le réduire à l'état solide,
ni même à l'état liquide.

374. L'azote est un des élémens qui constituent
essentiellement les matières animales : il y est
combiné avec le carbone et l'hydrogène, quelquefois avec le phosphore, le tout étant lié par
une certaine portion d'oxigène, qui les met ou
à l'état d'oxide ou à l'état d'acide, suivant le
degré d'oxigénation.

375. La nature des matières animales peut
donc varier, comme celle des matières végétales, de trois manières : 1°. par le nombre des
substances qui entrent dans la combinaison de
leur radical; 2°. par la différente proportion de
ces substances; 3°. par les différens degrés
d'oxigénation.

376.   La combinaison de l'azote
avec

Substances simples.
le calorique *forme* le gas azotique.

Degrés
d'oxigénation.

l'oxigène. . .
1 . l'oxide nitreux, ou base du gas nitreux.
2 . l'acide nitreux ou rutilant.
3 . l'acide nitrique ou blanc.
4 . l'acide nitrique oxigéné.

l'hydrogène. . . l'ammoniaque.

le carbone,
l'hydrogène,
et quelquefois
le phosphore,
l'oxigène,
} . les matières animales.

De l'Hydrogène.

377. L'hydrogène est un des principes constituans de l'eau ; c'est de là qu'il a reçu sa dénomination. Il entre dans la composition de l'eau
pour quinze centièmes de son poids, tandis que
l'oxigène y entre pour les quatre-vingt-cinq
autres centièmes.

378. L'affinité de l'hydrogène pour le calorique est si grande, qu'il reste constamment dans
l'état de gas au degré de chaleur et de pression
dans lequel nous vivons : il nous est donc impossible de nous le procurer hors de toute combinaison ; aussi ne savons-nous pas ce que c'est
que ce principe.

379. Au surplus ce principe est un des plus
abondans de la nature ; car, outre qu'il entre

dans la composition de l'eau, qui est elle-même si abondante sur la terre, il est un des principes qui jouent le principal rôle dans le règne végétal et dans le règne animal, par ses combinaisons avec différentes substances.

380. La combinaison de l'hydrogène avec

Substances simples.

le calorique *forme* le gas hydrogène.
l'oxigène . . . . l'eau.
l'azote . . . . . l'ammoniaque ou alkali volatil.
le soufre . . . . la base du gas hydrogène sulfuré.
le phosphore . . . la base du gas hydrogène phosphoré.

le carbone . . .
la base du gas hydrogène carboné.
les huiles fixes et volatiles.
les radicaux hydro-carboneux ou carbone-hydreux du Règne végétal.
Et lorsqu'il s'y joint l'azote et le phosphore,
les radicaux hydro-carboneux ou carbone-hydreux du Règne animal.

Du Carbone.

381. Le carbone paroît être un être simple ; car jusqu'à présent il n'a pas été possible de le décomposer. Il paroît prouvé, par les expériences modernes, qu'il est tout formé dans les végétaux, dans lesquels il est combiné avec l'hydrogène, quelquefois avec l'azote et avec le phosphore, et qu'il aide à y former des radicaux composés, lesquels sont ensuite portés à l'état d'oxides ou d'acides, suivant la proportion d'oxigène qui s'y réunit.

382. Pour obtenir le carbone contenu dans les matières végétales ou animales, il ne faut que les faire chauffer à un degré de feu, d'abord médiocre, et ensuite très-fort, afin de décomposer les dernières portions d'eau, que le charbon retient fortement.

383. Dans les opérations chymiques on se sert de cornues de grès ou de porcelaine, dans lesquelles on introduit les matières combustibles ; et on pousse à grand feu dans un bon fourneau de réverbère. La chaleur convertit en gas les substances qui en sont susceptibles ; et le carbone, qui est plus fixe, reste combiné avec un peu de terre et quelques sels fixes.

384. Dans les arts la carbonisation du bois se fait par un procédé moins coûteux : on coupe le bois en pièces à-peu-près également grosses et longues ; on les dispose en tas ; on les recouvre de terre, en ne laissant de communication avec l'air que ce qu'il en faut pour faire brûler le bois, et pour en chasser l'huile et l'eau qui s'y forment. Ensuite on étouffe le feu, en bouchant les trous qu'on avoit ménagés pour l'introduction de l'air.

385. Il y a deux manières d'analyser le charbon, savoir, 1°. sa combustion par le moyen du gas oxigène ; 2°. son oxigénation par l'acide nitrique. Dans les deux cas on le convertit en acide carbonique ; et il laisse de la chaux, de la potasse et quelques sels neutres. On n'est pas

encore bien certain que la potasse existe dans le charbon avant sa combustion.

386. La combinaison du carbone non oxigène avec

Substances simples.
{
l'oxigène . *forme* l'acide carbonique.
l'hydrogène. . . { le radical carbone-hydreux.
les huiles fixes et volatiles.
le fer . . . . . . le carbure de fer ou plombagine.
le zinc . . . . . le carbure de zinc.
}

Du Soufre.

387. Le soufre est une des substances combustibles qui a le plus de tendance à la combinaison. Il est dans l'état concret à la température dans laquelle nous vivons ; et il ne se liquéfie qu'à une chaleur supérieure de plusieurs degrés à celle de l'eau bouillante.

388. On trouve le soufre tout formé, et presque à son dernier degré de pureté, dans le produit des volcans. On le trouve aussi, et beaucoup plus souvent, dans l'état d'acide sulfurique, c'est-à-dire, combiné avec l'oxigène : c'est dans cet état qu'il se trouve dans les argiles, dans les gypses, etc.

389. Pour extraire le soufre de l'acide sulfurique qui se trouve uni à ces substances, il faut lui enlever l'oxigène : on y parvient en le combinant, à une chaleur rouge, avec du carbone : le carbone lui enlève l'oxigène, et il se forme de l'acide carbonique, qui, se combinant avec le calorique, se dégage en état de gas : et il reste

un sulfure, qu'on décompose par un acide;
l'acide s'unit à la base du sulfure; et le soufre
se précipite.

390. La combinaison du soufre non
oxigéné avec

Degrés
d'oxigénation.

	1 . *forme*	l'oxide de soufre, ou le soufre mou.
l'oxigène.	2	l'acide sulfureux.
	3 . . .	l'acide sulfurique.
	4 . . .	l'acide sulfurique oxigéné.
l'hydrogène.		la base du gas hydrogène sulfuré.
le cuivre.		le sulfure de cuivre, ou pyrite de cuivre.
le fer.		le sulfure de fer, ou pyrite de fer.
le plomb.		le sulfure de plomb, ou la galène.
le mercure.		le sulfure de mercure, ou l'éthiops minéral; le cinnabre.
le zinc.		le sulfure de zinc, ou la blende.
l'antimoine.		le sulfure d'antimoine, ou l'antimoine crud.
l'arsenic.		le sulfure d'arsenic, ou l'orpiment; le réalgar.
la potasse		le sulfure de potasse, ou le foie de soufre à base d'alkali fixe végétal.
la soude.		le sulfure de soude, ou le foie de soufre à base d'alkali fixe minéral.
la chaux.		le sulfure de chaux, ou le foie de soufre à base calcaire.
la magnésie.		le sulfure de magnésie, ou le foie de soufre à base de magnésie.
la baryte		le sulfure de baryte, ou le foie de soufre à base de terre pesante.
l'ammoniaque. . . .		le sulfure d'ammoniaque, ou le foie de soufre volatil, la liqueur fumante de Boyle.

Du Phosphore.

391. Le phosphore est une substance combustible simple, car aucune expérience ne donne

lieu de croire qu'on puisse le décomposer. Il étoit inconnu aux anciens chymistes : ce ne fut qu'en 1667 que *Brandt*, chymiste Allemand, en fit la découverte : il fit mystère de son procédé. Peu de temps après, *Kunckel* découvrit le secret de *Brandt*, et il le publia : il fut, en conséquence, nommé *phosphore de Kunckel*, nom qui lui a été conservé jusqu'à nos jours.

392. C'étoit de l'urine seule qu'on extrayoit alors le phosphore. Quoique la méthode en eût été décrite, notamment par *Homberg*, dans les *Mémoires de l'Académie des Sciences*, année 1792, l'Angleterre a été long-temps la seule en possession d'en fournir à toute l'Europe. Ce ne fut qu'en 1737 qu'il en fut fait pour la première fois en France, au jardin des plantes, en présence des commissaires de l'Académie des Sciences.

393. Maintenant on le tire, d'une manière plus commode, et sur-tout plus économique, des os des animaux, qui sont un véritable phosphate calcaire. Le procédé le plus simple consiste, d'après *Gahn*, *Scheelle*, *Rouelle*, etc. à calciner des os d'animaux adultes, jusqu'à ce qu'ils soient presque blancs : on les pile, et on les passe au tamis de soie : ensuite on verse dessus de l'acide sulfurique étendu d'eau, mais moins qu'il n'en faut pour dissoudre la totalité des os.

394. L'acide sulfurique s'unit à la terre des os, et forme du sulfate de chaux ; par-là, l'acide phosphorique se trouve dégagé, et libre dans la

liqueur. Alors on décante la liqueur : on lave le résidu ; et l'on réunit l'eau du lavage à la liqueur décantée. On fait évaporer afin de séparer le sulfate de chaux, qui se crystallise en filets soyeux : et l'on obtient ainsi l'acide phosphorique, sous la forme d'un verre blanc et transparent, qui, étant réduit en poudre, et mêlé avec un tiers de son poids de charbon, donne de bon phosphore.

395. Le phosphore se rencontre dans presque toutes les substances animales, et dans quelques plantes qui, d'après l'analyse chymique, ont un caractère animal. Il y est ordinairement combiné avec le carbone, l'hydrogène et l'azote : et il en résulte des radicaux à quatre bases. Le phosphore s'allume à 32 degrés de chaleur.

396. La combinaison du phosphore non oxigéné avec

	Degrés d'oxigénation.	
	1 . *forme*	l'oxide de phosphore.
l'oxigène .	2	l'acide phosphoreux.
	3	l'acide phosphorique.
l'hydrogène	{	le phosphure d'hydrogène, ou la base du gas hydrogène phosphoré.
l'azote.	.	le phosphure d'azote.
le carbone	.	le phosphure de carbone.
le soufre.	.	le phosphure de soufre.
le fer.	{	le phosphure de fer, dit improprement *Sidérite.*

DES SUBSTANCES MINÉRALES.

397. On appelle *substances minérales* toutes celles qui se rencontrent dans la terre, et qui forment la partie solide de notre globe.

398. Il y en a de deux sortes essentiellement différentes ; savoir, les *substances terreuses et pierreuses*, et les *substances métalliques*.

399. Les premières sont l'objet d'une science appelée *Lithologie* ; et les secondes sont l'objet d'une science appelée *Métallurgie*.

LITHOLOGIE.

400. La *Lithologie* a pour objet l'étude des terres et des pierres. Ce sont des substances sèches, inodores, insipides ; et qui ne sont que très-peu, ou même point du tout solubles dans l'eau. Leur pesanteur spécifique n'égale jamais quatre fois et demie celle de l'eau : le plus grand nombre même a une pesanteur spécifique de beaucoup inférieure à celle-là.

Terres primitives.

401. En analysant les terres et les pierres, en les débarrassant des substances qui y sont mêlées, les chymistes ont obtenu des principes qu'on peut regarder comme des *élémens terreux*, comme des *terres primitives*.

402. Ces principes sont au nombre de huit connus ; savoir, la *chaux*, la *magnésie*, la *baryte*, l'*alumine*, la *silice*, la *strontiane*, la *zircône* et la *glucine*.

403. Les terres et les pierres paroissent toutes formées de ces principes. Voyons d'abord quelle est la nature de ces principes.

1. *De la Chaux.*

404. La *chaux* se trouve rarement pure, et dégagée de toute substance. Elle est contenue dans la craie; car la craie est un sel neutre formé par la combinaison de la chaux avec l'acide carbonique. Voici le procédé le plus propre à obtenir la chaux dans son plus grand état de pureté.

405. Pour cela, on lave la craie dans de l'eau distillée et bouillante : on la dissout ensuite dans l'acide acéteux distillé : cet acide, en se combinant avec la chaux, chasse l'acide carbonique, qui s'échappe sous forme gaseuse. Après quoi on précipite la chaux par le carbonate d'ammoniaque ; car l'acide acéteux abandonne la chaux pour se combiner avec l'ammoniaque, et la chaux se précipite. On lave ce précipité : on le calcine : et le résidu est de la *chaux pure.*

406. La chaux est soluble dans l'eau, mais en très-petite quantité ; il faut plus de 600 parties d'eau pour dissoudre une partie de chaux.

407. La chaux a une saveur piquante, âcre et brûlante. Elle verdit les couleurs bleues végétales.

408. Elle reçoit l'eau avec avidité : elle s'y divise et s'y gonfle en acquérant plus de volume, et en excitant beaucoup de chaleur.

409. La chaux se dissout dans les acides sans effervescence, mais en excitant de la chaleur.

Le borate de soude et les phosphates d'urine
la dissolvent ainsi.

410. La chaux, lorsqu'elle est seule, est infusible, même quoique le feu soit soufflé avec
le gas oxigène, comme l'a éprouvé *Lavoisier*.
Mais si elle est combinée avec les acides, elle
forme un corps fusible : car la chaux est une
base salifiable ; elle est même, de toutes ces
bases, la plus abondamment répandue dans la
nature.

2. *De la Magnésie.*

411. La *magnésie* n'a encore été trouvée
nulle part dégagée de toute matière étrangère.
Pour se la procurer dans sa plus grande pureté,
on dissout, dans de l'eau distillée, des crystaux de sulfate de magnésie (de sel d'Epsom,
de sel de Sedlitz) dont elle est la base : on les
décompose par les carbonates alkalins ; l'acide
sulfurique se combine alors avec les alkalis, en
abandonnant la magnésie, qui elle-même se
combine avec l'acide carbonique, et se précipite
ainsi combinée. On calcine ensuite ce précipité,
pour en dégager l'acide carbonique ; et ce qui
reste est la *magnésie pure.*

412. La magnésie pure est très-blanche, très-
tendre, et comme spongieuse. Quand elle est
bien pure, elle n'est pas sensiblement soluble
dans l'eau : mais quand elle est combinée avec
l'acide carbonique, elle s'y dissout, et d'autant
mieux que l'eau est plus froide.

413. La magnésie n'occasionne sur la langue aucune saveur sensible, en quoi elle diffère beaucoup de la chaux (407). Elle verdit un peu la teinture de tournesol.

414. Le borate de soude et les phosphates d'urine la dissolvent avec effervescence ; moyen très-simple de la distinguer de la chaux (409).

415. *Lavoisier* a éprouvé, par expérience, que la magnésie est aussi infusible que la chaux (410).

3. *De la Baryte* ou *Terre pesante*.

416. La *baryte* n'a pas encore été trouvée pure et exempte de toute combinaison. Pour se la procurer dans le degré de pureté convenable, on peut employer le procédé suivant. On pulvérise du sulfate de baryte (spath pesant); qui est la combinaison la plus ordinaire de cette terre : on le calcine dans un creuset avec un huitième de son poids de poudre de charbon : on entretient le creuset au rouge pendant une heure : on verse ensuite la matière dans l'eau. Cette eau se colore en jaune, et elle exhale une forte odeur de gas hydrogène sulfuré. Ensuite on filtre la liqueur ; et on verse sur la liqueur filtrée de l'acide muriatique. Il se forme alors un précipité abondant, qu'on sépare du reste en filtrant de nouveau. La liqueur qui passe par le filtre, tient en dissolution le muriate de baryte, qui s'est formé par l'addition de l'acide muriatique. On y ajoute du carbonate de po-

tasse en liqueur. La potasse se combine avec l'acide muriatique, et la baryte avec l'acide carbonique, dont on la débarrasse par la calcination. Le résidu est la baryte pure.

417. La baryte est sous forme pulvérulente, et d'une très-grande blancheur. Elle est soluble dans l'eau, mais en quantité très-petite : il faut environ 900 parties d'eau pour dissoudre une partie de baryte. Elle verdit tant soit peu les couleurs végétales. Sa pesanteur spécifique est de 42 à 43000. L'analyse a prouvé que 100 parties de carbonate de baryte contiennent 62 parties de baryte ; 22 parties d'acide carbonique ; et 16 parties d'eau.

418. Le borate de soude, et mieux encore les phosphates d'urine, dissolvent la baryte avec effervescence.

419. La baryte précipite les alkalis de leurs combinaisons avec les acides. Mais le prussiate de potasse précipite la baryte de ses combinaisons avec les acides nitrique et muriatique : ce qui la distingue des autres terres.

420. Lorsque la baryte est pure, elle est parfaitement infusible, comme l'a éprouvé *Lavoisier*.

4. *De l'Alumine* ou *Argile pure.*

421. L'*alumine* se rencontre principalement dans les argiles, dont elle fait la base, et où elle est souvent mêlée avec la silice. Pour se la procurer bien pure, on dissout dans l'eau du sulfate d'alumine (de l'alun) ; ensuite on le

décompose par les carbonates alkalins. L'alkali se combine avec l'acide sulphurique, qui abandonne alors l'alumine, laquelle se combine avec l'acide carbonique abandonné par l'alkali. Après quoi on débarrasse l'alumine de cet acide par la calcination; et l'alumine demeure pure.

422. L'alumine prend l'eau avec avidité, et s'y délaie. Elle adhère fortement à la langue. Le borate de soude et les phosphates d'urine la dissolvent.

423. L'alumine, exposée au feu, se dessèche, se resserre, prend du retrait et se gerce. Elle y contracte une dureté telle qu'elle fait feu avec le briquet : elle n'est plus alors susceptible de se délayer dans l'eau.

424. L'alumine, même très-pure, est complètement fusible par le feu soufflé avec le gas oxigène. Il résulte, de sa fusion, une substance vitreuse, opaque, très-dure, et qui raye le verre, comme le font les pierres précieuses.

5. *De la Silice ou Terre vitrifiable.*

425. La *silice* est presque dans son état de pureté dans le crystal de roche. Mais si l'on veut l'avoir parfaitement pure, on fond une partie de beau crystal de roche avec quatre parties d'alkali pur : on dissout le tout dans l'eau; et on précipite par un excès d'acide. Ce précipité est la silice pure.

426. La silice pure est rude et âpre au toucher : ses molécules, délayées dans l'eau, se précipitent très-aisément.

427. L'acide fluorique dissout très-bien la silice ; aussi est-il le dissolvant du verre. Les alkalis dissolvent la silice par la voie sèche, et avec elle forment du verre. La soude dissout la silice avec effervescence : et le borate de soude la dissout lentement et sans bouillonnement.

428. La silice ne fond pas au verre ardent : mais, en soufflant le feu avec le gas oxigène, *Lavoisier* a déterminé un commencement de fusion à sa surface.

6. *De la Strontiane.*

429. La *strontiane* paroît avoir été découverte par *Hope*, professeur de chymie à Glasgow. On l'a trouvée à l'état de carbonate, c'est-à-dire, combinée avec l'acide carbonique à *Strontian* dans l'Argyleshire (le comté d'Argyle), dans la partie occidentale du nord de l'Écosse, accompagnant un filon de mine de plomb. On l'a trouvée aussi, pareillement combinée avec l'acide carbonique, à *Leadhills* en Écosse : on l'a aussi trouvée depuis peu à Montmartre, combinée avec l'acide sulfurique : et il est vraisemblable que les recherches des minéralogistes la feront découvrir en d'autres endroits.

430. On a d'abord confondu la strontiane avec la baryte, à laquelle, à la vérité, elle ressemble à plusieurs égards ; mais dont elle diffère à plusieurs autres égards, comme on va le voir.

431. Le carbonate de strontiane est décomposé par l'acide sulfurique, avec dégagement

d'acide carbonique ; et le sulfate de strontiane , que l'on obtient , est peu soluble dans l'eau.

432. Le carbonate de strontiane se dissout avec effervescence dans les acides nitrique et muriatique ; et il se dégage alors du gas acide carbonique. Ces nitrates et muriates de strontiane ne sont point déliquescens ; et ils sont décomposés par les sulfates de potasse, de chaux , et autres.

433. Le carbonate de strontiane est privé de son acide carbonique par la calcination ; et sa terre est ensuite soluble dans l'eau , et en plus grande quantité dans l'eau bouillante que dans l'eau froide ; car il s'en précipite une partie par le refroidissement.

Par ces trois propriétés la strontiane ressemble assez à la baryte ; mais elle en diffère beaucoup par les suivantes.

434. Le carbonate de strontiane est plus léger que le carbonate de baryte : ce dernier a pour pesanteur spécifique 42 à 43000 (417) ; celle du carbonate de strontiane n'est que de 36 à 37000.

435. Le carbonate de strontiane est d'un vert clair, ou transparent et sans couleur : celui de baryte est d'un gris-blanc.

436. Le carbonate de strontiane produit, avec les acides nitrique et muriatique , des sels plus solubles que ceux que produit le carbonate de baryte avec les mêmes acides.

437. L'acide carbonique tient un peu moins fortement à la strontiane qu'à la baryte.

438. La prussiate de potasse ne décompose point le nitrate de strontiane ; et il décompose complètement le nitrate de baryte.

439. La strontiane forme, avec l'acide muriatique, un sel qui, dissous dans l'alcohol, le fait brûler d'une flamme rouge : et la baryte forme, avec le même acide, un sel qui, dissous dans l'alcohol, le fait brûler d'une flamme jaunâtre.

440. Le carbonate de strontiane peut être pris intérieurement sans aucun danger, et sans causer la moindre incommodité : celui de baryte, pris intérieurement, cause des vomissemens violens, et, peu de temps après, la mort. Voilà assurément une différence bien marquée.

441. L'analyse a prouvé que 100 parties de carbonate de strontiane contiennent 62 parties de strontiane ; 30 parties d'acide carbonique ; et 8 parties d'eau.

7. *De la Zircône.*

442. La *zircône* est une terre primitive et simple nouvellement découverte par *Klaproth*, dans le jargon de Ceilan (528), dont elle est une des parties constituantes, et même la plus abondante ; car, par l'analyse, on a trouvé que 100 parties de jargon de Ceilan contiennent 64 et demie parties de zircône ; 32 parties de silice ; et deux parties d'oxide de fer.

443. Pour se procurer la zircône pure, il faut l'unir à l'acide muriatique, avec lequel elle forme un muriate de zircône : ensuite on dissout

ce muriate dans beaucoup d'eau ; et on précipite la zircône par la potasse : on la lave avec soin ; et on la fait rougir dans un creuset d'argent : elle est alors parfaitement pure.

444. La zircône calcinée a une couleur blanche. Elle est rude au toucher, comme la silice (426) : elle n'a point de saveur ; et elle n'est point soluble dans l'eau. Sa pesanteur spécifique est au moins 43000, celle de l'eau distillée étant 10000.

445. Le phosphate de soude et d'ammoniaque ou sel fusible de l'urine et les alkalis n'attaquent point la zircône. Séparée de ses dissolutions, par les alkalis caustiques, cette terre retient une assez grande quantité d'eau, qui lui donne la demi-transparence de la corne : elle a alors l'apparence de la gomme arabique, soit par sa couleur légèrement jaune, soit par sa cassure et sa transparence.

446. La zircône est susceptible de s'unir à l'acide carbonique ; et c'est à tort que *Klaproth* a dit le contraire. Elle s'unit aussi aux acides sulfurique et nitrique : les alkalis et les six premières terres primitives la séparent de ce dernier acide.

447. La zircône seule ne se fond point au chalumeau : mais elle fond avec le borate ; et donne un verre transparent et sans couleur.

8. *De la Glucine.*

448. La *glucine* est une terre primitive et simple, nouvellement découverte par *Vauquelin*,

dans l'aigue-marine dite *occidentale* (*Journal des Mines,* nº. 43) : c'est une terre blanche, grenue, et faisant effervescence avec les acides. Dans cette aigue-marine, sur 100 parties, il y en a 14 de glucine.

449. La *glucine* est dissoluble dans le carbonate d'ammoniaque, ainsi que dans l'acide sulfurique. Dans ce dernier cas la dissolution a une saveur sucrée au commencement, et ensuite astringente. Ses crystaux sont sucrés comme leur dissolution.

450. La *glucine* a quelque analogie avec l'alumine ; comme d'être douce au toucher ; de haper à la langue ; d'être légère ; de se dissoudre dans la potasse ; d'être précipitée de ses dissolutions par l'ammoniaque. Mais elle diffère de l'alumine en ce que ses combinaisons avec les acides sont très-sucrées ; qu'elle ne donne point d'alun étant mêlée avec du sulfate de potasse ; qu'elle est entièrement dissoluble dans le carbonate d'ammoniaque ; qu'elle n'est point précipitée de ses dissolutions par l'oxalate de potasse et par le tartrite de potasse, comme l'est l'alumine.

451. L'aigue-marine dans laquelle se trouve la glucine est une substance semblable à l'émeraude du Pérou (535) : elle n'en diffère que par sa partie colorante, qui est de l'oxide de fer ; au lieu que dans l'émeraude du Pérou c'est le chrôme (759).

452. L'analyse a fait voir que 100 parties de cette pierre en contiennent 68 de silice ; 15 d'alu-

mine ; 14 de glucine ; 2 de chaux ; et 1 d'oxide de fer.

D E S   P I E R R E S.

453. Nous avons dit (403) que toutes les terres et les pierres paroissent formées de ces *terres primitives*. Ces terres sont tantôt combinées avec des acides : elles forment alors les *pierres salines*, qui sont en quelque façon des sels terreux. Tantôt ces terres sont simplement mêlées entre elles ; ce qui forme les *pierres proprement dites*. Tantôt ces dernières sont liées ensemble par un ciment quelconque ; ce qui forme les *roches*. On trouve aussi une quatrième sorte de pierres, savoir, celles qui sont produites par le feu des volcans.

454. Nous distinguerons donc les pierres en quatre ordres. Le premier comprend les *pierres salines :* le second, les *pierres proprement dites :* le troisième, les *roches ;* et le quatrième, les *pierres* ou *substances produites par le feu des volcans*.

O R D R E   I.

Des Pierres salines.

455. Cet ordre comprend toutes les pierres dans lesquelles les terres primitives sont combinées avec des acides : c'est ce qui leur a fait donner le nom de *pierres salines*. Il y en a de plusieurs genres, qui se distinguent entre elles par la terre primitive qui leur sert de base : et les

espèces se distinguent par les différens acides qui se trouvent combinés avec cette base.

GENRE 1. *Pierres salines à base de chaux.*

456. *Combinaison de la chaux avec l'acide carbonique.* De cette combinaison résultent les *carbonates de chaux*, les *pierres calcaires* en général. Cette combinaison est la plus commune : elle comprend toutes les pierres connues sous le nom générique de *pierres à chaux* : tels sont les spaths calcaires, les albâtres, les stalactites, les marbres, les pierres à bâtir, et les craies. Leurs principaux caractères sont, 1º. de faire effervescence avec les acides, qui en chassent l'acide carbonique : 2º. de se convertir en chaux par la calcination ; parce que l'acide carbonique en est aussi chassé par la chaleur.

457. Parmi les pierres calcaires, les unes crystallisent régulièrement, et le plus ordinairement en rhomboïdes (*fig.* 15) ; tels sont les *spaths calcaires.* Il y en a aussi de prismatiques (*fig.* 16) et de pyramidaux (*fig.* 17 et 18) : leur pesanteur spécifique surpasse ordinairement un peu 27000. L'analyse qu'en ont faite les chymistes, a démontré dans un quintal de ces pierres 34 à 36 parties d'acide carbonique ; 53 à 55 parties de chaux : le reste est de l'eau.

458. D'autres ne crystallisent que confusément : tels sont les *albâtres*, dont la pesanteur spécifique est de 27 à 28000 ; et les *stalactites*,

dont la pesanteur spécifique n'est que de 23200 à 24700.

459. Les autres se trouvent en masses informes, dont les unes sont susceptibles d'un beau poli ; tels que les *marbres* : les autres n'en sont pas susceptibles ; tels sont les *pierres à bâtir* et les *craies*. La pesanteur spécifique des marbres est de 26500 à 28500 : et celle des pierres à bâtir est de 16000 à 24000. Ces dernieres sont les seules de cette espèce qui soient pénétrables à l'eau. Quand les pierres de cette espèce ont assez de transparence, on voit qu'elles causent à la lumière une double réfraction.

460. *Nota.* Ce qui rend les anciennes constructions si dures, est la chaux entrée dans le mortier, qui s'est convertie en craie, par l'absorption de l'acide carbonique qui se trouve répandu dans l'air.

461. *Combinaison de la chaux avec l'acide sulfurique.* De cette combinaison résultent les *gypses*, les *sélénites*, les *pierres à plâtre*. Toutes ces pierres ne font point d'effervescence avec les acides, ni de feu avec le briquet. Le gypse grossier et opaque, appelé *pierre à plâtre*, a une pesanteur spécifique de 21679. Celle des autres gypses est de 22000 à 23000. La principale crystallisation de ces pierres est un décaèdre, dont la surface est composée de deux parallélogrammes obliquangles opposés entr'eux, à chacun des côtés desquels répond un trapèze placé en biseau (*fig.* 19).

462. Lorsque ces pierres ont été calcinées et réduites en poudre, si on les pétrit avec de l'eau, elles forment une pâte à laquelle on peut faire prendre telle forme que l'on veut, et qui se durcit en séchant. On en fait usage pour faire des ornemens dans l'intérieur de nos appartemens. Toutes les pierres de cette espèce causent à la lumière une double réfraction. Toutes, excepté le gypse grossier, sont imperméables à l'eau.

463. *Combinaison de la chaux avec l'acide fluorique.* De cette combinaison résultent les *fluates de chaux* connus sous le nom de *spaths fluors* ou *vitreux.* Toutes ces pierres crystallisent communément en cubes (*fig.* 20). Elles ont la transparence et les belles couleurs des pierres précieuses : et, de même que les pierres orientales, elles ne causent à la lumière qu'une seule réfraction. Leur pesanteur spécifique est de 31000 à 31900

464. Ces pierres ne font point d'effervescence avec les acides : elles ne sont pas assez dures pour étinceler par le choc du briquet. Elles deviennent phosphoriques, lorsqu'on les a broyées.

465. L'acide, dont la combinaison avec la chaux forme ces pierres, est un acide particulier, qu'on a appelé *acide fluorique*, parce qu'il se trouve tout formé dans le spath fluor, lequel spath est par conséquent un sel neutre. Cet acide a, pour propriété singulière, celle d'enlever et de dissoudre la terre silicieuse qui entre,

comme principe constituant, dans la composition du verre. Aussi *Puymorin* a-t-il gravé sur le verre avec cet acide, comme on grave sur le cuivre avec l'acide nitrique.

466. Les spaths fluors entrent en fusion par une forte chaleur : mais, d'après ce que nous venons de dire (465), ils attaquent vivement le creuset. Ils se fondent aussi, sans effervescence, avec l'alkali minéral, le borate de soude et les phosphates d'urine.

467. *Combinaison de la chaux avec l'acide nitrique.* De cette combinaison résulte le *nitrate de chaux* ou *nitre calcaire.* Ce nitrate ne se trouve nulle part sous forme solide : il n'existe que dans les eaux. Il se forme principalement près des endroits habités. La lessive des vieux plâtres en fournit abondamment : c'est un des sels qui abondent le plus dans les eaux-mères des salpêtriers. Si on le fait crystalliser, il présente des crystaux en prismes hexaèdres.

468. Le nitrate de chaux a une saveur amère et désagréable. Il est très-soluble dans l'eau : deux parties d'eau froide suffisent pour en dissoudre une de ce sel ; et l'eau bouillante en dissout plus que son poids.

469. Le nitrate de chaux se liquéfie aisément sur le feu, et devient solide par le refroidissement. Il est susceptible de devenir phosphorique ; car si on le calcine fortement, il paroît lumineux dans l'obscurité.

470. *Combinaison de la chaux avec l'acide*

muriatique. De cette combinaison résulte le *mu-riate de chaux* ou *sel marin calcaire*. Il existe sur-tout dans les eaux de la mer, auxquelles il donne cette amertume qu'on a attribuée à des bitumes, qui n'y existent pas.

471. Le muriate de chaux est très-soluble dans l'eau : 1 ⅐ partie d'eau froide suffit pour en dissoudre 1 de ce sel ; et l'eau chaude en dissout plus que son poids. En rapprochant la dissolution, et la tenant dans un lieu frais, on peut le faire crystalliser : il donne alors un sel en prismes tétraèdes terminés par des pyramides à quatre pans.

472. Le muriate de chaux entre en fusion à une chaleur médiocre ; mais il se décompose difficilement. Il acquiert, par la calcination, la propriété phosphorique.

473. *Combinaison de la chaux avec l'acide phosphorique*. De cette combinaison résulte le *phosphate de chaux*. On a trouvé cette pierre en Espagne, dans l'Estramadure, où l'on prétend qu'il y en a des collines entières ; et que les maisons et les murs d'enclos en sont bâtis.

474. Le phosphate de chaux est blanchâtre et assez dense ; mais il n'est pas assez dur pour étinceler par le choc du briquet. Jetté sur les charbons ardens, il s'embrase tranquillement, et donne une superbe flamme verte.

475. Il se comporte avec les acides nitrique et sulfurique, comme le font les os calcinés, qui sont eux - mêmes un véritable phosphate de

chaux. On peut lui enlever son acide phosphorique ; on peut même le décomposer, et en extraire le phosphore , comme on l'extrait des os.
C'est sans doute pour cela que ce phosphate a
reçu le nom de *terre animale*.

GENRE 2. *Pierres salines à base de magnésie.*

476. Dans ce genre sont comprises toutes les
pierres salines qui ont la *magnésie* pour base.
Ces pierres ne sont bien connues que depuis que
Black a fait voir qu'on ne devoit pas les confondre avec les pierres calcaires : on les en distingue
aisément; parce que l'eau de chaux les décompose , et précipite leur magnésie. Ces pierres
salines sont en général assez solubles dans l'eau :
elles ont presque toutes un goût d'amertume
assez fort.

477. De la combinaison de la magnésie avec
l'acide sulfurique résulte le *sulfate de magnésie,*
connu sous le nom de sel d'Epsom, ou sel de
Sedlitz (*fig.* 21), qui se trouve dans plusieurs
eaux minérales. Son analyse a prouvé que 100
parties de cette pierre en contiennent 19 de magnésie , 24 d'acide sulfurique , et 57 d'eau.

478. De la combinaison de la magnésie avec
l'acide nitrique résulte le *nitrate de magnésie.*
Il est susceptible de décomposer les muriates ;
mais il est lui-même décomposé par les alkalis,
et même par la chaux, qui précipitent sa magnésie.

479. De la combinaison de la magnésie avec

l'acide muriatique résulte le *muriate de magnésie ;* il se trouve dans l'eau-mère de nos salines. Il a une saveur très-amère. Les alkalis,
la chaux et la baryte précipitent sa magnésie.

480. De la combinaison de la magnésie avec
l'acide carbonique résulte le *carbonate de magnésie.* Il n'est soluble dans l'eau qu'en petite
quantité. L'action du feu lui enlève l'eau et
l'acide qu'il contient : ce qui reste est ce qu'on
appelle *magnésie calcinée.*

GENRE 3. *Pierres salines à base de baryte.*

481. Ce genre est composé de toutes les pierres
salines qui ont la baryte pour base.

482. De la combinaison de la baryte avec l'a-
cide fulfurique, résulte le *sulfate de baryte ,*
connu sous le nom de *spath pesant.* C'est la
combinaison la plus ordinaire de la baryte. C'est
la plus pesante de toutes les pierres : sa pesanteur spécifique est de 44228 à 44712. Il y a beaucoup de mines métalliques qui ne sont pas aussi
pesantes. Le spath pesant est insoluble dans
l'eau. Il est susceptible d'acquérir la propriété
phosphorique par la calcination.

483. De la combinaison de la baryte avec l'a-
cide carbonique résulte le *carbonate de baryte ,*
connu sous le nom de *terre pesante aérée.* Sa
pesanteur spécifique est 42919. Son analyse a
fait voir que, dans 100 parties, il y en a 65 de
baryte ; 7 d'acide carbonique, et 28 d'eau.

484. De la combinaison de la baryte avec

l'acide nitrique résulte le *nitrate de baryte*. On ne le trouve pas naturellement ; mais il est aisé de se le procurer, en dissolvant la baryte pure dans l'acide nitrique. Les acides sulfurique et fluorique le décomposent, en enlevant la baryte à l'acide nitrique.

485. De la combinaison de la baryte avec l'acide muriatique résulte le *muriate de baryte*. On ne le trouve point naturellement ; mais on se le procure aisément, en dissolvant la baryte pure dans l'acide muriatique. Ce muriate de baryte se comporte avec les acides à-peu-près comme le fait le nitrate de baryte.

Genre 4. *Pierres salines à base d'alumine.*

486. Dans ce genre sont comprises toutes les pierres salines qui ont l'*alumine* pour base.

487. De la combinaison de l'alumine avec l'acide sulfurique résulte le *sulfate d'alumine*, connu sous le nom d'*alun*. C'est sa combinaison la plus commune et la plus ordinaire. L'alun a une saveur stiptique. Il est peu soluble dans l'eau : il faut 15 parties d'eau pour en dissoudre une d'alun. La magnésie, la baryte et les alkalis précipitent son alumine. L'alun est employé très-utilement dans les arts.

488. De la combinaison de l'alumine avec l'acide carbonique résulte le *carbonate d'alumine*, connu sous le nom d'*argile crayeuse*.

489. Les autres combinaisons de l'alumine avec les autres acides sont peu connues. On sait

seulement que l'alumine dissoute dans l'acide nitrique, forme une dissolution astringente : et l'acide muriatique forme avec l'alumine un muriate gélatineux et déliquescent.

GENRE 5. *Pierres salines à base de silice.*

490. Ce genre est très-peu étendu. On ne connoît que l'*acide fluorique* capable de dissoudre la *silice :* et il en tient en dissolution une plus grande quantité quand il est en état de gas, que quand il s'unit à l'eau. Aussi ne peut-on conserver cet acide dans des bouteilles de verre : il les corrode, en enlevant et dissolvant la terre siliceuse qui entre dans la composition du verre.

GENRE 6. *Pierres salines à base de strontiane.*

491. Dans ce genre on ne connoît que la combinaison de la *strontiane* avec l'acide carbonique. On a trouvé cette terre à l'état de *carbonate* à Strontian, dans le *Comté d'Argyle* en Écosse : on l'a pareillement trouvée combinée avec l'acide carbonique à *Leadhills,* aussi en Écosse. On l'a aussi trouvée, depuis peu, à Montmartre, combinée avec l'acide sulfurique· Il est probable qu'on la trouvera en d'autres endroits. Ce carbonate est d'un vert clair ou transparent, et sans couleur. (*Voyez ci-dessus les art.* 429 *et suiv.*)

GENRE 7. *Pierres à base de zircône.*

492. On n'a trouvé la *zircône* que dans le *jargon de Ceilan :* c'est *Klaproth* qui l'y a dé-

L

couverte. Elle est une des parties constituantes de cette pierre, et même la plus abondante; car 100 parties de jargon de Ceilan en contiennent 64 et demie de zircône. (*Voyez ci-dessus les art.* 442 *et suiv.*)

GENRE 8. *Pierres à base de glucine.*

493. On n'a trouvé la *glucine* que dans l'*aigue-marine*, dite *occidentale* : c'est *Vanquelin* qui l'y a découverte. Elle est une des parties constituantes de cette pierre : sur 100 parties il y en a 14 de *glucine.* C'est une terre blanche, grenue, et faisant effervescence avec les acides. (*Voyez ci-dessus les articles* 448 *et suiv.*)

ORDRE II.

Des pierres proprement dites.

494. Les terres primitives pures et simples, telles que nous les avons ci-devant décrites (401 *et suiv.*) se trouvent rarement seules à la surface de la terre : elles y sont ordinairement mèlangées entre elles; et elles forment des masses plus ou moins volumineuses, plus ou moins dures, suivant la nature des terres qui se trouvent mêlées, et des matières étrangères qui leur sont combinées. C'est là ce qui forme les *pierres proprement dites.*

495. Dans ces mèlanges il y a ordinairement une terre qui domine sur les autres, qui y est en plus grande quantité, ou du moins qui paroît donner son caractère à l'ensemble. C'est là

ce qui détermine les genres : les espèces sont différenciées par les différens principes qui les constituent.

G e n r e 1. *Mèlanges calcaires.*

496. Dans ce genre sont comprises les pierres dans lesquelles la pierre à chaux est la dominante. Il y a une grande quantité de pierres de ce genre : toutes font effervescence avec les acides. Les différens principes réunis à la pierre à chaux constituent les espèces.

497. La *magnésie* réunie à la pierre à chaux est un mèlange très-commun ; car presque toutes les pierres calcaires tiennent de la magnésie.

498. La *baryte* se trouve aussi quelquefois réunie à la pierre à chaux : cela forme une autre sorte de pierre calcaire, qui est plus pesante que les autres.

499. L'*alumine* mêlée avec le carbonate de chaux forme les *marnes,* qui sont plus ou moins grasses, suivant les différentes proportions des deux principes constituans.

500. Le *fer* est très-souvent mêlé à la pierre à chaux. Quand il s'y en trouve beaucoup, cela forme des mines de fer calcaires.

501. La *silice* s'y mêle quelquefois; mais ce mèlange est rare : il est connu sous le nom de *spath étoilé* : il paroît formé en rayons. Dans 100 parties de cette pierre, il y en a 30 de silice, et 66 de carbonate de chaux.

502. Le *bitume* se trouve aussi quelquefois mêlé à la pierre à chaux. Ce mélange est connu sous le nom de *pierre puante*. Il est abondant dans le Bas-Languedoc.

GENRE 2. *Mélanges barytiques.*

503. La baryte étant peu commune, ces mélanges sont rares : on n'en connoît au plus que deux. La *pierre hépatique* en est un. Elle exhale par le frottement, une odeur forte et puante. 100 parties de cette pierre en contiennent 33 de baryte ; 38 de silice ; 17 d'alun ; 7 de gypse ; et 5 de pétrole.

504. Un autre mélange de ce genre est composé de carbonate de baryte, de silice et de fer. Il a un tissu spathique : on l'a trouvé insoluble dans les acides.

GENRE 3. *Mélanges magnésiens.*

505. Tous ces mélanges ont pour caractère principal d'être gras et doux au toucher. Ils sont peu durs. Quelques-uns reçoivent un assez beau poli : on peut les travailler au tour, et leur faire prendre telle forme que l'on veut. D'autres sont disposés par fibres assez flexibles. Aucun de ces mélanges ne fait effervescence avec les acides.

506. Les pierres de ce genre sont les *serpentines*, les *stéatites*, les *pierres ollaires*, l'*asbeste*, le *liége de montagne* ou *cuir fossile*, les *amiantes*, et les *talcs*. Les trois premières se

laissent entamer par le ciseau, et peuvent se travailler au tour, sur-tout la *pierre ollaire*, dont on fait des vases qui résistent au feu, et qui sont d'un bien meilleur usage que nos poteries vernissées. L'*asbeste* et le *cuir fossile* sont composés de fibres non calcinables. Ils sont très-flexibles ; on les déchire plutôt qu'on ne les brise. Les *amiantes* sont composées de fibres dont la flexibilité est telle, qu'on peut en former des tissus. Toutes sont incombustibles : le meilleur moyen de les blanchir, quand elles se sont salies, est de les jeter au feu. Les *talcs* sont doux et savonneux au toucher : ils sont composés de lames minces, polies, brillantes, et qui se séparent aisément suivant leur plan. Le talc de Moscovie est celui qui se trouve en plus grandes parties : on prétend en avoir trouvé des feuilles qui avoient 26 décimètres (8 pieds) en quarré.

G ENRE 4. *Mèlanges alumineux.*

507. Tous ces mèlanges ont peu de dureté, si l'on en excepte une espèce, qui est la *pierre de corne*, laquelle a quelquefois assez de dureté pour étinceler par le choc du briquet.

508. Les pierres de ce genre sont les *micas*, les *pierres de corne*, les *argiles*, les *schistes*, et les *zéolites*. Les *micas* sont doux au toucher, mais non pas gras ; ce qui les distingue des talcs. Ils entrent souvent dans la composition des granits. Les *pierres de corne*, que l'on regarde comme des pierres argileuses mêlées de

quartz, sont d'un grain serré, et difficiles à être broyées.

509. Les *argiles* ont pour caractère d'adhérer fortement à la langue. Elles se dessèchent, durcissent et prennent du retrait au feu. Elles se divisent dans l'eau, et forment une pâte à laquelle on peut faire prendre toutes sortes de formes. Aussi sont-elles la base de toutes nos poteries. Les argiles servent encore dans les moulins à foulon, à dégraisser les étoffes.

510. Les *schistes* sont composés de feuillets, ou très-apparens et qui se séparent facilement suivant leur plan, comme dans les ardoises; ou peu apparens et qui se séparent difficilement, comme dans les *pierres à rasoir* et les *pierres à faux*. Toutes ces pierres sont perméables à l'eau. Les ardoises servent à faire des tables et à couvrir les maisons.

511. Les *zéolites* ont la plupart la propriété d'être solubles en gêlée par les acides. Quelques-unes ont assez de dureté pour étinceler par le choc du briquet; d'autres n'ont pas assez de dureté pour cela. Toutes sont perméables à l'eau.

GENRE 5. *Mèlanges siliceux.*

512. Toutes les pierres de ce genre ont toute la dureté requise pour étinceler par le choc du briquet. Ces pierres sont les *gemmes* ou *pierres précieuses*, les *crystaux de roche* ou *quartz*, les *spaths étincelans*, les *silex*, la *chryso-*

prase, la *pierre d'azur*, les *jaspes*, et les *schorls*.

Les Gemmes.

5.13. Les *gemmes* ou *pierres précieuses* sont en grand nombre. Elles se distinguent entre elles par la dureté, la pesanteur, la couleur et l'éclat; ainsi que par la propriété de causer à la lumière une réfraction double ou simple. Comme la couleur est, de tous leurs caractères, le plus apparent, c'est par elle que nous les diviserons.

Gemmes rouges.

5.14. Ce sont les *rubis*, les *vermeilles*, les *grenats* et le *girasol*.

5.15. Les *rubis* sont des pierres transparentes et dont la couleur est plus ou moins rouge. On en distingue de quatre sortes : savoir, le *rubis oriental*, le *rubis spinelle*, le *rubis balais* et le *rubis du Brésil*.

5.16. Le *rubis oriental* est d'un rouge de cochenille ou purpurin. Il est d'une dureté à-peu près égale à celle du saphir oriental (530), et assez approchante de celle du diamant (540). Il paroît être inaltérable : il résiste à la violence du feu sans s'y fondre; il y conserve son poli, tout son poids et sa couleur, qui lui est donnée par le chrôme (759). Ses crystaux sont formés de deux pyramides héxaèdres fort allongées, opposées l'une à l'autre par leurs bases, et composées chacune de six faces, qui sont des triangles isocelles (*fig.* 22.) Sa pesanteur spécifique est 42833. Il ne cause à la lumière qu'une seule réfraction.

517. Le *rubis spinelle* est d'un rouge qui paroît mêlé d'une légère nuance d'orangé. Il est beaucoup moins dur que le précédent (516). Sa forme crystalline (*fig.* 23) ressemble à celle du diamant oriental (542), excepté que ses faces sont planes, au lieu que dans le diamant elles sont un peu convexes. La pesanteur spécifique de ce rubis est 37600. Il ne cause à la lumière qu'une seule réfraction.

518. Le *rubis balais* paroît n'être qu'une variété du précédent (517), dont il ne diffère que par sa couleur, qui est un rouge clair. Comme lui, il crystalise en octaèdre (*fig.* 23), et ne cause à la lumière qu'une seule réfraction. Sa pesanteur spécifique est 36458. Ces trois rubis (516, 517, 518) sont colorés par le chrôme (759).

519. Le *rubis du Brésil* est d'un rouge tirant sur le jaune. Il crystallise en prisme tétraèdre, terminé par un sommet à quatre faces qui sont des triangles scalenes (*fig.* 24), ou un prisme octaèdre, terminé par un sommet à quatre faces, qui sont des trapézoïdes (*fig.* 25). La dureté de ce rubis est à-peu-près égale à celle du rubis spinelle (517) : sa pesanteur spécifique est 35311. Il cause aux rayons de lumière une double réfraction.

520. La *vermeille* est d'un rouge cramoisi très-éclatant. Je ne connois pas la forme de ses crystaux. Sa pesanteur spécifique est 42299. Elle ne cause aux rayons de lumière qu'une simple réfraction. A ces deux derniers égards, elle ressemble au rubis oriental. Sa dureté surpasse celle du rubis spinelle (517).

521. Le *grenat* est d'un rouge très-foncé. Il a peu de transparence. Ses crystaux sont à 12 faces rhomboïdales (*fig.* 26), ou à 24 faces trapézoïdes (*fig.* 27), ou à 36 faces, dont 12 sont des rhombes, et 24 sont des héxagones allongés (*fig.* 28). Le grenat entre en fusion au feu; mais il y conserve sa couleur. Sa pesanteur spécifique est 41888. Il cause aux rayons de lumière une double réfraction. Il y a une autre sorte de grenat, appellé *grenat syrien*, qui est d'un rouge fort éclatant tirant sur le violet. Sa pesanteur spécifique est un peu moindre que celle du premier; elle n'est que 40000. Il cause aussi aux rayons de lumière une double réfraction.

522. Le *girasol* est une pierre transparente blanche, qui a une légère teinte de rouge, et une de bleu encore plus légère. C'est une pierre peu connue : on ignore quelle est la forme de ses crystaux. Sa pesanteur spécifique est 40000. Elle paroît tenir le milieu entre le rubis et le saphir orientaux : comme eux elle ne cause aux rayons de lumière qu'une simple réfraction.

Gemmes jaunes.

523. Ce sont les *topazes, l'hyacinthe,* et le *jargon de Ceilan.* Il y a, parmi les gemmes, trois sortes de topazes; savoir, la *topaze orientale,* la *topaze du Brésil* et la *topaze de Saxe.*

524. La *topaze orientale* est d'un très-beau jaune d'or très-vif. Ses crystaux (*fig.* 22) ressemblent à ceux du rubis oriental (516). Sa dureté est, à-très-peu-près, égale à celle de ce rubis. Elle résiste à la violence du feu, sans s'y fondre; et elle y conserve sa transparence et sa couleur. Sa pesanteur spécifique est 40106. Elle ne cause aux rayons de lumière qu'une seule réfraction. Il y a une variété de cette pierre qui n'en diffère que par sa couleur, qui est d'un jaune tirant sur le vert : aussi l'a-t-on nommée *topaze pistache.* Sa pesanteur spécifique est 40615, un peu supérieure à celle de l'autre.

525. La *topaze du Brésil* est d'un jaune d'or plus foncé que celui de la précédente (524). Elle crystallise comme le rubis du Brésil (519) (*fig.* 24 et 25) : elle a aussi la même dureté. Etant mise au feu, elle prend une couleur rouge ; alors elle ressemble tout-à-fait au rubis de Brésil. Aussi pense-t-on que ces deux pierres sont la même. La pesanteur spécifique de cette topaze est 35365 : elle cause aux rayons de lumière une double réfraction.

526. La *topaze de Saxe* est d'un jaune qui a peu de vivacité. Elle crystallise en prisme oc-

taèdre , dont le sommet est composé de 12 faces latérales inclinées, de différentes figures , et d'une 13e. face horizontale qui est hexagone (*fig.* 29). Sa pesanteur spécifique est 35640. Elle cause aux rayons de lumière une double réfraction. On trouve quelquefois cette topaze blanche et sans couleur. Sa pesanteur spécifique n'est alors que 35535.

527. *L'hyacinthe* est d'une couleur orangée , ou d'un rouge tirant sur le jaune. La forme de ses crystaux est un prisme tétraèdre rectangle ou à 4 pans hexagones, terminé, à chacune de ses extrémités, par un sommet à 4 faces rhombes qui répondent aux arrêtes du prisme (*fig.* 30). Sa dureté n'est guère supérieure à celle du crystal de roche. Elle entre en fusion au feu, et y perd sa couleur. Sa pesanteur spécifique est 36873. Elle cause aux rayons de lumière une double réfraction.

528. Le *jargon de Ceilan* est une pierre nouvellement connue. Sa couleur approche de celle de l'hyacinthe (527); mais elle diffère beaucoup de cette pierre, par sa forme crystalline , par sa dureté, par sa résistance à l'action du feu, par sa pesanteur et par une de ses parties constituantes, qui est la zircône (442), terre primitive qui ne se trouve point dans l'hyacinthe : ce qui prouve que c'est sûrement une espèce particulière. La forme de ses crystaux est un prisme tétraèdre rectangle , terminé , à chacune de ses extrémités , par un sommet à 4 faces ,

qui sont des triangles isocelles (*fig.* 21). Sa dureté approche de celle des pierres orientales. Elle résiste à l'action du feu sans se déformer. Sa pesanteur spécifique est 44161 : c'est la plus pesante de toutes les gemmes. Elle cause aux rayons de lumière une double réfraction, qui sépare les deux images d'une grande distance. Sur 100 parties de cette pierre il y en a 64 ½ de zircône ; 32 de silice ; et 2 d'oxide de fer.

Gemmes bleues.

529. Ce sont les *saphirs* et les *aigues-marines.* Il y a deux sortes de saphirs ; savoir, le *saphir oriental*, et le *saphir du Brésil.* Il y a aussi deux sortes d'aigues-marines ; l'une dite *orientale*, et l'autre dite *occidentale.*

530. Le *saphir oriental* est d'un superbe bleu céleste. Sa forme crystalline (*fig.* 22) est la même que celle du rubis oriental (516). Sa dureté ne le cède qu'à celle du diamant (540) ; et elle n'est que très-peu supérieure à celle du rubis oriental. Il résiste à la violence du feu sans s'y fondre ; mais il y perd sa couleur. Sa pesanteur spécifique est 39941. Il ne cause aux rayons de lumière qu'une simple réfraction.

531. Le *saphir du Brésil* diffère beaucoup du précédent par sa dureté qui est beaucoup moindre. Sa couleur est d'un bleu foncé ou bleu de roi. Il crystallise en prisme ennéaèdre (*fig.* 31), ou à 9 pans, dont 3 grands pentagones et 6 petits en parallélogrammes, terminé, à chacune

de ses extrémités, par un sommet à 3 faces, pentagonales à une des extrémités, et hexagones à l'autre, les arrêtes d'un des sommets répondant aux faces de l'autre. Sa pesanteur spécifique est 31307. Il cause aux rayons de lumière une double réfraction.

532. Les aigues-marines sont d'un bleu tirant sur le vert. L'*orientale*, appelée aussi *béryl*, a beaucoup d'éclat. Elle crystallise en prisme octaèdre (*fig.* 29) semblable à celui de la topaze de Saxe (526). Sa dureté est à-peu-près égale à celle du grenat (521). Sa pesanteur spécifique est 35489. Elle cause aux rayons de lumière une double réfraction.

533. L'*aigue-marine*, dite *occidentale*, a moins d'éclat que la précédente. Elle crystallise en prisme héxaèdre régulier, terminé, à chacune de ses extrémités, par un plan hexagone (*fig.* 16). Sa dureté n'est guère supérieure à celle du crystal de roche (547). Elle entre en fusion au feu, et y perd sa couleur. Sa pesanteur spécifique est 27227. C'est dans cette pierre que *Vauquelin* a découvert une terre primitive, qu'il a appelée *glucine* (448); il a trouvé qu'elle est composée de 68 parties de silice, 15 d'alumine, 2 de chaux, 1 de fer, et 14 de cette nouvelle terre.

Gemmes vertes.

534. Ce sont l'*émeraude du Pérou*, et les *chrysolites*, dont on connoît deux sortes ; savoir,

la *chrysolite du Brésil* ; et la *chrysolite* dite *des joailliers*.

535. L'*émeraude du Pérou* est d'un vert plus ou moins foncé : celles qui sont d'un vert clair sont les plus estimées. La forme crystalline de cette émeraude (*fig.* 16) est la même que celle de l'aigue-marine occidentale (533). Sa dureté est un peu moindre que celle du grenat (521). Elle résiste à la violence du feu sans s'y fondre, et y conserve sa couleur, qui lui est donnée par le *chrôme* (759). Sa pesanteur spécifique est 27755. Elle cause aux rayons de lumière une double réfraction.

536. Les *chrysolites* sont d'un jaune tirant sur le vert. Leur dureté est un peu moindre que celle de l'émeraude du Pérou (535). Elles résistent à la violence du feu sans s'y fondre ; mais souvent elles y perdent leur couleur. Elles causent aux rayons de lumière une double réfraction.

537. La *chrysolite du Brésil* est d'une belle couleur d'or, tirant tant soit peu sur le vert. Ses crystaux (*fig.* 16) ressemblent à ceux de l'émeraude du Pérou (535). Sa pesanteur spécifique est 26923.

538. La *chrysolite* dite *des joailliers*, qui (suivant *Vauquelin. Jour. des Mines*, vendémiaire, an 6, pag. 19) est un vrai phosphate de chaux, est d'un jaune clair mêlé de vert. Elle crystallise en prisme héxaèdre, dont les arrêtes sont abattues plus ou moins profondément, et

terminé, à chacune de ses extrémités, par un sommet à 6 faces (*fig.* 32). Sa pesanteur spécifique est 27821.

Diamans.

539. Le *diamant* est une pierre qui doit certainement être placée parmi les pierres précieuses : mais elle est si différente de toutes celles dont nous venons de parler, qu'elle doit faire un article à part. Sa combustibilité est une propriété qui lui est tout-à-fait particulière : en effet, le diamant brûle à la manière du phosphore, et disparoît sans qu'il en reste aucun vestige : mais il faut pour cela qu'il ait le contact de l'air, de même que ce contact est nécessaire pour la combustion de tous les autres corps. *Guiton-Morveau* a fait, sur la combustion du diamant, une belle suite d'expériences (*Annales de Chymie*, tom. 31, n°. 91, pag. 72), dont voici les principaux résultats.

Le *diamant* est le *carbone pur;* car, 1°. en l'oxigénant jusqu'à un certain point, il se convertit en charbon : or, le charbon n'est autre chose qu'un *carbone* oxigéné. 2°. En oxigénant le *diamant* jusqu'à saturation, il se convertit en acide carbonique, sans aucun résidu : et l'acide carbonique n'est autre chose que le carbone oxigéné jusqu'à saturation.

Pour parvenir à ces deux conversions du *diamant*, il faut commencer par lui faire éprouver un degré de feu très-violent, et cela afin de rompre l'adhérence de ses parties; sans cela on ne pourroit jamais le convertir ni en charbon, ni en acide carbonique. Par cette première opération, le *diamant* prend une couleur noire plombée.

L'adhérence des parties étant une fois rompue, si l'on fait éprouver au *diamant* une température, que l'on peut estimer à 18 ou 20 degrés du pyromètre de Wedgwood (15 à 1600 degrés du thermomètre), il reçoit une oxidation au même degré que celle du charbon qui a été exposé à l'action d'une forte chaleur dans des vaisseaux fermés ; et il devient par-là un vrai charbon.

Si l'on fait éprouver au *diamant* une température plus forte, qui soit d'environ 30 degrés pyrométriques (lesquels équivalent à 2212 degrés du thermomètre), il se sature d'oxigène ; il a alors une oxidation au même degré que celle de l'acide carbonique : en effet, à cette température, le *diamant* produit l'acide carbonique lui-même.

D'après ces résultats, on voit que le *diamant* est un *pur carbone*. Quand on le combine avec autant d'oxigène qu'en contient le charbon, il en résulte un vrai charbon. Si l'on trouvoit les moyens, 1°. d'enlever au charbon tout son oxigène : 2°. de rétablir l'adhérence des parties du carbone qui, combiné avec l'oxigène, constitue le charbon, il en devroit résulter un *vrai diamant*.

540. Le *diamant* est le plus dur de tous les corps ; on ne peut le travailler que par lui-même :

la poudre de diamant est la seule qui puisse mor-
dre sur le *diamant*.

541. Le *diamant* a une très-grande transparence. C'est la plus belle et la plus brillante de
toutes les pierres. Tous les *diamans* ne causent
à la lumière qu'une simple réfraction ; mais
cette réfraction est plus forte que celle des autres
corps : ils séparent mieux les couleurs : voilà
pourquoi ils brillent d'un si bel éclat, sur-tout
à la lumière du soleil, ou même des bougies.
On en distingue de deux sortes ; savoir, le *diamant d'Orient*, et le *diamant du Brésil*, qui
ne diffèrent entr'eux que par leur forme.

542. Le *diamant d'Orient* crystallise en octaèdre, composé de deux pyramides à 4 faces
triangulaires équilatérales un peu convexes,
opposées l'une à l'autre par leurs bases (*fig.* 23).
Cette forme se modifie quelquefois en une figure
à 24 faces (*fig.* 33); quelquefois même à 48
faces (*fig.* 34) toutes triangulaires et un peu
convexes. La pesanteur spécifique du diamant
d'Orient est 35212.

543. Le *diamant du Brésil* crystallise en do-
décaèdre, dont les 12 faces sont des rhombes
un peu convexes (*fig.* 26). Sa pesanteur spécifique est 34444.

544. Il y a plusieurs variétés du diamant, qui
ne diffèrent entr'elles que par leur couleur. J'en
connois de rouges, de couleur de rose, d'oran-
gés ou feuille-morte, de jaunes, de verts, de
bleus et de noirs.

M

545. Tableau de la pesanteur et de la dureté des pierres précieuses en ordre décroissant.

Pesanteur.		Dureté.
1. Jargon de Ceilan. . . 44161.		1. Le diamant.
2. Rubis oriental . . . . 42853.		2. Le saphir oriental.
3. Vermeille. . . . . . . 42299.		3. Le rubis oriental.
4. Grenat . . . . 41888.		4. La topaze orientale.
5. Topaze orientale. . . 40106.		5. Le jargon de Ceilan.
6. Girasol . . . . 40000.		6. La vermeille.
7. Saphir oriental. . . . 39941.		7. Le rubis spinelle.
8. Émeraude du Pérou. 37755.		8. Le rubis balais.
9. Rubis spinelle . . . . 37600.		9. La topaze du Brésil.
10. Hyacinthe . . . . . . 36873.		10. Le rubis du Brésil.
11. Rubis balais . . . . . 36458.		11. Le saphir du Brésil.
12. Topaze de Saxe . . . 35640.		12. Le girasol.
13. Aigue-marine orientale . . . . 35489.		13. La topaze de Saxe.
14. Topaze du Brésil . . . 35365.		14. Le grenat.
15. Rubis du Brésil . . . 35311.		15. L'aigue-marine orientale.
16. Diamant . . . . 35212.		16. L'émeraude du Pérou.
17. Saphir du Brésil . . . 31307.		17. La chrysolite.
18. Aigue-marine occidentale . . . . 27227.		18. L'aigue-marine occidentale.
19. Chrysolite . . . . . . 26923.		19. L'hyacinthe.

*Moyen sûr de connoître les pierres précieuses,
et de les distinguer entre elles.*

546. Pour distinguer sûrement les unes des autres les pierres précieuses, il faut avoir égard à quatre choses : 1°. à la pesanteur spécifique ; 2°. à la dureté ; 3°. à la couleur ; 4°. à la réfraction simple ou double. La forme crystalline seroit très-propre à les faire connoître ; mais on n'est pas toujours à portée de la voir.

Il y a des pierres qui ont des propriétés communes, et d'autres qui les différencient. Par exemple, le *rubis oriental* (516) et le *diamant rouge* (544) ont la même couleur et la même réfraction; mais ils n'ont ni la même dureté, ni la même pesanteur : le rubis est plus pesant et moins dur que le diamant. Il en est ainsi de la *topaze orientale* (524) et du *diamant jaune* (544); ainsi que du *saphir oriental* (530) et du *diamant bleu* (544) : ils ont la même réfraction, et respectivement la même couleur; mais les diamans ont plus de dureté et moins de pesanteur que les topazes et les saphirs.

Le *girasol* (522) a la même réfraction, et à-peu-près la même couleur que le *diamant couleur de rose* (544); mais il est beaucoup plus pesant et beaucoup moins dur que le diamant.

Le *diamant rouge* (544) et le *rubis du Brésil* (519) ont à-peu-près la même pesanteur et la même couleur : il en est de même du *diamant jaune* (544) et de la *topaze du Brésil* (525); ainsi que du *diamant bleu* (544) et du *béryl* (532) : mais, outre que ces pierres diffèrent beaucoup du diamant par la dureté, elles n'ont pas la même réfraction ; celle du diamant est simple ; et celle de toutes ces autres pierres est double.

Le *rubis du Brésil* (519) a une couleur, une dureté et une pesanteur qui approchent beaucoup de celles du *rubis spinelle* (517); mais ce dernier ne cause aux rayons de lumière qu'une seule réfraction, tandis que le rubis du Brésil leur en cause une double.

Le *jargon de Ceilan* (528) a une dureté presqu'égale à celle de la *topaze orientale;* mais il en diffère par sa couleur, par sa pesanteur, et par la double réfraction qu'il cause aux rayons de lumière.

Le *spath fluor rouge* (463) et le *diamant rouge* ont la même couleur, la même réfraction, et à-peu-près la même pesanteur : mais ils diffèrent beaucoup l'un de l'autre par la dureté, qui, dans le diamant, est immense ; et qui, dans le spath fluor, est si foible qu'elle n'est pas capable de produire des étincelles par le choc du briquet. Il en est de même, si l'on compare les autres diamans colorés aux spaths fluors de couleurs analogues.

De sorte qu'on ne trouvera pas deux pierres, dont l'une soit orientale, et l'autre non orientale, qui aient la même couleur, la même réfraction, la même pesanteur et la même dureté. Voilà donc un moyen sûr de n'y être jamais trompé.

Les Crystaux de roche et les Quartz.

547. Les *crystaux de roche* et les *quartz* paroissent être la même pierre : on nomme *crystal de roche* celui qui est crystallisé ; et *quartz*, celui qui est informe. La forme de leurs crystaux est un prisme hexaèdre, terminé, à une de ses extrémités et quelquefois aux deux, par un sommet à 6 faces triangulaires (*fig.* 35). Leur dureté est inférieure à celle de toutes les pierres gemmes (512). Tous causent aux rayons de lumière une double réfraction.

Le *crystal de roche* est la pierre dans laquelle la *silice* (425) est dans l'état le plus approchant de la pureté, et où elle est le moins mêlée ; car, d'après l'analyse faite par *Bergmann*, 100 parties de crystal de roche en contiennent 93 de silice, 6 d'alumine et 1 de chaux. Le crystal de roche est souvent coloré par le fer ; et il prend différens noms relatifs à la nuance de couleur qu'il a reçue. Le jaune est appelé *topaze de Bohême* : le vert, *fausse émeraude* : le bleu, *saphir d'eau* : le violet, *améthyste* : le rouge-brun, *hyacinthe de Compostelle*. La pesanteur spécifique de ces pierres est communément un peu supérieure à 26500.

Les *quartz* entrent dans la composition des *granits*. Les *grès* sont de la même nature que les quartz : leur cassure est grenue, car ils sont composés de petits grains de quartz, peu liés entr'eux. Ils sont presque tous pénétrables à l'eau.

Les Spaths étincelans.

548. Les *spaths étincelans* sont tous plus ou moins chatoyans. Quand ils crystallisent, ils prennent la forme d'un prisme tétraèdre incliné, dont la surface est composée de 6 pans, 4 rectangulaires et 2 rhomboïdaux (*fig.* 36) : ils crystallisent aussi en prisme héxaèdre ou à 6 pans, 2 hexagones et 4 quadrilatères, terminé, à chacune de ses extrémités, par un sommet à 2 faces pentagonales (*fig.* 37) : il y en a aussi en prisme décaèdre, ou à 10 pans, dont 2 grands octogones et 8 petits en trapèzes, terminé, à chacune de ses extrémités, par un sommet à 6 faces, 1 grande ennéagone, une grande eptagone et 4 petites trapézoïdes (*fig.* 38).

Les spaths étincelans ont une dureté inférieure à celle du quartz (547). Quand ils ont assez de transparence, on observe qu'ils causent aux rayons de lumière une double réfraction. Ils se fondent par l'action du feu, et forment un émail blanc. Ils sont une des parties constituantes de la *porcelaine* : c'est le *petuntzé des Chinois.* Ils entrent aussi dans la composition des *porphyres* (561), des *serpentins* (562), des *ophytes* (563), des *granitelles* (564), des *granits* (565).

549. On peut placer ici le *spath adamantin*, qui approche beaucoup des précédens par son coup-d'œil et sa cassure ; mais qui en diffère beaucoup par sa grande dureté, par sa forme et sa pesanteur. Sa dureté est si grande, qu'on prétend qu'il peut servir à tailler le diamant (539). La forme de son crystal est un prisme hexaèdre ou à 6 pans, 2 grands et 4 petits. Sa pesanteur spécifique est 38732.

Les Silex.

550. Les *silex* sont des pierres qui ont toutes assez de dureté pour occasionner beaucoup d'étincelles par le choc du briquet. Lorsqu'elles ont assez de transparence, on observe qu'elles causent aux rayons de lumière une double réfraction.

Leurs pesanteurs spécifiques sont communément environ 26000. Parmi les silex, les uns ont la propriété de chatoyer ; les autres ne l'ont pas. On en connoît trois chatoyans ; savoir, les *opales*, les *yeux de chat*, et les *yeux de poisson*.

1. Les *opales* font toutes paroître les couleurs de l'iris plus ou moins vives, plus ou moins brillantes.

2. Les *yeux de chat* sont des pierres dont il paroît partir des traits de lumière semblables à ceux qu'on voit partir des yeux des chats. Il y en a de gris, de jaunes, de mordorés, etc.

3. Les *yeux de poisson* sont communément blancs et comme feuilletés ; leur substance ressemble assez bien à celle du crystallin cuit des poissons.

551. Les *silex non chatoyans* sont ornés de couleurs plus ou moins vives : ils reçoivent un beau poli. On en connoît de 8 sortes ; savoir, la *pierre à fusil*, le *pétrosilex*, l'*agate*, la *calcédoine*, la *cornaline*, la *sardoine*, le *jade* et la *prase*.

1. Les *pierres à fusil* n'ont que très-peu de demi - transparence. Toutes ont une couleur sombre, et sont convexes ou concaves à la fracture. Elles ne se fondent pas au feu ; mais elle s'y calcinent, et deviennent blanches.

2. Le *pétrosilex* a, pour caractère distinctif, d'avoir une demi-transparence semblable à celle de la cire. Il blanchit au feu, comme la pierre à

fusil ; mais il est plus fusible , car il coule sans addition.

3. Les *agates* sont unies et luisantes dans l'endroit de la fracture ; elles reçoivent un très-beau poli. Elles sont variées de toutes sortes de couleurs, si l'on en excepte le rouge vif, l'orangé et le vert. Exposées au feu, elles perdent leurs couleurs, et deviennent opaques sans se fondre.

4. Les *calcédoines* ont une demi-transparence laiteuse ou nébuleuse. Toutes reçoivent un beau poli. Ces pierres sont blanches, avec quelquefois des teintes de rouge, de jaune et de bleu.

5. Les *cornalines* sont toutes, ou entièrement, ou en partie, d'un beau rouge ; mais elles perdent leur couleur au feu, et y deviennent opaques. Elles reçoivent toutes un beau poli.

6. Les *sardoines* sont, en tout, ou en partie, d'une couleur orangée plus ou moins foncée ; couleurs qu'elles perdent au feu, où elles deviennent opaques sans se fondre. Elles reçoivent toutes un beau poli.

7. Les *jades* ont, pour caractère distinctif, de recevoir un poli gras : en effet, au toucher, il semble que les jades aient été frottés d'huile. Ils sont de différentes couleurs ; il y en a de blancs, de verts et d'olivâtres.

8. La *prase* est d'un vert de poireau demi-transparent. Elle reçoit un beau poli,

La Chrysoprase.

552. La *chrysoprase* est d'un vert-pomme demi-transparent : elle perd sa couleur au feu, et y devient blanche et opaque. Sa dureté est supérieure à celle des quartz (547).

La Pierre d'azur.

553. La *pierre d'azur* est d'un bleu céleste admirable, quelquefois mêlé de blanc; elle est tout-à-fait opaque. Il s'y trouve quelquefois des pyrites, qui ont fait croire qu'elle contenoit de l'or. Si on l'expose à une forte chaleur, elle se fond, et forme un verre blanchâtre. Lorsqu'elle a été calcinée, elle est soluble en gêlée par les acides. La pierre d'azur pulvérisée forme cette couleur précieuse, connue sous le nom d'*outremer*.

Les Jaspes.

554. Les *jaspes* sont des pierres variées de toutes sortes de couleurs. Ils sont d'une grande dureté, et reçoivent un poli très-beau et très-durable. Exposés à l'action du feu, ils ne s'y fondent point : *Wedgewood* assure même qu'ils y durcissent. Leurs pesanteurs spécifiques ne sont pas les mêmes dans tous : elles varient depuis 23000 jusqu'à 28000.

Les Schorls.

555. Les *schorls* sont des pierres dures qui sont fusibles à un feu modéré et sans addition. Leurs crystaux présentent un si grand nombre

de variétés, quant à leur forme, leur aspect, leur tissu, leur structure, etc. que l'on peut présumer, avec quelque fondement, qu'on a rangé sous la même dénomination, des pierres de natures différentes.

Les *schorls* sont ordinairement opaques : il y en a cependant quelques-uns de transparens ; tels que l'*émeraude du Brésil*, le *péridot*, la *tourmaline*, etc. qui sont tous de vrais schorls. Toutes ces pierres causent aux rayons de lumière une double réfraction.

Les *schorls* sont variés en couleurs : il y en a de noirs, de violets et de verts.

Les *schorls noirs* crystallisent les uns en prismes à 6 pans, terminés, à chacune de leurs extrémités, par un sommet à 3 faces rhomboïdales (*fig.* 39) : d'autres en prisme à 8 pans, terminé, à chaque extrémité, par un sommet à 2 faces hexagones (*fig.* 40) : d'autres enfin en prisme à 9 pans, terminé, à chaque extrémité, par un sommet à 3 faces, pentagonales à une extrémité, et hexagones à l'autre (*fig.* 31). Le schorl noir en masse, qui ne crystallise point, est connu sous le nom de *bazalte noir antique*. Il y en a un autre, qui est noir et opaque, que l'on connoît sous le nom de *schorl spathique*.

Le *schorl violet* est d'un fauve tirant sur le violet, et transparent. Ses crystaux sont de parallélipipèdes rhomboïdaux très - comprimés, dont 2 des arrêtes opposées sont remplacées par des facettes. (*fig.* 41).

Le *schorl vert*, connu sous le nom d'*émeraude du Brésil*, est d'un vert foncé et transparent. Il crystallise en prisme à 9 pans, comme ci-dessus (*fig.* 31), mais mal prononcés et difficiles à déterminer.

Le *schorl* connu sous le nom de *péridot*, est d'un vert jaunâtre plus ou moins foncé, et bien transparent. Il crystallise comme le précédent (*fig.* 31).

Le *schorl* connu sous le nom de *tourmaline*, est d'un brun noirâtre, mais transparent, lorsqu'il n'a pas trop d'épaisseur. Il crystallise encore, comme les précédens (*fig.* 31). On trouve des *tourmalines* à Ceilan, au Brésil et dans le Tyrol : toutes deviennent électriques, lorsqu'on les chauffe.

Il y a un autre sorte de *schorl* connu sous le nom de *schorl cruciforme* ou *pierre de croix*, dont les crystaux sont composés de deux prismes hexaèdres qui se croisent, tantôt à angles droits (*fig.* 24), tantôt à angles aigus (*fig.* 25). Les pesanteurs spécifiques de *schorls* ne sont pas les mêmes dans tous ; elles varient depuis 29225 jusqu'à 34529.

Les *schorls* entrent dans la composition des porphyres (561), des serpentins (562), des ophytes (563), des granitelles (564) et des granits (565).

Genre 6. *Mèlange de Strontiane.*

556. On ne connoît pas d'autre combinaison de la *strontiane* qu'avec l'acide carbonique : c'est ainsi qu'on l'a trouvée à *Strontian* et à *Leadhills* en Écosse. Elle forme alors un carbonate qui est d'un vert clair, ou transparent et sans couleur. On en a cependant trouvé depuis peu à Montmartre de combinée avec l'acide sulfurique. (*Voyez ci-dessus, art.* 429).

Genre 7. *Mèlanges de Zircône.*

557. On n'a encore trouvé la *zircône* que dans le jargon de Ceilan (528), dont elle est une des parties constituantes, et où elle est unie à de la silice et un peu d'oxide de fer. (*Voyez ci-dessus, art.* 442.

Genre 8. *Mèlanges de Glucine.*

558. La seule pierre où l'on ait trouvé la *glucine* est l'aigue-marine, dite *occidentale* (533), dans laquelle *Vauquelin* l'a découverte, et où elle est combinée avec de la silice, de l'alumine, un peu de chaux et un peu de fer. (*Voyez ci-dessus, art.* 448.)

ORDRE III.
Des Roches.

559. Les huit terres primitives : savoir, la *chaux* (404), la *magnésie* (411), la *baryte* (416), l'*alumine* (421), la silice (425), la *strontiane* (429), la *zircône* (442) et la *glucine* (448), différemment mèlangées, forment

les pierres dont nous venons de parler. Ces pierres, différemment réunies et liées par un ciment quelconque, forment les masses pierreuses qu'on appelle *roches*. Nous avons désigné les caractères qui distinguent chacune de ces pierres : elles sont aisées à reconnoître dans ces mélanges ; car elles n'y sont que mêlées, et point dénaturées.

560. Nous ne désignerons ici que sept de ces mélanges, qui sont ceux qui se trouvent plus fréquemment, et en plus grandes masses. Les autres, qui ne sont sûrement pas tous connus, ne se trouvent que rarement et en petites masses. Les sept que nous désignons, sont les *porphyres* (561), les *serpentins* (562), les *ophites* (563), les *granitelles* (564), les *granits* (565), les *pierres meulières* (566), et les *cailloux* (567).

561. 1. Les *porphyres* sont composés de spath étincelant (548) en petits fragmens, de *schorls* (555), et d'une espèce de ciment qui lie toutes les parties, et qui fait, en quelque façon, la base des porphyres. Ce ciment paroît être du jaspe (554). Les porphyres sont très-durs, et difficiles à travailler ; ils reçoivent cependant un beau poli. Il y en a de rouges et de verts, c'est le jaspe qui détermine le fond de leur couleur.

562. 2. Les *serpentins* sont composés des mêmes substances que les porphyres (561) ; ils n'en diffèrent qu'en ce que le spath étincelant (548) s'y trouve en gros fragmens. Les

serpentins varient en couleurs ; il y en a de verts, de violets, de jaunes et de noirs : c'est toujours le jaspe (554) qui détermine leur couleur principale.

563. 3. L'*ophite* n'est composé que de deux substances ; savoir, du schorl noir (555), connu sous le nom de *bazalte noir antique* (555) parsemé de spath étincelant verdâtre (548), qui y forme des taches longues. Cette pierre est assez dure.

564. 4. Les *granitelles* ne sont aussi composés que de deux substances, qui sont le schorl noir spathique (555), et le spath étincelant blanc, mêlé dans quelques-uns de spath étincelant vert (548). Les granitelles diffèrent donc de l'ophite, en ce que le schorl qui entre dans leur composition n'est pas de la même espèce que celui de l'*ophite* (563).

565. 5. Les *granits* sont composés de spath étincelant (548), de schorl (555), et de quartz (547) : dans plusieurs, il se trouve aussi du mica (508). Les granits sont très-variés en couleurs. Ils sont très-durs, difficiles à travailler, et ne reçoivent jamais un beau poli.

566. 6. Les *pierres meulières* sont très-dures et plus ou moins poreuses. On ne connoît pas bien quelles sont les substances qui entrent dans leur composition. Ce sont ces pierres dont on fait ordinairement les meules de moulins.

567. 7. Les *cailloux* sont des pierres dures et opaques, qui reçoivent un beau poli. Ils pa-

roissent composés de couches concentriques et sont assez brillans dans l'endroit de la fracture. Les cailloux ne se trouvent jamais en carrières suivies, comme les autres pierres : ils sont détachés et répandus dans la campagne. Quand il leur arrive d'être réunis par un ciment quelconque, ils forment les *poudings*. Ils se décomposent à l'air; car on les trouve presque toujours couverts d'une croûte moins dure que leur intérieur. Ils sont très-variés en couleurs : il y en a de tachetés, de veinés, de panachés et même d'herborisés.

ORDRE IV.

Des Pierres ou substances produites par le feu des volcans.

568. Ces substances sont celles que produisent les volcans actuellement allumés, ou que l'on trouve sur les volcans éteints : tels sont les *pierres-ponces*, les *laves* et les *basaltes*.

569. 1. Les *pierres-ponces* sont un véritable verre en forme de petits filets gris-blancs et très-brillans. Ces filets laissent toujours entr'eux des vides plus ou moins grands; ce qui fait varier leur pesanteur spécifique, que l'on trouve d'environ 9000.

570. 2. La *lave* est cette matière embrasée qui coule, en quantité prodigieuse, des volcans actuellement enflammés, qui se répand sur la campagne, et souvent à de grandes distances.

Cette matière est un véritable verre, qui paroît noir par réflexion , et qui tire sur le violet par transparence. Sa pesanteur spécifique , quand elle est bien pleine , est 23480.

571. 3. Les *basaltes* sont noirâtres et opaques. Ils se convertissent au feu en un verre d'un très-beau noir. Souvent ils crystallisent en prismes à 3 , à 4 , à 5 , à 6 , à 7 pans. Il y en a dont le grain est très-fin; tel est le basalte connu sous le nom de *pierre-de-touche*. Leur pesanteur spécifique est depuis 24153 jusqu'à 28642.

572. Quand ces substances, produites par le feu des volcans , ont assez de transparence, on observe qu'elles ne causent aux rayons de lumière qu'une seule réfraction. C'est l'effet que produisent toutes les substances formées dans le feu.

Pour avoir, sur toutes ces terres et ces pierres, de plus grands détails , voyez mes *Principes élémentaires de l'histoire naturelle et chymique des substances minérales* , depuis l'art. 8 jusqu'à l'art. 208 , chez *Firmin Didot*, rue de Thionville.

MÉTALLURGIE.

573. La *métallurgie* a pour objet l'étude des *substances métalliques*. Ces substances sont les corps les plus pesans de la nature : ils ont la propriété d'entrer en fusion au feu, et d'y acquérir de l'éclat. Ensuite ils se durcissent en

refroidissant ; et ils prennent, à la partie supérieure, une surface convexe.

574. La nature ne nous présente que rarement ces substances dans leur état de pureté. Si
l'on en excepte l'or, et quelquefois l'argent, elle
les a combinées avec diverses autres substances,
qui en masquent et en altèrent les propriétés
métalliques. Les métaux, ainsi cachés et en-
fouis, forment les mines, dont il faut extraire
le métal. On appelle *docimasie,* la science qui
apprend à extraire le métal du minerai.

575. Parmi les substances métalliques, les
unes sont malléables et ductiles ; c'est-à-dire,
qu'elles ont la propriété de s'étendre sous le
marteau : les autres sont peu malléables, ou
même point du tout. Les premières sont les métaux : les secondes, les demi-métaux. Nous les
diviserons en deux ordres.

ORDRE I.

Des Métaux.

576. La connoissance des *métaux* est pour
nous très-importante. Ils sont d'un si fréquent
usage dans le commerce ; ils sont employés dans
les arts de tant de manières différentes, qu'il
est intéressant pour nous de les bien connoître.

577. Les *métaux* sont au nombre de sept :
savoir, l'*or*, l'*argent*, le *platine*, le *cuivre*, le
fer, l'*étain* et le *plomb*.

578. Parmi eux, les uns sont fixes au feu le

plus long et le plus violent, sans éprouver aucun changement dans leur poids, ni aucune altération sensible. Ceux-ci s'appellent *métaux parfaits*. Les autres ne sont fixes au feu que jusqu'à un certain point : passé ce point, ils s'y altèrent, ils se combinent avec l'oxigène (360), et se changent en une espèce de terre appelée *oxide métallique* (368). Ces derniers sont nommés *métaux imparfaits*. Nous en formerons deux genres.

GENRE 1. *Des Métaux parfaits.*

579. On appelle *métaux parfaits* ceux qui ont, à un haut degré, la propriété de s'étendre, s'allonger, s'applatir, sans se déchirer ni se briser, lorsqu'ils sont frappés à coups de marteau, ou passés à la filière, ou fortement comprimés, comme au laminoir. Ces *métaux* restent fixes au feu le plus long et le plus violent, sans éprouver de changement dans leur poids, ni aucune altération sensible. Tels sont l'*or*, l'*argent* et le *platine*.

1. *De l'Or.*

580. L'*or* est un métal jaune, qui n'a pas un très-grand éclat, qui est peu élastique (794), peu sonore (795), peu dur (791), et peu tenace (793). Il est de tous les métaux le plus ductile (789) et le plus fixe au feu (788). Sa pesanteur spécifique (796) ne le cède qu'à celle du platine (596). C'est celui de tous les métaux qui adhère le plus fortement au mercure (801).

581. L'or n'étant pas sujet à se ternir, est employé aux ornemens et aux parures. Mais l'usage le plus important qu'on en fait est d'en faire des pièces d'orfévrerie, de la monnoie et des bijoux.

582. Dans ses mines, l'*or* se trouve presque toujours à l'état natif : et il s'y trouve ou crystallisé en octaèdre; ou en fibres ou filamens de différentes longueurs; ou en lames disséminées dans une gangue; ou en paillettes dispersées dans des sables ou des terres : on le trouve aussi quelquefois en masses irrégulières; on l'appelle alors *pepite d'or*. On en trouve de très-grosses au Mexique et au Pérou : j'en ai vu une qui pesoit environ 4160 grammes (près de 17 marcs), qui venoit du cabinet du comte d'*Ons-en-Bray*.

583. L'or, exposé au feu, rougit avant de se fondre; mais quand il est bien rouge, il est tout près de sa fusion. Lorsqu'il est fondu, il n'éprouve aucune altération, quelque temps que cela dure. Je l'ai cependant votatilisé au foyer de la lentille de *Trudaine* : mais cette volatilisation ne l'a aucunement altéré; car il a doré une lame d'argent que j'avois exposée au-dessus.

584. L'acide nitro-muriatique ou muriate oxigéné (807) est le vrai dissolvant de l'*or*. Cette dissolution est d'une couleur jaune; et elle tache la peau en pourpre. Si l'on rapproche convenablement la dissolution, elle fournit des crystaux jaunes comme des topases (523), et

qui affectent la forme d'octaèdres tronqués. Ces crystaux sont un vrai *muriate d'or*.

585. Si l'on verse de l'ammoniaque ou alkali volatil fluor sur une dissolution d'or, la couleur jaune disparoît : mais, au bout de quelque temps, il s'en dégage de petits flocons, qui se colorent en jaune de plus en plus, et qui peu-à-peu se précipitent au fond du vase. Ce précipité, desséché à l'ombre, est connu sous le nom d'*or fulminant*. L'ammoniaque est essentiel à sa fulmination, comme l'a prouvé *Bertholet*.

586. L'*or* est précipité de sa dissolution par plusieurs métaux et demi-métaux; tels que l'argent, le cuivre, le fer, le plomb, l'étain, le mercure, le bismuth et le zinc. L'étain le précipite sur-le-champ et forme le *pourpre de Cassius*.

587. L'*or* s'allie à tous les métaux, et à plusieurs demi-métaux. Avec le mercure il forme une pâte, dont on fait usage pour dorer en or moulu.

2. *De l'Argent.*

588. L'*argent* est d'une couleur blanche, pure et brillante. Il est, après l'or, le plus estimé de tous les métaux. Il est, après l'or et le platine, le plus ductile (789) et le plus fixe au feu (788). Il est aussi, après le cuivre, le plus sonore de tous (795). Son élasticité (794) et sa ténacité (793) ne le cèdent qu'à celles du fer,

du cuivre et du platine. Sa dureté (791) est inférieure à celle du fer, du platine et du cuivre. Sa pesanteur spécifique (796) est moindre que celle du platine, de l'or, du mercure et du plomb; mais elle surpasse celle de tous les autres métaux et demi-métaux.

589. L'*argent* est principalement employé à faire des pièces d'orfévrerie, comme plats, assiettes, etc. et à faire de la monnoie.

590. Dans ses mines l'*argent* se trouve quelquefois à l'état natif : on l'appelle alors *Argent vierge*. Dans cet état il est ou crystallisé en rameaux, et s'appelle *argent vierge en végétation;* ou il se trouve en filets minces, capillaires et flexibles; ou en lames minces dispersées dans des gangues ; ou bien en masses plus ou moins grosses. Beaucoup plus souvent l'argent se trouve minéralisé avec d'autres substances.

591. L'*argent* exposé au feu, rougit avant de se fondre ; mais il se fond fort peu de temps après (790). Lorsqu'il est fondu, on peut lui faire éprouver un feu violent sans l'altérer. Il est vrai qu'en ayant exposé au foyer de la lentille de *Trudaine*, il s'est volatilisé en fumée épaisse; mais il a blanchi des lames d'or que j'avois exposées au-dessus. Quelques chymistes ont prétendu avoir vitrifié l'*argent*. N'auroient-ils pas plutôt vitrifié quelque portion des supports ?

592. L'acide nitrique est le vrai dissolvant de l'*argent*. Le métal commence d'abord par s'oxi-

der en se combinant avec une portion de l'oxigène de l'acide : ensuite il se dissout. Il paroît
que les métaux ne se dissolvent dans les acides,
qu'après s'être oxidés. L'acide nitrique peut dissoudre une quantité d'argent qui égale plus de
la moitié de son poids : il se précipite alors des
crystaux, qui sont un *nitrate d'argent,* et qu'on
connoît sous le nom de *crystaux de lune.* La
dissolution de ces crystaux est très-caustique :
elle brûle l'épiderme. Ce nitrate d'argent,
fondu et coulé dans une lingotière, forme la
pierre infernale : elle doit être faite avec de
l'argent bien pur.

593. Comme l'acide muriatique tient très-
fort à son oxigène, il n'oxide point l'*argent;*
et par conséquent il ne peut pas le dissoudre.
Mais le muriate oxigéné, au moyen de son
excès d'oxigène (200), oxide aisément l'*argent;* et le dissout ensuite très-promptement,
étant devenu acide muriatique simple.

594. L'*argent* est précipité de sa dissolution
dans l'acide nitrique, par l'eau de chaux, par
les alkalis, et par quelques métaux, tels que le
cuivre et le mercure. Lorsque l'argent est précipité par le mercure, il forme une espèce de végétation connue sous le nom d'*arbre de Diane.*

595. L'*argent* acquiert, de même que l'or,
la propriété de fulminer, mais dans un degré
bien supérieur. Pour former l'*argent fulminant,*
il faut employer le procédé de *Bertholet,* que
voici. On dissout de l'*argent de coupelle* dans

l'acide nitrique : on précipite l'argent de cette dissolution par l'eau de chaux : on décante et l'on expose le précipité pendant trois jours à l'air. On étend ensuite ce précipité desséché dans l'ammoniaque, où il prend la forme d'une poudre noire : on décante, et on laisse sécher cette poudre à l'air. C'est elle qui est l'*argent fulminant*.

Il faut le contact d'un corps embrasé pour faire détonner la poudre à canon : il faut faire prendre à l'or fulminant un certain degré de chaleur, pour qu'il détonne : et le contact du plus petit corps, même froid, fait détonner l'*argent fulminant*. C'est un être vraiment intactile ; aussi ne peut-on le garder que dans la capsule où s'est faite l'évaporation. Il faut beaucoup de prudence pour faire cet *argent fulminant*, et plus encore pour en faire les expériences.

3. *Du Platine.*

596. Le *platine* est un métal blanc, mais plus sombre et pas si brillant que l'argent. Il est plus pesant que l'or (796) : il est par conséquent le plus pesant de tous les corps. Exposé au feu, il est à-peu-près aussi fixe que l'or (788) : il n'éprouve aucune altération ni à l'air ni à l'eau. Sa ductilité ne le cède qu'à celle de l'or (789). Après le fer il est le plus dur des métaux (791). Sa ténacité et son élasticité ne le cèdent qu'à celles du fer et du cuivre (793, 794).

Il est plus sonore que l'or et le plomb (795),
mais il l'est moins que tous les autres métaux.

597. Le *platine* se trouve dans ses mines en
petits grains ou paillettes d'un blanc livide : il y
est toujours combiné avec du fer ; et il est alors
attirable à l'aimant. Dans cet état, il est peu
ductible ; mais s'il est parfaitement purifié de
toute substance étrangère, il a toute la ductilité requise pour être passé au laminoir et à la
filière ; et même en fil très-délié sans se rompre.
Il est très-difficile de le bien purifier et de le
travailler.

598. Le *platine* est absolument infusible au
feu ordinaire (790) : exposé au foyer de la lentille de *Trudaine*, il n'y a eu tout au plus qu'un
petit commencement de fusion ; de sorte que
les grains se sont un peu collés les uns aux
autres. Mais *Lavoisier* a fondu aisément ces
grains, en soufflant le feu avec le gas oxigène.
Par ce procédé, *Lavoisier* a fondu encore plus
aisément le *platine purifié*. Dans cet état de
purification sa pesanteur spécifique est 195000 :
mais lorsqu'il a passé au laminoir, sa pesanteur
est 220690.

599. Le *platine* n'est dissoluble que dans l'a-
cide nitro-muriatique ou muriate oxigéné. Les
alkalis le précipitent de sa dissolution. Une dissolution de muriate d'ammoniaque, versée sur
une dissolution de *platine*, y forme un précipité
orangé, qui est une substance saline entièrement soluble dans l'eau. Cette propriété qu'a le

muriate d'ammoniaque de précipiter le platine,
fournit un moyen simple de reconnoître si l'or
est allié avec du *platine*.

600. Le *platine* est un métal précieux par sa
dureté, par le beau poli dont il est susceptible,
et par son inaltérabilité. On en peut faire des
miroirs de télescopes, bien préférables à ceux
qu'on a faits jusqu'ici ; parce qu'ils ne perdent
jamais leur poli. Il a encore une propriété bien
précieuse, qui est celle de changer très-peu de
dimensions par les différentes températures.
Aussi s'en est-on servi utilement pour la mesure
de l'arc du méridien, compris entre Dunkerque
et Barcelone.

GENRE 11. *Des Métaux imparfaits.*

601. On appelle *métaux imparfaits*, ceux
qui, comme les métaux parfaits, ont de la ductilité ; mais qui ne sont fixes au feu que jusqu'à
un certain point, passé lequel ils s'altèrent. Ils
se combinent avec l'oxigène, et se changent
en une sorte de terre, appelée *oxide métallique*. On compte quatre *métaux imparfaits*, savoir, le *cuivre*, le *fer*, l'*étain* et le *plomb*.

1. *Du Cuivre.*

602. Le *cuivre* est un métal rouge ou de couleur orangée, et brillant dans l'endroit de la
fracture. Il est le plus sonore de tous les métaux (795). Son élasticité et sa tenacité ne le
cèdent qu'à celle du fer (794, 793). Il est moins

dur que le fer et le platine, mais plus dur que les autres métaux (791). Sa ductilité approche de celle de l'étain (789) : il peut être réduit en feuilles assez minces sous le laminoir, et en fils assez fins, en passant par la filière. Sa pesanteur est un peu supérieure à celle de l'étain (796). Il est de tous les métaux imparfaits le plus fixe au feu.

603. Le *cuivre* dans ses mines se trouve quelquefois à l'état natif; ou en feuillets, ayant du quartz pour gangue; ou en masses compactes, et même assez grosses. Beaucoup plus souvent le *cuivre* se trouve minéralisé avec d'autres substances, et forme des mines. Ces mines se décomposent quelquefois, et se réduisent à l'état d'oxide : il en résulte ce que l'on appelle *vert de montagne, bleu de montagne, malachite.*

604. Le *cuivre* ne se fond que quelque temps après qu'il est rouge, et à un degré de chaleur qui n'est pas beaucoup supérieur à celui qui est nécessaire pour faire fondre l'or (790). Si on le tient en fusion, il se volatilise en partie.

605. L'acide nitrique dissout le *cuivre* avec effervescence : la dissolution est bleue. L'acide commence par oxider le métal, et il se dégage alors une grande quantité de gas nitreux (189 et *suiv.*); après quoi le cuivre est dissous.

606. L'acide sulfurique ne dissout le cuivre que lorsqu'il est concentré et très-chaud : il se forme alors des crystaux bleus de forme rhomboïdale, connus sous le nom de *sulfate de cuivre.*

La chaux et la magnésie décomposent ce sulfate :
le précipité est d'un blanc-bleuâtre, qui, séché
à l'air, devient vert. L'ammoniaque précipite
aussi le cuivre de ce sulfate en bleu-blanchâtre :
mais ce précipité se dissout presque dans l'instant qu'il se forme ; d'où il résulte une liqueur
d'un bleu superbe, appelée *eau céleste*.

607. L'acide muriatique ne dissout le *cuivre*,
que lorsqu'il est concentré et bouillant : la dissolution est verte, et produit des crystaux prismatiques assez réguliers d'un vert de pré agréa-
ble, dont la saveur est caustique et très-astrin-
gente.

608. L'acide acéteux ne dissout pas le *cuivre*,
parce qu'il ne contient pas assez d'oxigène pour
commencer par l'oxider ; il ne fait donc que le
corroder : il en résulte le *verdet* ou *vert-de-gris*,
lequel étant dissous dans le vinaigre, forme un
acétite de cuivre crystallisé, connu sous le nom
de *crystaux de Vénus*. Mais l'acide acétique ou
vinaigre radical dissout le cuivre, qu'on lui présente même en état de métal ; parce que, tenant
plus d'oxigène que n'en tient l'acide acéteux,
il peut d'abord l'oxider, et ensuite le dissoudre.

609. Le fer précipite le *cuivre* de ses dissolutions : pour cela il suffit de plonger du fer dans
la dissolution ; l'acide s'en saisit, et abandonne
le *cuivre*, qui se précipite. Ce cuivre est appelé
cuivre de cémentation. C'est là le procédé qu'emploient les charlatans qui se vantent d'avoir
trouvé le moyen de métamorphoser le fer en

cuivre. Il est aisé de voir en quoi consiste cette métamorphose.

610. Le *cuivre* s'allie avec la plupart des métaux et demi-métaux. Comme l'alliage de l'argent (588) le rend plus fusible, on en fait les soudures pour l'argenterie. Le *cuivre*, allié avec l'étain (642), forme le *bronze* ou *airain* : on en fait des cloches, des canons et des statues : allié par la cémentation, avec l'oxide de zinc appelé *calamine* (695), il forme le *laiton* (611): allié par la fusion avec le zinc, il forme le *similor*, ou *or de Manheim* : avec l'arsénic (707), il forme le *tombac blanc* : avec le bismuth (670), un alliage d'un blanc rougeâtre : avec l'antimoine (700) un alliage violet.

611. Il y a deux sortes de *cuivre* employés dans les arts; savoir, le *cuivre rouge*, qui est le cuivre pur; et le *cuivre jaune* ou laiton (610), qui est un alliage de trois parties de cuivre rouge très-pur et d'une partie de zinc (692). Le zinc change la couleur du cuivre en un beau jaune, approchant de celui de l'or.

612. Le *cuivre* rouge sert à faire des tuyaux de conduits, des fontaines, des baignoires, des chaudières, des alembics, etc. on l'emploie aussi à faire la batterie de cuisine : on a tort; une pareille batterie devient souvent dangereuse, parce qu'elle est attaquable par les sels et les acides qui entrent dans nos alimens; et peut ainsi nous faire prendre un poison lent. La batterie de cuisine de fer battu est préférable;

parce qu'elle n'est d'aucun danger pour notre santé.

613. Le *cuivre jaune* est employé dans tous les ouvrages d'ornemens, parce qu'il reçoit très-bien la dorure : la plupart de nos meubles en sont décorés. On l'emploie aussi au doublage des vaisseaux : on en fait des statues, des bas-reliefs, etc. lorsqu'il n'est point doré, sa surface se couvre, à la longue, d'un enduit verdâtre très-tenace. Cet enduit atteste l'antiquité des statues et des médailles qui en sont couvertes.

2. *Du Fer.*

614. Le *fer* est un métal d'un gris sombre, mais brillant dans l'endroit de la fracture, où l'on voit qu'il est composé de lames. Le *fer* est le plus dur (791) et le plus élastique (794) des métaux. Il est le plus ductile des métaux imparfaits (789); car on peut le passer à la filière, et le réduire en fils même très-déliés, dont la ténacité ne le cède à celle d'aucun métal (793). Si l'on en excepte le platine (596), le fer est de tous les métaux le plus difficile à fondre (790); mais il se ramollit au feu, et on le travaille à son gré. Il est moins fixe au feu (788) que le cuivre (602) : il est presque aussi sonore (795) que l'argent (588). Le fer est le seul corps qui soit attirable à l'ai-mant : il est aussi le seul qui puisse l'attirer.

615. Le *fer* est répandu partout, dans la terre, dans les végétaux, dans les animaux. Mais on n'appelle *mines de fer* que les endroits où il est

abondant. On trouve quelquefois le *fer* à l'état natif ; mais cela est rare : il est le plus souvent minéralisé avec d'autres substances. Les mines dans lesquelles le *fer* approche le plus de l'état natif, sont probablement celles qui sont attirables à l'aimant.

616. L'*aimant* doit être mis au rang des mines de fer, parce qu'il en est réellement une ; puisqu'il contient toujours une certaine quantité de ce métal. Mais qu'est-ce qui est uni au fer dans cette mine, pour en faire un aimant ? c'est ce qu'on ignore complètement. La pesanteur spécifique de l'aimant qui vient des Indes, est 42437.

617. Lorsqu'on a fait fondre le minerai de *fer* dans les hauts fourneaux, on le fait couler dans une espèce de canal creusé dans le sable. Ce premier produit se nomme *fonte de fer* ou *gueuse* : il est très-cassant et point du tout malléable. Dans cet état, en le coulant dans des moules, on en forme des poëles, des plaques de cheminée, des marmites, des chaudières, des tuyaux de conduite, etc. qu'on n'obtiendroit qu'à grands frais, en les faisant de fer forgé (621).

618. Pour rendre la *gueuse* malléable et ductile, on la fond ; on la pétrit dans le creuset : ensuite on la porte sous le martinet, pour la purger des substances étrangères ; après quoi on la forge en barres quarrées ou plates : cela donne ce qu'on appelle *fer forgé*, dont la pe-

santeur spécifique est 77880 ; tandis que celle de la *fonte de fer* n'est que 72070 (796).

619. Le *fer* peut recevoir un troisième état, qui est celui d'*acier*. On le convertit en acier, en le faisant chauffer, en contact avec des substances charbonneuses, dont il se pénètre. Voilà donc trois états que peut recevoir le fer ; savoir, l'état de *fer de fonte*, celui de *fer forgé* et celui d'*acier*.

620. Le *fer de fonte* est pénétré d'une trop grande quantité de matières charbonneuses ; c'est de l'acier trop acier : aussi est-il très-cassant et point du tout malléable.

621. Le *fer forgé* est du fer purifié de toutes substances étrangères : il est très-malléable, sur-tout lorsqu'il est chaud ; et l'on peut alors lui faire prendre telle forme que l'on veut.

622. L'*acier* est un fer pénétré, par la cémentation, de la quantité de matières charbonneuses nécessaire aux usages auxquels il est destiné. Il tient le milieu entre le *fer de fonte* et le *fer forgé*. L'acier, dans cet état, est composé de petits grains : il est assez malléable à chaud. Il est plus dense que le fer forgé, parce qu'il y a pénétration, de la matière charbonneuse ; sa pesanteur spécifique est alors 78331. Mais il n'est guère plus dur que le fer forgé. Pour lui donner la dureté dont on a besoin, on le trempe, c'est-à-dire, qu'après l'avoir fait rougir, plus ou moins, selon qu'on veut lui donner plus ou moins de dureté, on le refroidit subitement,

en le plongeant dans l'eau froide. La trempe le
rend plus dur, plus élastique et plus cassant :
elle diminue un peu sa pesanteur spécifique ;
car il augmente de volume : sa pesanteur,
après la trempe, n'est donc que 78163. La trempe
rend aussi son grain plus gros ; car le mèlange
et la pénétration sont moindres. Par cette raison, chaque grain est plus difficile à détacher
de ses voisins, parce qu'étant plus gros, il les
touche par de plus grandes surfaces : chaque
grain est aussi lui-même plus difficile à entamer, parce qu'il est composé de parties plus
analogues : c'est là ce qui rend l'acier plus dur.
La liaison de l'ensemble étant moindre, puisque le mèlange n'est pas si parfait après la
trempe, cela rend l'acier plus cassant.

623. Les acides ont tous sur le *fer* une action
plus ou moins marquée. L'acide nitrique se décompose rapidement sur le *fer* : une portion
de l'oxigène qui l'acidifioit, oxide le fer, qui
ensuite se dissout ; et le reste passe en gas nitreux. La dissolution est d'un rouge brun. C'est
par ce procédé qu'on extrait le gas nitreux (191).

624. L'acide sulfurique, étendu d'eau, produit sur le fer une vive effervescence : l'eau se
décompose (267 *et suiv.*) ; son oxigène oxide
le fer, et son hydrogène passe sous forme gaseuse. L'acide dissout alors le fer ainsi oxidé,
sans rien perdre et sans changer de nature.
C'est par ce procédé qu'on extrait le gas hydrogène (287).

625. L'acide muriatique, affoibli avec de l'eau, attaque le *fer* avec véhémence : l'eau se décompose; son oxigène oxide le métal, qui est ensuite dissous par l'acide, lequel ne perd rien ; et son hydrogène passe sous forme gazeuse.

626. L'acide acéteux dissout le fer avec facilité.

627. L'acide prussique dissout le fer et forme la *prussiate de fer* ou *bleu de Prusse*.

628. L'action de l'air et de l'eau sur le fer forgé (681) constitue un *oxide martial*, connu sous le nom de *safran de Mars apéritif*. C'est un vrai *carbonate de fer*.

629. Si l'on met de la limaille de *fer* dans l'eau, et qu'on l'agite, il en résulte une poudre noire, qui est un oxide de fer, connu sous le nom d'*éthiops martial de l'Émery*.

630. Un mèlange de limaille d'acier et de soufre, humecté d'eau, s'échauffe en peu d'heures : l'eau se décompose ; son oxigène rouille le *fer*, et convertit le soufre en acide : et son hydrogène s'échappe sous la forme de gas. La chaleur devient quelquefois assez grande pour embraser le mèlange : c'est ce qu'on appelle le *volcan de l'Émery*.

631. Le *fer* peut s'allier avec plusieurs substances métalliques : mais son alliage le seul en usage dans les arts, est avec l'étain (633), pour former le *fer-blanc*.

632. L'usage du *fer* et de l'*acier*, dans le

commerce et dans les arts, est si étendu et si fréquent, que personne ne l'ignore.

3. *De l'Étain.*

633. L'*étain* est d'une couleur qui approche de celle de l'argent (588), mais qui est un peu plus sombre. Il est, après le plomb (643), le moins dur (791) et le moins élastique (794) de tous les métaux : sa ténacité ne surpasse aussi que celle du plomb (793). Il n'est pas très-ductile (789); cependant il est susceptible d'être réduit en lames très-minces. Il est moins sonore que le cuivre, l'argent et le fer (795). Il est le plus léger des métaux (796), si l'on en excepte le fer de fonte (678) : sa pesanteur spécifique est 72914. Il est aussi celui de tous les métaux qui fond à une moindre chaleur (790), et long-temps avant de rougir. Il se laisse plier assez aisément, et fait alors entendre un petit bruit appelé *le cri de l'étain* : il est le seul métal qui ait cette propriété.

634. Quelques chymistes prétendent qu'on trouve quelquefois l'*étain* à l'état natif; mais cela est fort rare. Il est le plus souvent minéralisé par le fer, et quelquefois par le soufre. Ses mines sont ou rouges, ou noires, ou blanches.

635. Lorsqu'on tient l'*étain* en fusion pendant quelque temps, et qu'il est exposé à l'action de l'air, sa surface se ride et se couvre d'une pellicule grise, qui est un *oxide d'étain*. Si l'on enlève cette première couche, on découvre l'é-

tain avec tout son brillant ; mais il perd bientôt cet éclat, et s'oxide de nouveau. En continuant de le chauffer, on pourroit oxider ainsi la totalité. C'est cet oxide qu'on appelle *potée d'étain*, que les fondeurs, qui courent les campagnes, appellent *crasse de l'étain*. Ils ont grand soin d'enlever souvent cette pellicule grise, pour décrasser, disent-ils, le métal : et ils ne rendent au paysan que ce qu'ils ne lui ont pas ainsi volé. Ils savent très-bien fondre ces prétendues crasses à travers les charbons, et en retirer du bon étain.

636. L'acide nitrique oxide l'*étain* très-promptement, en le corrodant ; et le métal se précipite en oxide blanc : il se dégage alors beaucoup de gas nitreux. Cet oxide blanc sert à rendre le verre opaque ; ce qui forme l'émail.

637. L'acide sulfurique dissout l'*étain* à l'aide de la chaleur ; et une partie de l'acide s'échappe sous la forme de gas acide sulfureux (241). L'acide sulfurique dissout beaucoup mieux l'étain déjà oxidé. L'eau seule est capable de précipiter ce métal ainsi oxidé.

638. L'acide muriatique dissout l'étain à froid et à chaud. Il se dégage, pendant l'effervescence, un gas très-fétide. La dissolution est jaunâtre, et fournit, par l'évaporation, des crystaux en aiguilles, qui attirent l'humidité de l'air.

639. L'acide nitro-muriatique et le muriate oxigéné, qu'on peut regarder comme le même

dissolvant, dissolvent l'*étain* très-promptement :
il s'excite alors une chaleur violente. La meil-
leure proportion, pour faire un bon dissolvant
de l'étain , est deux parties d'acide nitrique et
une partie d'acide muriatique.

640. L'*étain* du commerce est allié avec divers
métaux. L'ordonnance permet d'y mêler un peu
de cuivre (602) et de bismuth (670) : le cuivre
lui donne de la dureté ; le bismuth fait reparoître son brillant altéré par le cuivre , et il le
rend plus sonore. Les potiers d'étain se permet-
tent d'y mêler de l'antimoine (700), du zinc (692)
et du plomb (643). Ils ont tort ; ils mériteroient
d'être repris pour cela : à la vérité l'antimoine
durcit l'étain : le zinc le blanchit : mais le plomb
le détériore ; et les potiers l'emploient assez souvent à une très-forte dose. On y reconnoît la
présence du plomb par l'acide nitrique , qui
dissout le plomb , et ne fait que corroder l'étain.

641. L'*étain* sert à étamer les glaces et la batterie de cuisine : mais , pour cela , il faudroit
qu'il fût pur. Les chaudronniers y mettent souvent du plomb ; ce qui rend l'étamage dangereux. Il y a donc alors , non-seulement le danger du cuivre (612), mais encore celui de l'é-
tamage. Ils ne peuvent pas mettre du plomb
pour l'étamage de la batterie de cuisine de fer
battu , parce que cet alliage n'y prendroit pas
bien : il faut que l'étain soit pur pour qu'il y
prenne bien. Il est bien étonnant qu'on n'a-
bandonne pas le cuivre, pour y substituer le fer,

qui n'a rien de dangereux , ni en lui-même , ni dans son étamage.

642. L'*étain* allié au cuivre forme l'airain (610). Il entre aussi dans la composition des amalgames électriques. (Voyez mes *Principes de physique , art. 2261).

4. *Du Plomb.*

643. Le *plomb* est d'une couleur plus sombre que celle de l'étain (633), et tirant un peu sur le gris-bleu : cette couleur se ternit aisément à l'air. Il est, de tous les métaux, le moins ductile (789), le moins dur (791), le moins élastique (794) et le moins sonore (795) : il est aussi celui, de tous, qui a le moins de ténacité (793). Après l'étain, c'est celui, de tous les métaux , qui est le moins fixe au feu (788) et qui fond à une moindre chaleur, et long-temps avant de rougir (790). Après le platine et l'or, il est le plus pesant des métaux (796).

644. Quelques auteurs prétendent qu'on trouve quelquefois le *plomb* à l'état natif : mais le plus ordinairement il est minéralisé par le soufre ; et ce minerai est connu sous le nom de *galène;* il crystallise ordinairement en cubes. On n'exploite que les mines de cette espèce : elles tiennent presque toujours de l'argent.

645. Il y a des mines de plomb de différentes couleurs : il y en a de noires, de blanches, de vertes et de rouges. Cette dernière, qui se trouve en Sibérie , est mêlée avec un demi-métal par-

ticulier que *Vauquelin* y a découvert, et auquel il a donné le nom de *chrôme* (759).

646. Lorsqu'on tient quelque temps le *plomb* en fusion, il se recouvre d'un oxide gris. Cet oxide poussé à un feu plus violent, devient jaune, et s'appelle *massicot*. Cet oxide jaune peut être porté à l'état d'oxide rouge, appelé *minium* ; et cela en le calcinant sur l'aire d'un fourneau, après l'avoir réduit en poudre très-fine, et lavé dans l'eau. Ces oxides se vitrifient aisément : on les emploie dans les verreries : ils entrent dans la composition du flint-glass, et de notre crystal. La *litharge* est aussi un oxide de plomb : il y en a de jaune et de blanche.

647. L'acide nitrique concentré convertit le *plomb* en oxide blanc.

648. L'acide sulfurique bouillant oxide, par le moyen d'une partie de son oxigène, une bonne partie du *plomb* sur lequel il agit : une autre partie du plomb est dissoute, et forme du *sulfate de plomb*. Il reste un acide sulfureux.

649. L'acide muriatique, que l'on verse sur du plomb, étant aidé de la chaleur, oxide une partie de ce *plomb*, et en dissout une autre.

Le même acide décompose sur-le-champ la *litharge*, en excitant une chaleur assez forte. Il en résulte des crystaux octaèdres d'un blanc mat, d'une saveur stiptique, et fort pesans.

L'affinité de l'acide muriatique avec les *oxides de plomb* est si grande, que ces oxides décom-posent toutes les combinaisons de cet acide. Ils décomposent le muriate de soude, le muriate d'ammoniaque, etc. en formant des *muriates de plomb*.

65o. L'acide acéteux corrode le *plomb* : il en résulte un oxide blanc, connu sous le nom de *blanc de plomb*. Cet oxide seroit très-propre à noircir un cheval blanc; aussi les marchands de chevaux en font-ils usage pour noircir les poils qui deviennent blancs aux chevaux noirs, dans les endroits où ils ont été blessés.

La *céruse* n'est autre chose que du blanc de plomb altéré par son mèlange avec plus ou moins de craie (456).

651. Tous les *oxides de plomb* sont solubles dans le vinaigre, et forment l'*acétite de plomb*, connu sous le nom de *sel* ou *sucre de Saturne*.

652. Les usages du *plomb* sont très-multipliés dans les arts. On en fait des tuyaux de conduite, des chaudières, etc. on l'emploie à doubler des caisses, des bassins, à couvrir des bâtimens; ainsi qu'à faire des balles et du plomb pour la chasse.

653. Les chaudronniers infidèles le font entrer dans l'étamage de la batterie de cuisine de cuivre; ce qui est très-dangereux (641), et ce qui mériteroit d'être puni.

654. On emploie quelquefois la *litharge* (646) pour adoucir les vins aigris. Les marchands de vins qui en font usage mériteroient la corde; car ils sont des empoisonneurs.

655. Le *blanc de plomb* et la *céruse* (65o)

sont employés dans la peinture. Les ouvriers qui broient ces couleurs sont, tôt au tard, affectés de la maladie connue sous le nom de *colique des plombiers* ou *des peintres.*

ORDRE II.

Des Demi-métaux.

656. On appelle *demi-métaux* les substances métalliques qui n'ont point ou presque point de ductilité ; qui manquent de fixité au feu. De même que les métaux, ils ont beaucoup de pesanteur ; ils entrent en fusion par la chaleur : ils acquièrent alors de l'éclat, ils se durcissent ensuite par le refroidissement, en prenant une surface convexe. Mais ce qui les distingue principalement des métaux, ils ne sont que peu, ou même point du tout malléables ; et la plupart se subliment ou se réduisent en vapeurs, lorsqu'on les expose à l'action du feu.

657. On connoît treize demi-métaux, savoir, le *mercure,* le *bismuth,* le *cobalt,* le *nickel,* le *zinc,* l'*antimoine,* l'*arsenic,* le *manganèse,* le *tungstène,* le *molybdène,* le *titane,* le *chrôme,* et le *tellurium.*

1. *Du Mercure.*

658. Le *mercure* diffère de toutes les autres substances métalliques en ce qu'à la température que nous éprouvons sur la terre, il est toujours fluide et coulant ; en ce qu'il se divise,

par le moindre effort en un nombre indéfini de particules, qui prennent toujours une forme sphérique. Pour conserver sa fluidité, il n'a besoin que d'un degré de chaleur très - petit, qui, pour nous, seroit un très-grand froid, et dans lequel il nous seroit difficile de vivre; car, pour devenir solide, il lui faut le degré de froid marqué par 32 au-dessous de zéro du thermomètre de *Réaumur*, lequel répond à environ 35,85 au - dessous de zéro du thermomètre de mercure, divisé en 80 depuis la température de la glace fondante jusqu'à celle de l'eau bouillante, et à environ 44,8 au-dessous de zéro du thermomètre centigrade.

659. Le *mercure* est opaque, et d'une couleur éclatante comme celle de l'argent poli. Exposé à l'action du feu, il ne se calcine ni ne se vitrifie : car, quoiqu'il prenne une couleur noirâtre à un feu modéré ; quoiqu'il devienne rougeâtre à un feu plus fort ; quoique, dans la distillation, il paroisse sous la forme d'une vapeur ou fumée blanchâtre, on peut cependant très-aisément, par le moyen du feu, et sans le secours d'aucune addition, lui rendre sa première forme et sa couleur argentine. Aussi quelques auteurs ont-ils prétendu qu'on pourroit le ranger parmi les métaux parfaits (579). Après le platine (596) et l'or (580), le *mercure* est le plus pesant de tous les métaux (796).

660. Le *mercure* se trouve en terre souvent

natif ; il s'appelle alors *mercure vierge*. On le rencontre tel dans presque toutes ses mines.

661. On le trouve quelquefois en oxide solide d'un rouge-brun, qui se réduit et redevient mercure coulant par la simple chaleur, en fournissant du gas oxigène. Mais le *mercure* est ordinairement minéralisé par le soufre : il en résulte ou de l'*éthiops*, si la couleur en est noire ; ou du *cinabre*, si la couleur en est rouge. On peut faire artificiellement l'un et l'autre, en combinant le soufre au mercure. Quand le cinabre est d'un rouge vif, on le nomme *vermillon*. Les mines de cinabre les plus renommées en Europe, sont celles du Palatinat, et celles d'Almaden en Espagne.

662. Le *mercure* se volatilise à une chaleur médiocre. Si on le chauffe davantage, il bout comme les liqueurs, parce que, comme elles, il se réduit en vapeurs dans les endroits le plus exposés au feu ; au lieu que les autres métaux ne se réduisent en vapeurs qu'à leur surface supérieure.

663. Le *mercure*, quoiqu'on le distille un très-grand nombre de fois, n'éprouve aucune altération : seulement il se forme un peu de poudre grise, qu'il suffit de broyer pour la faire couler. Le *mercure*, par l'action de l'air aidée d'une chaleur capable de le faire bouillir, perd peu-à-peu sa fluidité, et forme, au bout de quelque mois, un oxide rouge : c'est ce que l'on nomme *mercure précipité per se*. Cet oxide se révivifie

par la simple chaleur, en fournissant beaucoup de gas oxigène. Un kiliogramme (2 livres 399,15$^{gr.}$) de *mercure*, ainsi oxidé, en peut fournir 59 litres 766679 millimètres cubes (3012,984$^{po. c.}$), bien près de 60 litres.

664. L'acide nitrique dissout le *mercure* avec violence, en laissant échapper une grande quantité de gas nitreux. Ce qui reste est un *nitrate de mercure*, qui est corrosif. Si l'on chauffe ce nitrate dans un creuset, il se fond, en laissant encore échapper beaucoup de gas nitreux et son eau de crystallisation. L'oxide qui reste, devient jaune ; il prend ensuite un rouge vif, c'est ce qu'on appelle le *mercure précipité rouge*.

665. L'acide sulfurique n'agit sur le *mercure* qu'à l'aide de la chaleur : il se dégage alors du gas acide sulfureux ; et il se précipite un oxide blanc. Si l'on verse de l'eau chaude sur cet oxide, il devient jaune : il est connu sous le nom de *précipité jaune* ou *turbith minéral*.

666. L'acide muriatique n'agit pas sensiblement sur le *mercure* : cependant, si on le fait digérer long-temps sur ce métal, il l'oxide ; et il dissout ensuite cet oxide ; d'où il résulte un *muriate de mercure*. Si ce muriate est peu chargé d'oxigène, il forme ce qu'on appelle le *mercure doux*. Si ce muriate est saturé d'oxigène, il en résulte du muriate de mercure corrosif, connu sous le nom de *sublimé corrosif*, qui est soluble dans l'eau, au lieu que le mercure doux y est

insoluble : cela fournit un moyen simple de les séparer quand ils sont mêlés.

667. Si l'on veut se procurer du *mercure* parfaitement pur, il faut le révivifier du cinabre (661). Pour cela on mêle trois parties de cinabre avec deux parties de limaille d'acier; et l'on distille. Il passe alors du mercure très-pur, connu sous le nom de *mercure révivifié du cinabre.*

668. Le *mercure* s'amalgamme avec tous les métaux : c'est sur cette propriété que sont fondés les arts des doreurs sur métaux, de l'étamage des glaces, de l'exploitation des mines d'or et d'argent, etc.

669. Le *mercure* est employé avec avantage aux instrumens météorologiques : 1°. il se gèle difficilement : 2°. il est assez également dilatable : 3°. on peut l'avoir toujours d'égale qualité, en employant celui qui a été révivifié du cinabre.

2. *Du Bismuth.*

670. Le *bismuth* est d'un blanc-jaunâtre. Il est aigre et cassant, et se brise aisément sous le marteau. Après le mercure (659) il est de tous les demi-métaux, le plus pesant (796) et le plus aisé à fondre (790) : il entre en fusion long-temps avant de rougir, et à un feu modéré : en se fondant il répand de la fumée : il ne se volatilise cependant point au feu.

671. Le *bismuth* se trouve ou natif, ou minéralisé par le soufre, ou par l'arsenic (707). Le

bismuth natif est quelquefois crystallisé en cubes : on en trouve aussi en masses mamelonnées comme les stalactites (458).

672. Le *bismuth*, chauffé jusqu'à rougir, brûle avec une flamme bleue peu sensible : il s'en élève une fumée jaunâtre, qui, lorsqu'elle est condensée, forme ce que l'on appelle *fleurs de bismuth*.

673. L'acide nitrique oxide promptement le *bismuth*; il se dégage alors du gas nitreux : après quoi une portion de cet oxide est dissoute, et forme un *nitrate de bismuth*.

674. L'acide sulfurique que l'on fait bouillir sur le *bismuth*, le dissout en partie, en laissant échapper du gas acide sulfureux ; et il en résulte un *sulfate de bismuth* très-déliquescent.

675. L'acide muriatique n'agit que très-lentement sur le *bismuth*, encore faut-il qu'il soit très-concentré. Il résulte de là un *muriate de bismuth*, qui attire fortement l'humidité de l'air.

676. L'eau précipite le bismuth de toutes ses dissolutions : sans doute que les acides, ainsi affoiblis par l'eau, ne sont plus assez concentrés pour tenir le bismuth en dissolution. Ce précipité bien lavé est connu sous le nom de *magister de bismuth*, ou *blanc de fard*. Les femmes qui en font usage ont grand tort ; car, outre que cette pratique est dangereuse, leur teint ne tarde pas à se plomber ; et leur peau devient plus noire qu'elle n'étoit auparavant.

677. Le *bismuth* s'allie avec tous les métaux ; mais il ne s'unit que difficilement, par la fusion, avec les demi-métaux.

678. Le *bismuth* s'amalgamme avec le mercure (658), et le rend moins coulant. Cette propriété peut le faire servir utilement à l'étamage des glaces, en ajoutant du *bismuth* au mercure et à l'étain qu'on y emploie.

3. *Du Cobalt.*

679. Le *cobalt* est d'une couleur pâle, ou d'un gris tirant sur le rouge. Il est dur (792), mais friable, et d'une nature presque terreuse. Il est passablement fixe au feu : il ne s'y enflamme point et n'y donne point de fumée. Il y entre en fusion (790), mais à une chaleur presque aussi forte que celle qui est nécessaire pour fondre le fer. Après le mercure et le bismuth, il est le plus pesant des demi-métaux.

680. Le *cobalt*, dans ses mines, est combiné avec le soufre, l'arsenic, et quelques autres substances métalliques.

681. L'*oxide de cobalt*, dépouillé d'arsenic, est connu sous le nom de *saffre*. Le saffre, fondu avec 3 parties de quartz (547) et 1 partie de potasse, forme le *smalt*, qui est un verre d'un beau bleu de pierre d'azur (553). Ce verre pulvérisé forme le *bleu* qui sert à colorer l'empois : on l'emploie aussi aux peintures sur la fayence, la porcelaine, etc. ainsi qu'à colorer en bleu différentes verreries.

682. Le *cobalt* est soluble dans les acides. L'acide nitrique le dissout avec effervescence. Il en résulte des crystaux en aiguilles, qui décrépitent et fusent sur les charbons.

683. L'acide sulfurique dissout le *cobalt*, en laissant échapper du gas acide sulfureux : il en résulte du *sulfate de cobalt*, qui est soluble dans l'eau. La chaux (404), la magnésie (411), la baryte (416), et les alkalis (840) décomposent ce sulfate, et en précipitent le cobalt en oxide, lequel, par son oxidation, se trouve augmenté de 4 dixièmes de son poids (798).

684. L'acide muriatique ne dissout pas le *cobalt* à froid; mais, à l'aide de la chaleur, il en dissout une portion. Ce même acide agit plus puissamment sur le *saffre* (681) : et la dissolution en est d'un très-beau vert.

685. L'acide nitro-muriatique dissout aussi le *cobalt*, et forme l'encre de sympathie, appelée par *Hellot, encre de bismuth*.

686. L'ammoniaque dissout le *saffre*, d'où il résulte une liqueur d'un beau rouge.

4. *Du Nickel.*

687. Le *nickel* est un demi-métal nouvellement découvert par *Cronsted*, minéralogiste Suédois. Il est d'un blanc-rougeâtre. Il est toujours mêlé d'arsenic (707) et de fer (614); et il est très-difficile de le dépouiller complètement de ce dernier. Sa pesanteur est très-approchante de celle du cobalt (796).

688. La mine de nickel, connue sous le nom de *kupfernickel*, est d'un jaune-rougeâtre. On en trouve dans différentes contrées d'Allemagne, ainsi que dans le ci-devant Dauphiné et les Pyrénées.

689. L'acide nitrique attaque très-vivement l'*oxide de nickel*, ainsi que le *nickel* lui-même : la dissolution fournit des crystaux en cubes rhomboïdaux, qui sont d'un beau vert d'émeraude.

690. L'acide sulfurique, distillé sur le *nickel*, laisse échapper du gas acide sulfureux; et il reste un *sulfate de nickel* grisâtre, qui, étant dissous dans l'eau, lui donne une couleur verte.

691. L'acide muriatique dissout aussi le *nickel*, mais à chaud : la dissolution fournit des crystaux en octaèdres rhomboïdaux allongés, qui sont du plus beau vert d'émeraude.

5. *Du Zinc.*

692. Le *zinc* est d'un blanc-bleuâtre assez brillant. Il est, parmi les demi-métaux, un des moins aigres et des moins cassans; aussi est-il très-difficile à réduire en poudre : il a même un certain degré de ductilité (789); on pourroit presque le travailler au marteau : il est même susceptible de s'étendre sous le laminoir en lames très-minces. Alors il prend feu et brûle à la flamme d'une bougie, en lui donnant une couleur d'un bleu mêlé de vert. Le *zinc* entre assez promptement en fusion au feu (790), et

long-temps avant de rougir : il n'exige pour cela qu'un degré un peu supérieur à celui qu'exige le plomb (643). Sa pesanteur (796) est un peu moindre que celle de la fonte de fer (617).

693. Si l'on chauffe le *zinc* jusqu'à le faire rougir, il s'enflamme d'une flamme bleue ; et il répand des flocons blancs, appelés *fleurs de zinc*. Si sur du zinc qui commence à rougir, on verse de l'eau, cette eau se décompose : son oxigène (275 et 276) oxide le *zinc ;* et il se dégage beaucoup de gas hydrogène.

694. Le *zinc* est ordinairement minéralisé par le soufre ; et ce minerai est connu sous le nom de *blende*. Très-souvent il s'y trouve du fer. Quand la blende se décompose, il en résulte du *sulfate de zinc*.

695. On trouve aussi le *zinc* à l'état d'oxide. Si le soufre se dissipe sans qu'il en résulte du sulfate, il est remplacé par l'oxigène ; et cela forme l'oxide de zinc, connu sous le nom de *calamine*, qui est presque toujours mêlé de fer. Cette mine est la seule que l'on exploite pour en retirer le *zinc*.

696. L'acide nitrique, même étendu d'eau, dissout le *zinc* avec violence, et forme un *nitrate de zinc* très-déliquescent.

697. L'acide sulfurique dissout le *zinc* à froid. Il est probable qu'il y a alors de l'eau décomposée ; car il s'échappe beaucoup de gas hydrogène. On obtient ensuite, par évaporation, un

sel connu sous le nom de *sulfate de zinc*, ou *vitriol blanc*.

698. L'acide muriatique dissout le *zinc* avec effervescence ; et il se produit encore du gas hydrogène, comme avec l'acide sulfurique (697) ; ensuite il se précipite des flocons noirs, qui sont du *muriate de zinc*.

699. Une partie de *zinc* alliée à trois parties de cuivre rouge, forme le laiton (611).

6. *De l'Antimoine.*

700. L'*antimoine* est d'une couleur blanchâtre. Il est si aigre et si cassant qu'il se brise sous le marteau. Son tissu intérieur est par filets et par stries. Il se volatilise entièrement au feu : et il communique cette propriété aux métaux avec lesquels on le mêle. Il ne fond qu'à un degré de chaleur un peu supérieur à celui qu'exige le zinc (790) ; mais une fois qu'il est en fusion, il laisse échapper une fumée blanche, connue sous le nom de *fleurs d'antimoine*. Quand l'*antimoine* est entré en fusion, il devient d'un rouge foncé. Lorsqu'il a été calciné, il est susceptible de vitrification : le verre qu'il produit est d'un rouge-brun ou de couleur d'hyacinthe (527). Ce verre porphyrisé, et bouilli dans l'eau avec 2 parties de tartrite acidule de potasse, forme le *tartrite de potasse antimonié*, connu sous le nom de *tartre stibié*, qui est un excellent émétique. L'*antimoine* est un peu plus pesant que l'arsenic (707), le mo-

lybdène (733), le tellurium (769), et le tungstène (727); mais il est moins pesant que tous
les autres métaux et demi-métaux (796).

701. *L'antimoine* est ordinairement minéralisé par le soufre. Il se trouve quelquefois combiné avec l'arsenic (707). Cette dernière mine
est blanche comme l'argent (588).

702. Dans le commerce on trouve *l'antimoine*
en deux états : 1°. sous forme d'*antimoine crud*;
qui n'est autre chose que l'antimoine sulfureux
débarrassé de sa gangue. 2°. Sous forme de *régule d'antimoine*, qui est l'antimoine privé de
son soufre. Le culot de métal offre alors , à sa
surface , une espèce d'étoile , composée de
rayons divergens entre eux.

703. L'acide nitrique se décompose aisément
sur *l'antimoine* : il en oxide une grande partie ;
et il en dissout une portion , qui peut former un
sel très-déliquescent. L'oxide, qui est très-blanc,
est ce qu'on appelle *bézoard minéral*. Si , dans
un creuset rougi , on fait détonner parties égales
de sulfure d'antimoine et de nitrate d'antimoine,
cela forme l'oxide d'antimoine sulfuré , appelé
foie d'antimoine. Cet oxide réduit en poudre
et lavé, est ce qu'on appelle *safran des métaux*,
crocus metallorum. Quand cet oxide prend une
couleur orangée , on l'appelle *soufre doré d'antimoine*. S'il a une couleur rouge , il porte le
nom de *kermes minéral* : s'il a une couleur
brune , on le nomme *rubine d'antimoine*.

704. Si l'on fait bouillir 4 parties d'acide sul-

furique sur 1 partie d'*antimoine*, l'acide se décompose en partie, en oxidant le métal : il s'échappe d'abord du gas acide sulfureux ; sur la
fin il se sublime du soufre en nature : ce qui
reste est l'*oxide d'antimoine*.

705. L'acide muriatique n'agit sur l'*antimoine*
que par une digestion d'une longue durée. Le
muriate d'antimoine qu'on en obtient, est très-
déliquescent.

706. Le vin et l'acide acéteux dissolvent
l'*antimoine*, et deviennent émétiques : mais le
vin émétique est un remède suspect ; parce
qu'on ne connoît pas son degré d'énergie,
puisqu'il dépend de l'acidité trop variable des
vins qu'on emploie. Il est donc très-prudent de
ne faire aucun usage de ce remède.

7. De l'Arsenic.

707. L'*arsenic* à l'état métallique est d'un
gris-noirâtre. Il est aigre et cassant; et sa cassure resemble assez à celle de l'acier (622),
mais elle se ternit facilement. Il est le plus léger
de tous les métaux et demi-métaux (796). Si
l'on jette de l'*arsenic* dans un creuset bien
rougi, il s'enflamme d'une flamme bleue ; et
il se volatilise en oxide blanc, qui a une forte
odeur d'ail.

708. L'arsenic fond difficilement seul : cependant il s'allie, par la fusion, avec la plupart des
métaux ; et par-là, il blanchit ceux qui tirent
au jaune ou au rouge : il rend cassans ceux qui

sont ductiles : il rend plus fusibles ceux qui fondent difficilement seuls : il rend réfractaires ceux qui sont très-fusibles.

709. L'arsenic se trouve quelquefois natif ; mais il est le plus souvent combiné, dans ses mines, avec divers métaux. C'est en calcinant ces métaux qu'on l'en dégage : il s'exhale alors sous la forme de fumées blanches, qui, en se condensant, s'attachent aux murs et aux parois des cheminées : cela forme un *oxide d'arsenic*, qu'on détache de ces murs. C'est celui qu'on vend dans le commerce : il est d'un blanc luisant, ou opaque, ou transparent. Il entre en fusion au feu ; il s'y volatilise entièrement en fumée blanche, qui répand une odeur d'ail très-dangereuse. Cet oxide est parfaitement soluble dans l'eau.

710. L'*oxide d'arsenic* est susceptible de se combiner avec le soufre : il en résulte ou de l'*orpiment* ou du *réalgar*, qui ne diffèrent l'un de l'autre que par le degré de feu qu'ils ont éprouvé ; car si l'on expose l'*orpiment* à une chaleur plus vive, on le convertit en *réalgar*, en lui faisant prendre une couleur tirant sur le rouge ; tandis que l'*orpiment* n'est que jaune.

711. L'acide nitrique, aidé de la chaleur, dissout l'*oxide d'arsenic*, et forme un sel déliquescent.

712. L'acide sulfurique bouillant dissout

l'*oxide d'arsenic :* mais cet oxide se préc·
par le refroidissement.

713. L'acide muriatique n'attaque l'·
nic que très-foiblement, soit à froid, s·
chaud.

714. Lorsqu'on combine avec l'*arsenic*
grande quantité d'oxigène, de manière qu'
est saturé, il forme un acide appelé *acide*
senique. Pour obtenir cet acide, on distill·
du muriate oxigéné ou de l'acide nitrique
l'*oxide d'arsenic* : le muriate oxigéné cède
oxigène excédant à l'oxide d'arsenic, et r·
vient acide muriatique : l'acide nitrique ·
pareillement une portion de son oxigèn·
l'oxide d'arsenic, et s'échappe en gas nitro·
dans l'un ou l'autre cas l'oxide d'arsenic
acidifié. *L'acide arsenique* est beaucoup ·
soluble dans l'eau que ne l'est l'*oxide d'a*·
nic ; car 3 parties d'*acide arsenique* se dis·
vent dans 2 parties d'eau, à la température·
12 degrés ; tandis qu'à la même températu·
il faut 85 parties d'eau pour dissoudre 1 par·
d'*oxide d'arsenic.*

715. L'oxide d'arsenic est très-dangereux ; ·
peut, au coup-d'œil, le confondre avec ·
sucre. Si l'on a du soupçon, on s'en éclair·
en en jettant sur le feu : la fumée blanche ·
l'odeur d'ail dénotent l'*arsenic.*

8. *Du Manganèse.*

716. Le *manganèse* a été découvert en 1764 par *Bergmann* : il avança que le *manganèse* , qu'on prenoit pour une mine de fer ou de cobalt , devoit contenir un métal particulier. *Gahn* , médecin Suédois, parvint , à l'aide du feu le plus violent , à en tirer une substance métallique , d'un blanc tirant sur le gris , différente de celles déjà connues , et qui fut rangée parmi les demi-métaux sous le nom de *manganèse.*

717. Le *manganèse* est le plus dur des demi-métaux (792). Quand il est seul , il est plus difficile à fondre que ne l'est le fer (790) ; mais il fond aisément avec les autres substances métalliques , excepté le mercure pur. Il est moins pesant que le zinc, mais il l'est plus que l'antimoine (796).

718. Le *manganèse* se trouve toujours en terre à l'état d'*oxide*. Cet oxide est quelquefois gris, brillant et crystallisé en prismes très-deliés : d'autres fois il est d'un blanc-rougeâtre ; mais le plus souvent il est noir, friable , très-léger, et salissant les doigts ; c'est le meilleur de tous. Cet oxide , chauffé dans des vaisseaux clos , fournit une quantité considérable de gas oxigène : 4 onces d'oxide en fournissent 8 à 9 litres.

719. Le *manganèse* , exposé à un feu très-violent , se vitrifie , et donne un verre d'un jaune obscur. Si on l'expose à l'air , il s'y oxide ,

en poudre brune, en augmentant de poids de $\frac{65}{100}$ (798).

720. Presque tous les acides ont une action plus ou moins forte sur le *manganèse* et ses oxides. L'acide nitrique dissout le manganèse avec effervescence, et forme un *nitrate de manganèse*. Les *oxides de manganèse* sont aussi solubles dans l'acide nitrique; mais cet acide ne perd point alors son oxigène, parce qu'il trouve le métal déjà oxidé.

721. L'acide sulfurique attaque le *manganèse*; et il s'échappe alors du gas hydrogène, provenant d'une portion d'eau, qui s'est décomposée, et dont l'oxigène a oxidé le métal. Le *manganèse* s'y dissout plus lentement que le fer (624) : mais si l'on verse de l'acide sulfurique sur de l'*oxide de manganèse*, et qu'on aide son action par un feu très-doux, il se dégage une grande quantité de gas oxigène; et il reste une poudre blanche soluble dans l'eau; et qui fournit, par évaporation, un *sulfate de manganèse*.

722. L'acide muriatique dissout le *manganèse*, en en formant un *muriate* : mais si on le fait digérer sur l'*oxide*, il s'empare de son oxigène, et s'échappe en gas muriatique oxigéné (201), que l'on emploie pour les blanchisseries de toile, de coton, etc.

723. L'acide fluorique ne dissout que très-peu de *manganèse*; et il forme avec lui un sel peu soluble. Mais si l'on décompose le nitrate,

ou le sulfate, ou le muriate de manganèse par le fluate d'ammoniaque, il se précipite un *fluate de manganèse.*

724. L'acide acéteux n'a qu'une foible action sur le *manganèse.* Mais si l'on fait digérer cet acide sur *l'oxide de manganèse*, il acquiert la propriété de dissoudre le cuivre (602); tandis que ce même acide, digéré sur le cuivre, ne fait que le corroder, et former seulement du verdet (608).

725. Le *manganèse* est précipité de ses dissolutions par les alkalis, en une substance gélatineuse blanchâtre, mais qui noircit par le contact de l'air. *Chaptal* attribue cette couleur noire à l'absorption du gas oxigène de l'air ; car ayant agité ce précipité dans des bocaux remplis de gas oxigène, la couleur noire fut décidée en 1 ou 2 minutes ; et une bonne partie du gas fut absorbée.

726. On emploie l'*oxide de manganèse* dans les verreries, pour enlever au verre sa teinte verte ou jaune : c'est pour cela qu'on lui a donné le nom de *savon des verriers.* On l'emploie encore à colorer le verre et la porcelaine en violet.

9. *Du Tungstène.*

727. Le *tungstène*, ou plutôt son minerai est d'un gris d'acier. Il est très-dur (792), très-cassant, et crystallisable en octaèdre. Seul, il est plus infusible (790) que ne l'est le manga-

nèse (717) : il décrépite sur le feu , et ne fond pas. La pesanteur spécifique de ce minerai est 60665 : celle de son régule est 66785.

728. Le *tungstène* se divise dans la soude avec un peu d'effervescence : il se dissout dans le borax sans effervescence.

729. Si l'on verse de l'acide nitrique sur le *tungstène* pulvérisé , cette poudre reçoit une belle couleur d'un jaune clair. On prétend que c'est là l'*acide tunstique* pur , qui est , dit-on , tout formé dans le métal. (Il y a cependant quelques chymistes qui ne regardent cette poudre que comme un *oxide de tungstène* , et qui n'a point les caractères d'un acide). L'*acide tunstique* est quelquefois blanc ; mais on ne le croit pas si pur que le jaune. Cet acide blanc , mis en contact avec une lame de fer , produit sur-le-champ une couleur d'un beau bleu.

730. Le *wolfram* est une vraie mine de *tungstène* , mêlée d'oxides de fer et de maganèse , dans laquelle mine il y a deux tiers de *tungstène*. Sa pesanteur spécifique est 71195.

731. Le *wolfram* est d'un brun-noirâtre : ses surfaces sont souvent striées ; et la cassure en est lamelleuse et feuilletée. Quand il est débarrassé des oxides de fer et de maganèse , il se comporte en tout comme le *tungstène* : il est le *tungstène* lui-même.

732. Les acides minéraux , versés sur le *wolfram* , le changent en une poudre jaune , que nous venons de dire ci-dessus (729) être l'*acide*

tunstique. Il est probable que ces acides ne font que debarrasser le wolfram des autres substances qui sont unies au tungstène qu'il contient.

10. *Du Molybdène.*

733. Le *régule de molybdène* est composé de petits grains arrondis, et d'une couleur grisâtre. Il est prodigieusement réfractaire ; il est pour le moins aussi peu fusible que le *tungstène* (790). Il s'allie avec les métaux de diverses manières.

734. Le *régule de molybdène*, exposé au feu, passe à l'état d'oxide plus ou moins blanc. Ce régule, traité avec 3 parties de soufre, régénère son minerai. Ce minerai est donc du molybdène minéralisé par le soufre. Il est composé de particules écailleuses, peu serrées les unes contre les autres. Sa couleur est bleuâtre et approchante de celle du plomb (643). Il est doux et gras au toucher plus que le plombagine, qui est une sorte de mine de fer : il tache les doigts, et laisse sur le papier des traces d'un gris-cendré, et qui ont un brillant argentin.

735. Le *minerai de molybdène* n'est attaqué efficacement que par les acides nitrique et arsenique : mais il se dissout dans la soude avec effervescence. Suivant *Kirwan*, dans 100 parties de ce minerai il y en a 45 de *régule de molybdène* et 55 de soufre. Sa pesanteur spécifique est 47385. Si l'on calcine ce minerai, il

reste, après la calcination, une terre blanchâtre, qui est un *oxide de molybdène*. Si on l'expose à la flamme du chalumeau, il laisse échapper une fumée blanche, qui est probablement son acide : car ce demi-métal est acidifiable (832).

736. Pour obtenir l'*acide molybdique*, on distille 30 parties d'acide nitrique sur 1 partie de poudre de molybdène. Il s'échappe beaucoup de gas nitreux (191) : il reste un résidu blanc comme la craie, qui est le *molybdène* combiné avec l'oxigène de l'acide nitrique. C'est là l'*acide molybdique*.

737. L'acide arsenique distillé sur le *minerai de molybdène*, produit aussi l'*acide molybdique*, qui est toujours formé par la combinaison de l'oxigène de l'acide employé avec le *régule du molybdène*. Suivant *Bergmann*, la pesanteur spécifique de cet *acide* est 34600.

738. L'acide sulfurique concentré dissout une grande quantité d'*acide molybdique* : la dissolution est d'un beau bleu. Cette couleur disparoît par la chaleur, et reparoît quand la liqueur refroidit.

739. L'acide muriatique dissout aussi beaucoup d'*acide molybdique*, à l'aide de l'ébullition. Si l'on distille cette dissolution, on a un résidu d'un bleu obscur. Si l'on pousse ce résidu à une plus haute chaleur, il s'élève un sublimé blanc mêlé de bleu. Ce sublimé est l'*acide molybdique* volatilisé par l'acide muriatique.

11. *Du Titane.*

740. On n'a encore que peu de connoissances sur la nature et les propriétés de ce minéral. *Klaproth*, chymiste de Berlin, a le premier reconnu qu'une substance, qui se trouve à *Boinik* en Hongrie, et qui y est connue sous le nom de *schorl rouge*, est un oxide d'une nouvelle substance métallique, distincte des autres déjà connues, et qu'il a nommée *titanium*. Cette même substance se trouve en plusieurs autres endroits; entr'autres, dans l'évêché de Passau en Allemagne, où elle est unie à de la chaux et de la silice, environ un tiers de chacune; en Bavière, où elle est unie à du fer et du manganèse, mais peu de ce dernier; entre Nantes et Ingrande, près de Pont-James-les-Noyers, où le minerai contient environ moitié d'*oxide de titane*; à St-Yrieix, à environ 8 lieues de Limoges. Il est probable qu'on trouvera encore la même substance en bien d'autres endroits.

741. On peut donc regarder le minéral, connu sous le nom de *schorl rouge*, comme un *oxide de titane*. Je ne sache pas qu'on soit encore parvenu à s'en procurer le *régule*. Cependant *Vauquelin* dit avoir observé, dans l'analyse qu'il a faite du schorl rouge de France, une croûte métallique d'un rouge de cuivre, qu'il a jugée être le *titane* à l'état métallique.

Dans ce que nous allons dire, il ne sera plus question que de l'*oxide de titane*.

742. L'*oxide de titane* est d'un rouge tantôt clair, tantôt foncé : il est dur au point de rayer le verre. Il se réduit difficilement en poudre : ses éclats sont très-brillans, et présentent des surfaces très-polies. Sa pesanteur spécifique est 42469. Si l'on expose cet *oxide* au feu de porcelaine, ni sa forme ni son éclat ne sont nullement altérés : sa couleur seulement en devient plus foncée.

743. L'*oxide de titane* est absolument inattaquable par les acides, avant d'avoir été chauffé avec un alkali caustique : mais après qu'il a été ainsi chauffé, il y devient dissoluble.

744. L'acide nitrique le dissout complètement : l'évaporation spontanée donne à la dissolution la consistance d'huile ; et l'on y apperçoit de petits crystaux rhomboïdaux diaphanes.

745. L'acide muriatique le dissout de même : l'évaporation spontanée produit une masse gélatineuse transparente, d'un jaune clair ; et l'on y découvre de petits crystaux cubiques diaphanes.

746. L'acide sulfurique le dissout, à l'aide d'une légère digestion : l'évaporation spontanée produit une masse ressemblante à de la colle de farine.

747. Les acides sulfurique, nitrique, muriatique et nitro-muriatique n'attaquent en aucune façon l'*oxide de titane* naturel, réduit en poudre : mais si l'on fait rougir, dans un creuset de porcelaine, 1 partie de cet *oxide*, réduit en poudre, et 5 parties de carbonate de potasse, le mélange entre bientôt en fusion. Ce mélange versé sur une plaque, forme une masse solide d'un gris-blanchâtre. Si ensuite on le réduit en poudre, et qu'on le délaye dans de l'eau bouillante, il se dépose une poudre blanche. Cette poudre blanche est alors soluble dans les quatre acides ci-dessus, qui auparavant ne pouvoient pas attaquer l'oxide. Mais si l'on chauffe cette poudre blanche dans un creuset, et qu'en quelque façon on la calcine, elle redevient insoluble dans ces mêmes acides.

748. Cette poudre blanche change de couleur par la calcination : elle passe du blanc au jaune et au rouge ; et par le contact du charbon, elle passe au bleu. Elle donne un émail jaune. Elle est précipitée de ses dissolutions dans les acides, par le prussiate de potasse, par l'acide gallique, et par le sulfure d'ammoniaque. Par la voie humide, elle est réduite, par l'étain et le zinc, en flocons d'une couleur foncée.

749. Cette poudre blanche a une très-grande affinité avec l'oxigène : car l'*oxide de titane*, dans son état naturel, est entièrement saturé

d'oxigène ; c'est sans doute ce qui le rend insoluble dans les acides, à moins qu'il n'ait perdu une partie de son oxigène par sa fusion avec un alkali caustique.

750. L'*oxide de titane* est précipité, de ses dissolutions, en flocons blancs, par le carbonate de potasse, et par la potasse elle-même.

751. Les prussiates alkalins occasionnent un précipité abondant, d'un vert foncé entremêlé de brun.

752. L'alcohol gallique occasionne un précipité brun tirant sur le rouge.

753. L'acide arsenique (714) et l'acide phosphorique précipitent ces dissolutions en blanc.

754. L'acide tartareux et l'acide oxalique occasionnent un précipité blanc, qui se redissout ensuite sans laisser de résidu.

755. L'ammoniaque, versé dans la dissolution de cet *oxide* par l'acide muriatique, le teint en vert sale ; et il se forme un précipité d'un vert-bleuâtre.

756. Le zinc, mis dans la même dissolution étendue d'eau, produit d'abord une couleur violette, qui passe à la fin au bleu-indigo : ce bleu disparoît entièrement par la chaleur, tandis que l'*oxide* se précipite.

757. Une lame d'étain, plongée dans la dissolution de cet *oxide* par l'acide muriatique, le tout étant renfermé dans un flacon bien bouché, la teint en rose pâle, qui se change en violet d'améthiste.

758. L'*oxide de titane*, traité avec le borax, forme un globule de couleur d'hyacinthe. Ce même *oxide*, mais celui qui est naturel, étant fondu avec l'émail de la porcelaine, lui donne une couleur jaune de paille pure et uniforme. *Journal des Mines*, n°. XV, pag. 1 et suiv. et n°. XIX, pag. 51 et 57.

12. *Du Chrôme.*

759. Le *chrôme* est un demi-métal nouvellement découvert par *Vauquelin*, et sur la nature et les propriétés duquel on n'a encore que peu de connoissances. *Vauquelin* l'a appelé *chrôme*, parce que c'est lui qui donne la couleur rouge au rubis (516), et la couleur verte à l'émeraude (535). *Vauquelin* a trouvé ce demi-métal à l'état d'acide, dans la substance connue ci-devant sous le nom de *mine de plomb rouge de Sibérie*. Le minéralisateur de ce plomb rouge est donc un véritable acide, qui a pour radical une substance métallique particulière, et cette substance est le *chrôme*.

760. Cet acide, qu'on appelle *acide chrômique*, a des propriétés que n'a aucun autre acide métallique. Il est d'une couleur d'un rouge de rubis. Il communique à toutes ses combinaisons des couleurs rouges ou jaunes plus ou moins foncées. Il cède à l'acide muriatique une partie de son oxigéne, et le convertit en muriate oxigéné, qui est un bon dissolvant de l'or ; tandis que lui-même passe à

Q

l'état d'oxide vert, soluble dans l'acide muriatique. Il donne, avec le mercure, une combinaison d'un rouge de cinabre (661); avec l'argent, une composition d'un rouge de carmin; avec le plomb, un minéral d'un jaune orangé; avec l'hydrosulfure de potasse, une couleur d'un vert d'olive, etc.

761. L'*acide chrômique* a une saveur piquante et métallique. Il est très-dissoluble dans l'eau : et sa dissolution évaporée crystallise en petits prismes allongés d'une couleur rouge de rubis.

762. Cet *acide* s'unit facilement à la baryte (416), et forme avec elle un sel très-peu soluble dans l'eau et d'une couleur jaune-citrine-pâle. Ce sel n'a pas de saveur sensible. Il est décomposé par les acides minéraux. Exposé au feu, il fournit du gas oxigène; après quoi il reste à l'état d'une masse terreuse de couleur verte.

763. Cet *acide* se combine avec la chaux (404); et le sel qui en résulte, ne paroît pas plus soluble que le précédent. Si on l'expose au feu, il fournit aussi les mêmes produits que le précédent.

764. Cet *acide* forme, par sa combinaison avec les alkalis, des sels dissolubles, crystallisables et colorés. Pour préparer ces sels, on fait bouillir, dans 40 parties d'eau, une partie de mine de plomb rouge réduite en poudre fine, et 2 parties de carbonate alkalin. Alors l'acide carbonique forme, avec le plomb, un

carbonate de plomb, qui se précipite : et l'*acide chrômique* forme, avec l'alkali , une combinaison qui reste dissoute dans l'eau : de sorte que les deux acides ont changé de base.

765. Pour avoir bien pur le sel formé par l'*acide chrômique* et l'alkali , il ne faut pas mettre trop de carbonate alkalin ; il en pourroit rester de non-décomposé mêlé à ce sel. Mais si l'on fait usage de carbonate ammoniacal, on peut en mettre plus qu'il n'en faut pour saturer l'*acide chrômique ;* parce que l'excès du carbonate ammoniacal se volatilise ; et le *sel chrômique* demeure pur.

766. Les combinaisons de l'*acide chrômique* avec les alkalis sont d'un jaune-citron. Ces sels sont décomposés par la baryte (416), la chaux (404) et la strontiane (429), qui ont plus d'affinité avec l'*acide chrômique* que n'en ont les alkalis. Ils sont aussi décomposés par les acides minéraux, mais en sens inverse; c'est-à-dire, que les acides minéraux leur enlèvent les alkalis ; et l'*acide chrômique* demeure libre. Ces mêmes sels décomposent, par une double affinité les sels calcaires, barytiques, magnésiens et alumineux.

767. L'*acide chrômique* se réduit à l'état métallique, en le mettant dans un creuset de charbon , placé dans un autre creuset de porcelaine dure, rempli lui-même de poussière de charbon , le tout exposé à l'action d'un feu très-vif, pendant une heure, dans un fourneau de forge.

Il en résulte une masse métallique d'un gris-
blanc, brillante, très-cassante, et à la surface de laquelle il y a beaucoup de crystaux en
barbes de plumes, de la même couleur, et
parfaitement métalliques. La réduction de l'*a-
cide chrómique* en métal a appris que cet acide
contient $\frac{4}{10}$ de son poids d'oxigène ; c'est-à-dire,
que 100 parties de cet acide en contiennent 60
de *chrôme*, et 40 d'oxigène.

768. L'acide nitrique attaque difficilement le
chrôme : cependant, à force d'opérations répétées, il l'oxide ; et même il l'acidifie. Quand
il n'est qu'oxidé, il est vert : et quand il est acidifié, il est rouge. Il communique ses couleurs
à ses différentes combinaisons. On s'est assuré,
par l'analyse de l'émeraude du Pérou (535)
que c'est l'*oxide du chrôme* qui lui donne la
couleur verte : et il est probable que c'est l'*acide
chrómique* qui donne au rubis (516) la couleur rouge. *Journal des Mines*, n°. XXXIV,
pag. 737 et suivantes.

13. *Du Tellurium.*

769. *Klaproth*, chymiste de Berlin, en soumettant à l'analyse chymique la mine aurifère
connue en Transilvanie sous la dénomination
de *mine d'or blanche*, a trouvé dans ce minéral un métal absolument différent de tous ceux
connus jusqu'ici : il lui a donné le nom de
tellurium. Dès 1782 *Muller de Reichenstein*
avoit soupçonné une substance métallique par-

ticulière dans ce minerai. *Bergmann* a eu le même soupçon ; mais il n'a pas osé le décider. Les ingénieuses expériences de *Klaproth* ont confirmé les conjectures de l'un et de l'autre.

770. Le *tellurium* est de couleur de blanc d'étain , approchant du gris de plomb. Il a un grand éclat métallique : sa cassure est lamelleuse. Il est très-aigre et très-friable. Il est un des métaux les plus fusibles : si , après l'avoir fondu , on le laisse refroidir tranquillement et peu-à-peu , il prend volontiers une surface crystalline. Chauffé au chalumeau , sur un charbon , il brûle avec une flamme assez vive , d'une couleur bleue , qui , sur les bords , passe au verdâtre : il se volatilise entièrement en une fumée d'un gris-blanchâtre , et il répand une odeur désagréable. Si l'on cesse de chauffer avant d'avoir volatilisé entièrement la portion soumise à l'opération , le bouton restant conserve assez long-temps sa liquidité , et se couvre , par le refroidissement , d'une végétation radiée. La pesanteur spécifique du *tellurium* (796) est un peu supérieure à celle du Molybdène (733).

771. Le *tellurium* se dissout dans l'acide nitrique : la dissolution est claire et sans couleur : lorsqu'elle est concentrée , il se produit , avec le temps , de petits crystaux blancs et légers, en forme d'aiguilles.

772. Il se dissout également dans l'acide nitro-muriatique. Lorsqu'on ajoute à cette dis-

solution saturée une grande quantité d'eau, le *tellurium* est précipité à l'état d'*oxide*, sous la forme d'une poudre blanche, qui est dissoluble dans l'acide muriatique.

773. Si l'on mêle à froid, dans un vaisseau fermé, une petite quantité de *tellurium* à 100 fois son poids d'acide sulfurique concentré, cet acide prend peu-à-peu une belle couleur d'un rouge cramoisi : qu'on y ajoute goutte à goutte une petite quantité d'eau, la couleur disparoît, et le métal qui a été dissous, se dépose sous la forme de flocons noirs. La chaleur fait aussi disparoître la couleur rouge, et dispose le *tellurium* à se séparer à l'état d'un oxide blanc.

774. Lorsqu'au contraire on étend l'acide sulfurique concentré avec 2 ou 3 parties d'eau, et que l'on y ajoute un peu d'acide nitrique, alors l'acide sulfurique dissout une quantité assez considérable de *tellurium* : la dissolution en est claire et sans couleur ; et elle n'est point décomposée par le mélange d'une plus grande quantité d'eau.

775. Tous les alkalis purs précipitent, des dissolutions acides de *tellurium*, un oxide blanc, dissoluble dans tous les acides. Par un excès d'alkali le précipité formé se redissout en entier.

776. Le prussiate de potasse très-pur n'occasionne aucun précipité dans les dissolutions acides de *tellurium*.

777. Les sulfures alkalins , mèlangés avec les dissolutions acides de *tellurium* , occasionnent un précipité ou brun ou noirâtre, suivant que le métal y est combiné avec plus ou moins d'oxigène. Il arrive quelquefois que la couleur du précipité ressemble parfaitement à celle du kermes minéral ou oxide d'antimoine sulfuré rouge (703).

778. L'infusion de noix de galle , combinée avec les mêmes dissolutions , donne naissance à un précipité floconneux de couleur isabelle.

779. Le fer et le zinc précipitent le *tellurium* de ses dissolutions acides , à l'état métallique , sous la forme de petits flocons noirs , qui reprennent leur éclat par le frottement , et qui , sur un charbon allumé , se fondent et forment un bouton métallique. L'étain et l'antimoine occasionnent le même phénomène.

780. L'*oxide de tellurium* obtenu des dissolutions acides par les alkalis , ou des dissolutions alkalines par les acides , se réduit , dans l'un et l'autre cas , avec une rapidité extrême. Lorsqu'on l'expose à la chaleur sur un charbon, il se brûle et se volatilise.

781. Si l'on chauffe, pendant quelque temps, dans une cornue , cet *oxide de tellurium* , il se fond , et reparoît, lorsqu'il est refroidi , sous une couleur jaune de paille.

782. L'*oxide de tellurium* , mêlé avec des corps gras, se réduit parfaitement.

783. L'analyse chymique des différentes mines

d'or où se trouve le *tellurium* (769), a appris quelle est la quantité qui s'en trouve dans chacune des mines suivantes.

784. 100 parties de la mine d'or blanche de Fatzbay

contiennent . . *Métal de Tellurinm* . . . 25,5.
Or. . . . . 2,5.
Fer . . . . 72.

100.

785. 100 parties de l'or grafique de Offenbanya

contiennent . . *Métal de Tellurium* . . . 60.
Or . . . . 30.
Argent. . . . . 10.

100.

786. 100 parties de la mine d'or jaune de Nagyag

contiennent . . *Métal de Tellurium* . . . 45.
Or. . . . . 27.
Argent. . . . . . . 8,5.
Plomb. . . . . . . 19,5.
Soufre, un atome.

100.

787. 100 parties de la mine d'or feuilletée grise de Nagyag

contiennent . . *Métal de Tellurium.* . . . 33.
Or . . . . 8,5.
Argent et cuivre. . . . . 1.
Plomb. . . . . . . 50.
Soufre. . . . . . . 7,5.

100.

TABLEAUX des propriétés des Substances
métalliques.

788. *Fixité au feu des métaux, en ordre
décroissant.*

Or.
Platine.
Argent.
Cuivre.
Fer.
Plomb.
Étain.

789. *Ductilité des métaux et demi-métaux,
en ordre décroissant.*

Or.
Platine.
Argent.
Fer.
Étain.
Cuivre.
Plomb.
Nickel.
Zinc.
Tungstène.
Bismuth.
Cobalt.
Antimoine.
Manganèse.

Arsenic.
Molybdène.
Titane.
Chrôme.
Tellurium. } inconnus.

790. *Fusibilité des métaux et demi-métaux,
en ordre décroissant.*

Le degré de chaleur nécessaire pour opérer
la fusion des substances métalliques, qui en

exigent un fort degré, a été mesuré par le **pyro**-
mètre de *Wedgwood* à pièces d'argile , dont
chaque degré vaut 57,778 du thermomètre de
mercure divisé en 80 degrés , depuis la température de la glace fondante jusqu'à celle de
l'eau bouillante. Ainsi les 130 degrés du pyromètre , qui marquent le degré de chaleur auquel le fer coule , équivalent à 7989,8 au-dessus
du zéro du thermomètre de mercure : car le
zéro du pyromètre répond à 478,66 au-dessus
du zéro du thermomètre de mercure. Les degrés
de chaleur nécessaires pour faire couler les différens métaux et demi-métaux, qui sont ici indiqués, sont donc ceux que marqueroit le thermomètre de mercure, s'il avoit assez d'étendue
pour cela.

Je n'indique point les degrés nécessaires pour
faire couler l'*arsenic* , le *titane* , le *chrôme* et
le *tellurium* : ces quatre-là n'ont pas été éprou-
vés. Je n'indique pas non plus au juste les degrés nécessaires pour faire couler le cuivre ;
parce qu'il paroît qu'il y a eu une erreur dans
les résultats qu'on a donnés ; puisque , suivant
ces résultats, le cuivre fondroit à une chaleur
moindre que celle qui est nécessaire pour fondre
l'or et l'argent : or, c'est le contraire , comme je
l'ai éprouvé moi-même , en exposant ces trois
métaux au foyer du verre ardent de *Trudaine*.
L'argent y a toujours été le plus promptement
fondu : ensuite, l'or : et enfin le cuivre, qui

exige d'y être exposé plus long-temps, et en
plus petit volume ; car j'y ai fondu un écu de
six francs en bain parfait , en une demi-mi-
nute; et il a fallu un temps beaucoup plus long
pour y fondre une pièce de cuivre de six de-
niers , quoique beaucoup plus petite.

Degrés du pyromètre.		*Degrés du thermomètre.*
	Mercure. . .	32 au-dessous de zéro.
	Étain	168 au-dessus de zéro.
	Bismuth . .	205.
	Plomb. . . .	250.
	Zinc.	296.
	Antimoine .	345.
28 .	Argent. . .	2096,444.
32 .	Or.	2327,556.
37 .	Cuivre. . .	2616 ou à-peu-près.
130 .	Nickel. . .	7989 ou à-peu-près.
130 .	Cobalt. . .	7989 ou à-peu-près.
130 .	Fer	7989,80.
160 .	Manganèse.	9723,14.
Plus { 160 .	Tungstène.	9723,14 et plus.
de { 160 .	Molybdène.	9723,14 et plus.
174½.	Platine. .	10560,921 commencent la fusion.
	Arsenic.	
	Titane.	} inconnus.
	Chrôme.	
	Tellurium.	

791. *Dureté des métaux, en ordre décroissant.*

Fer.
Platine.
Cuivre.
Argent.
Or.
Étain.
Plomb.

792. *Dureté des demi-métaux, en ordre décroissant.*

Manganèse.
Nickel.
Bismuth.
Tungstène.
Zinc.
Cobalt.
Antimoine.
Arsenic.

Molybdène.
Titane.
Chrôme.
Tellurium.
} inconnus.

793. *Ténacité des métaux, en ordre décroissant.*

La ténacité du plomb étant estimée 1, les nombres suivans désignent combien de fois celle des autres métaux égale celle du plomb.

Fer . . . . 26,447.
Cuivre. . . . . 14,555.
Platine. . . . . 13,209.
Argent. . . . . 9,011.
Or. . . . . 7,226.
Étain . . . . 1,667.
Plomb. . . . . 1,000.

794. *Élasticité des métaux , en ordre décroissant.*

Fer.
Cuivre.
Platine.
Argent.
Or.
Étain.
Plomb.

795. *Propriété sonore des métaux , en ordre décroissant.*

Cuivre.
Argent.
Fer.
Étain.
Platine.
Or.
Plomb.

796. *Pesanteur des métaux et demi-métaux simplement fondus , en ordre décroissant.*

Platine purifié . . . . 195000.
Or . . . . 192581.
Mercure. . . . . 135681.
Plomb. . . . . 113523.
Argent . . . . 104743.
Bismuth. . . . . 98227.
Cobalt . . . . 78119.
Nickel . . . . 78070.
Cuivre . . . . 77880.
Étain. . . . . 72914.
Fer de fonte. . . . . . . 72070.
Zinc . . . . 71908.

Manganèse. . . . . 68500.
Antimoine. . . . . 67021.
Tungstène. . . . . 66785.
Tellurium. . . . . 61150.
Molybdène . . . . 60000 , à-peu-près.
Arsenic. . . . . 57633.

Titane. } inconnus.
Chrôme. }

797. *Oxidabilité des métaux et demi-métaux, en ordre décroissant.*

Oxidabilité ne signifie point la quantité d'oxigène dont les métaux peuvent se charger ; mais ce mot exprime la facilité avec laquelle ils s'oxident. Les cinq premiers s'oxident, à très-peu-près, avec une égale facilité.

Fer.	Tungstène. }
Nickel.	Molybdène. }
Cobalt.	Titane. } inconnus.
Zinc.	Chrôme. }
Manganèse.	Tellurium. }
Plomb.	
Étain.	
Cuivre.	
Bismuth.	
Antimoine.	
Arsenic.	
Mercure.	
Argent.	
Or.	
Platine.	

798. *Accroissement de poids par l'oxidation des métaux et demi-métaux, en ordre décroissant.*

Fer.	0,70.	Arsenic.	
Manganèse. . .	0,68.	Tungstène.	
Zinc.	0,61.	Molybdène.	
Cuivre.	0,58.	Titane.	inconnus.
Cobalt.	0,40.	Platine.	
Chrôme	0,40.	Tellurium.	
Antimoine. . .	0,38.		
Étain	0,30.		
Nickel.	0,28.		
Bismuth. . . .	0,25.		
Plomb.	0,16.		
Argent	0,12.		
Or.	0,10.		
Mercure. . . .	0,08.		

799. *Affinité avec les acides des métaux et demi-métaux, en ordre décroissant.*

Zinc	Tungstène.
Fer.	Molybdène.
Manganèse.	Titane.
Cobalt.	Chrôme
Nickel.	Tellurium.
Plomb.	inconnus.
Étain.	
Cuivre.	
Bismuth.	
Antimoine.	
Arsenic.	
Mercure.	
Argent.	
Or.	
Platine.	

800. *Acidification des demi-métaux.*

L'arsenic, qui devient   l'acide arsenique.
Le molybdène. . . . . . l'acide molybdique.
Le tungstène . . . . . . l'acide tunstique.
Le chrôme . . . . l'acide chrômique.

801. *Adhésion au mercure des métaux et demi-métaux, en ordre décroissant.*

L'adhésion du cobalt au mercure étant estimée 1 , les nombres suivans désignent combien de fois celle des autres métaux égale celle du cobalt.

Or. . . . . $55\frac{3}{4}$.	Nickel.		
Argent . . . . . . $53\frac{1}{8}$.	Arsenic.		
Étain . . . . $52\frac{1}{4}$.	Manganèse.		
Plomb. . . . . . . $49\frac{5}{8}$.	Tungstène.		inconnus.
Bismuth. . . . . . $46\frac{1}{2}$.	Molybdène.		
Platine . . . . . . $35\frac{1}{4}$.	Titane.		
Zinc. . . . . $25\frac{1}{2}$.	Chrôme.		
Cuivre. . . . . . . $17\frac{3}{4}$.	Tellurium.		
Antimoine. . . . . $15\frac{3}{4}$.			
Fer . . . . $14\frac{3}{8}$.			
Cobalt. . . . . . . 1.			

Nature et formation des acides.

802. Tous les *acides* sont composés d'une substance, soit simple, soit composée, qui leur sert de base, qu'on appelle *radical*, et qui est combinée avec l'oxigène (360) qui la rend acide.

803. Toutes les fois donc qu'on combine l'oxigène avec une base , on forme un *acide*.

Acide est le nom générique de tous ces composés : et chaque *acide* est différencié par sa base ou son *radical.*

804. Une partie des corps combustibles, et, en général, tous les corps qui peuvent devenir *acides*, sont susceptibles de différens degrés d'oxigénation. Les *acides* qui en résultent, quoique formés de la combinaison des deux mêmes substances, ont des propriétés fort différentes, et qui dépendent de la différence de proportion de l'oxigène qui est entré dans leur composition.

Acides minéraux.

805. *Acide du soufre.* On obtient cet acide par la combustion du soufre qui est son radical. Le soufre, en brûlant, se combine avec l'oxigène de l'air, et par-là devient *acide.* Cet acide étoit ci-devant connu sous le nom d'*acide vitriolique*, parce qu'on le retiroit du vitriol de fer : on ignoroit qu'il fût le même que celui qu'on obtient de la combustion du soufre. Il est susceptible de plusieurs degrés d'oxigénation. Le soufre combiné avec peu d'oxigène, forme l'*oxide de soufre*, appelé *soufre mou.* Par un second degré d'oxigénation, il forme un acide volatil, d'une odeur pénétrante, et qui a des propriétés particulières : on le nomme *acide sulfureux* : il est soluble dans l'eau en très-grande quantité. Par un troisième degré d'oxigénation, il forme un acide fixe, pesant,

R

sans odeur, et qui donne, dans ses combinaisons, des produits fort différens de ceux que donne le précédent : on l'appelle *acide sulfurique*.

806. *Acide du nitre*. Cet acide est le premier dans lequel l'existence de l'oxigène ait été bien démontrée. Il a pour radical, l'azote (144), qui est susceptible de plusieurs degrés d'oxigénation. Par le premier degré, il devient la base du gas nitreux (70), qui est insoluble dans l'eau : il y a, dans ce cas-là, 2 parties d'oxigène contre 1 d'azote. Par le second degré d'oxigénation, il devient l'*acide nitreux*, qui est rouge, fumant, d'une odeur pénétrante, et tout-à-fait soluble dans l'eau : il y a alors 3 parties d'oxigène contre 1 d'azote. Par le troisième degré d'oxigénation, dans lequel il se trouve 4 parties d'oxigène contre 1 d'azote, il devient l'*acide nitrique*, qui est blanc, soluble dans l'eau, plus fixe et moins odorant que le précédent, et dont les principes sont plus solidement combinés. On obtient cet acide du salpêtre, sur lequel on fait agir l'acide sulfurique.

807. *Acide du sel marin*. On se procure cet acide en versant de l'acide sulfurique (805) sur du sel marin : il se fait aussitôt une vive effervescence ; et il s'élève des vapeurs blanches d'une odeur très-pénétrante : ces vapeurs sont l'acide, qu'on dégage en entier, en chauffant légèrement : on l'appelle *acide muriatique*. Sa

base est inconnue, parce qu'on ne peut pas se la procurer seule et séparée de l'oxigène : on l'a nommée *radical muriatique*. Cet *acide* passe et se maintient naturellement en état de gas, pourvu qu'il ne rencontre pas d'eau, dans laquelle il est tout-à-fait soluble ; auquel cas il forme l'*acide muriatique* en liqueur. Pour le recueillir bien pur, on met le sel bien sec et l'acide sulfurique dans une petite cornue, et l'on en engage le bec sous une cloche pleine de mercure, sur l'appareil pneumato - chymique. On peut l'obtenir en grand avec l'appareil à plusieurs bouteilles à 2 ou 3 tubulures (*fig*. 44). Le *radical muriatique* est susceptible de plusieurs degrés d'oxigénation. Par le premier degré, il forme l'*oxide muriatique* : par le second, l'*acide muriatique* foible : par le troisième, l'*acide muriatique*: et par le quatrième, le *muriate oxigéné*.

808. L'excès d'oxigène, qu'il contient dans ce quatrième degré, produit sur cet *acide* un effet opposé à celui qu'il produit sur les autres acides : il le rend plus volatil ; d'une odeur plus pénétrante ; moins miscible à l'eau : et il diminue beaucoup ou même détruit son acidité (208).

809. *Acide du charbon*. On obtient cet acide, en faisant brûler du charbon dans l'air pur, dans l'appareil au mercure. Le principe charbonneux ou carbone est susceptible de s'oxigéner au point de devenir acide : il forme alors

l'acide dont il est ici question, et qu'on a, pour cette raison , appelé *acide carbonique*. Cet *acide* demeure dans l'état de gas à toute température (212) : il est cependant soluble dans l'eau , mais en petite quantité : l'eau la plus froide , qui en dissout plus que n'en dissout l'eau chaude, n'en dissout cependant qu'un volume égal au sien. Cet acide se trouve souvent dans l'état de gas : il se trouve aussi dans celui de mélange, comme dans les eaux minérales : et dans celui de combinaison , comme dans les alkalis, le marbre , la pierre à chaux, etc.

810. *Acide du phosphore*. Le phosphore est une substance combustible simple , que l'on extrait des os des animaux (21), qui sont un vrai *phosphate calcaire*. Il se combine avec l'oxigène par la combustion ; et il forme l'*acide phosphoreux* , s'il n'est pas saturé d'oxigène : mais, s'il en est saturé, il forme l'*acide phosphorique*.

811. *Acide du spath fluor*. Le spath fluor est une substance composée d'un acide particulier, combiné avec une base calcaire. Cet acide est tout formé dans le spath fluor , dont on le dégage aisément par le moyen de l'acide sulfurique (805) , qui lui enlève sa base : l'acide demeure libre ; et c'est celui qu'on appelle *acide fluorique*. Son radical, qu'on a nommé *radical fluorique* , est entièrement inconnu ; parce qu'on n'a jamais pu décomposer cet *acide*. Il a la propriété de dissoudre le verre : aussi *Puymorin*

a-t-il gravé sur le verre avec l'*acide fluorique* , comme on grave sur le cuivre avec l'acide nitrique.

812. *Acide du borate.* Le borate ou borax est une substance composée d'un acide particulier, combiné avec une base. Cet acide est tout formé dans le borate , dont on peut le dégager par le moyen de l'acide sulfurique (8ɔ5) , qui lui enlève sa base : l'acide demeure libre ; et c'est celui qu'on appelle *acide boracique.* Son radical, qu'on a nommé *radical boracique* , est entièrement inconnu , parce qu'on ne peut pas décomposer cet acide , et avoir son radical dégagé de l'oxigène qui l'acidifie.

Acides métalliques.

813. Les métaux et demi-métaux sont susceptibles de se combiner avec l'oxigène : mais on n'en connoît qu'un petit nombre capables de s'oxigéner au point de devenir *acides* : quant aux autres , les degrés d'oxigénation dont ils sont susceptibles , n'en font que des *oxides ,* appelés ci-devant *chaux métalliques.*

En voici l'énumération.

		Degré d'oxigénation.	
814.	Or	1	Oxide d'or.
815.	Platine	1	Oxide de platine.
816.	Argent	1	Oxide d'argent.
817.	Cuivre	1	Oxide rouge-brun de cuivre.
		2	Oxide vert et bleu de cuivre.
818.	Fer,	1	Oxide noir de fer.
		2	Oxide rouge-brun de fer.

Degré
d'oxigénation.

819. Étain. . . . { 1 . . . . Oxide gris d'étain.
                   { 2 . . . . Oxide blanc d'étain.

820. Plomb . . . { 1 . . . . Oxide gris de plomb.
                  { 2 . . . . Oxide jaune et rouge de plomb.

821. Mercure . . { 1 . . . . Oxide noir de mercure.
                  { 2 . . . . Oxide jaune et rouge de mercure.

822. Bismuth . . { 1 . . . . Oxide gris de bismuth.
                  { 2 . . . . Oxide blanc de bismuth.

823. Cobalt. . . . . 1 . . . . Oxide gris de cobalt.

824. Nickel. . . . . 1 . . . . Oxide de Nickel.

825. Zinc . . . . { 1 . . . . Oxide gris de zinc.
                  { 2 . . . . Oxide blanc de zinc.

826. Antimoine. { 1 . . . . Oxide gris d'antimoine.
                 { 2 . . . . Oxide blanc d'antimoine.

827. Manganèse. { 1 . . . . Oxide noir de manganèse.
                 { 2 . . . . Oxide blanc de manganèse.

828. Titane. . . . . 1 . . . . Oxide de Titane.

829. Tellurium. . . 1 . . . . Oxide de Tellurium.

                 { 1 . . . . Oxide gris d'arsenic.
830. Arsenic. . . { 2 . . . . Oxide blanc d'arsenic.
                 { 3 . . . . Acide arsenique.

831. Tungstène. { 1 . . . . Oxide de tunstène.
                 { 3 . . . . Acide tunstique.

832. Molybdène. { 1 . . . . Oxide de Molybdène.
                 { 3 . . . . Acide molybdique.

833. Chrôme . . { 1 . . . . Oxide vert de chrôme.
                 { 3 . . . . Acide chrômique.

Acides végétaux.

834. Tous les *acides végétaux* paroissent être formés d'une base acidifiable double, le carbone (20 , 381 et suiv.), et l'hydrogène (276) : leur radical est donc carbone-hydreux ou hydro-carboneux, acidifié par sa combinaison avec l'oxigène. Ces *acides* ne paroissent différer entre eux que par la différence de pro-

portion du carbone et de l'hydrogène, et par la différente quantité de l'oxigène qui les acidifie.

835. Ces acides sont les suivans : je les fais précéder par leurs radicaux.

Radicaux.	*Acides.*	
Acétique.....	{ Acéteux .... } Acétique .... }	du vinaigre.
Malique.......	Malique	des pommes.
Oxalique.......	Oxalique.....	de l'ozeille.
Citrique.......	Citrique	du citron.
Tartarique.....	Tartareux	du tartre.
Pyro-tartarique..	Pyro-tartareux..	de l'empyreume du tartre.
Pyro-mucique...	Pyro-muqueux..	de l'empyreume du sucre.
Pyro-lignique...	Pyro-ligneux...	de l'empyreume du bois.
Benzoïque.....	Benzoïque	des fleurs de benjoin.
Camphorique...	Camphorique...	du camphre.
Gallique.......	Gallique	du principe astringent des végétaux.
Succinique.....	Succinique	du sel volatil de succin.

La nature de ces quatre derniers radicaux n'est encore qu'imparfaitement connue : on sait seulement que le carbone et l'hydrogène en sont les principales parties.

Acides animaux.

836. Les *acides animaux* sont ceux qu'on obtient en oxigénant les matières animales. Tous ces acides (si l'on en excepte les acides phosphoreux et phosphorique (810), dont le radical est une être simple) paroissent avoir, pour base acidifiable, le carbone , l'hydrogène , le phosphore et l'azote.

Cet acides sont les suivans.

Radicaux.	*Acides.*	
Phosphorique. .	{ phosphoreux. . phosphorique. . }	du phosphore.
Sébacique.	Sébacique	de la graisse.
Formique	Formique.	des fourmis.
Bombyque.	Bombyque	des vers-à-soie.
Lactique.	Lactique	du petit-lait aigri.
Saccho-lactique. .	Saccho-lactique .	du sucre de lait.
Lithique.	Lithique	du calcul humain.
Prussique	Prussique.	de la matière colorante du bleu de Prusse.

La nature de ces quatre derniers radicaux n'est encore qu'imparfaitement connue. On sait seulement que dans le radical prussique il entre de l'azote.

837. Quoique les *acides végétaux* soient composés d'hydrogène, de carbone et d'oxigène, ils ne contiennent cependant ni eau, ni huile, ni acide carbonique; mais seulement les principes propres à les former. La force d'attraction, qu'exercent réciproquement ces trois substances les unes sur les autres, est, dans ces *acides*, dans un état d'équilibre, lequel cesse d'exister, si on les chauffe à un degré supérieur à celui de l'eau bouillante. Alors l'oxigène et l'hydrogène se combinent ensemble pour former de l'eau (278 et suiv.): le carbone et l'hydrogène se combinent pour former de l'huile : une portion du carbone et de l'oxigène, en se combinant, forment de l'acide carbonique : et il se trouve un peu de charbon excédant qui reste libre (855).

838. Voilà donc 34 *acides* connus ; savoir , 12 *acides minéraux* (de 805 à 833), 13 *acides végétaux* (834 et 835) , et 9 *acides animaux* (836).

839. Ces *acides* se neutralisent , en s'unissant et se combinant avec une base ; soit alkaline , comme la potasse (842), la soude (843), l'ammoniaque (847) ; soit terreuse , comme la chaux (404), la magnésie (411) , la baryte (416), l'alumine (421), la strontiane (429), etc. soit métallique , comme différens demi-métaux.

Des Alkalis.

840. On divise les *alkalis* en *alkalis fixes* et en *alkalis volatils*. Les premiers n'ont point du tout d'odeur : les seconds ont une odeur pénétrante et piquante.

841. On connoît deux espèces d'*alkalis fixes ;* savoir , l'alkali végétal ou la *potasse* ; et l'alkali minéral ou la *soude*.

842. L'*alkali végétal* ou la *potasse* peut être extraite de différentes substances. Si elle est extraite de la lessive des cendres de bois, on l'appelle *salin :* le salin calciné est la vraie potasse. La potasse se combine aisément avec les substances graisseuses , et les rend solubles dans l'eau : cela forme les *savons*. La lie de vin se réduit presqu'en entier en alkali , par la combustion : c'est ce qu'on appelle *cendres gravelées*. Cet alkali est verdâtre : on le regarde comme

très-pur. La combustion du tartre du vin fournit aussi un alkali très-pur, mais neutralisé : il est connu sous le nom de *carbonate de potasse* ou *sel de tartre*. L'*alkali végétal* bien pur attire l'humidité de l'air, et se résout en liqueur.

843. L'*alkali minéral* ou la *soude* est la base du muriate de soude ou sel marin. On l'extrait ordinairement des plantes marines, par la combustion. Le *salicor*, plante qui croît en Languedoc et en Provence sur les bords des étangs, fournit une soude de bonne qualité. La *barille* d'Espagne fournit la belle *soude d'Alicante*. L'Alkali minéral est quelquefois natif : on le trouve ainsi en Égypte, où il est connu sous le nom de *natron*, ou *natrum* : c'est un vrai *carbonate de soude*.

844. L'alkali minéral diffère du végétal, en ce que 1°. il est moins caustique ; 2°. il tombe en efflorescence à l'air, au lieu d'en attirer l'humidité ; 3°. il forme, avec les mêmes bases, des produits différens ; 4°. il crystallise en octaèdres rhomboïdaux ; il est plus propre à la vitrification.

845. Les alkalis sont-ils tout formés dans les végétaux ? ou sont-ils le produit de la combustion ? Le premier est assez probable ; mais on n'en est pas sûr.

846. Les alkalis fixes sont souvent à l'état de sels neutres, par leur combinaison avec l'acide carbonique (809) : on les en dégage par la chaux vive. La chaux s'unit à l'acide, et forme de la craie (459) ; et l'alkali devient pur et caus-

tique. Cet alkali évaporé jusqu'à siccité est la *pierre à cautère.*

847. L'*alkali volatil* ou l'*ammoniaque* est produit par la putréfaction des substances animales; car il est composé d'azote (374) et d'hydrogène (379), qui sont des parties constituantes des animaux (836). Suivant *Bertholet,* il y a 807 millièmes d'azote et 193 millièmes d'hydrogène. Il y a aussi quelques plantes qui fournissent de l'*alkali volatil* : c'est pourquoi on les appelle *plantes animales.*

848. L'alkali volatil qui est d'usage dans le commerce , est fourni par la décomposition du muriate d'ammoniaque; c'est là la raison pour laquelle on a donné à l'alkali volatil le nom d'*ammoniaque.* Lorsqu'il est combiné avec l'acide carbonique , il forme le *carbonate ammoniacal.*

Formation des sels neutres.

849. Nous avons vu (354 *et suiv.*) comment quelques substances simples , ou réputées telles, parce qu'elles n'ont point été décomposées, tels que l'azote , l'hydrogène, le carbone, le soufre, le phosphore , etc. forment en se combinant avec l'oxigène , tous les oxides et les acides des règnes végétal et animal. Nous avons vu , avec quelle simplicité de moyens, la nature multiplie les propriétés et les formes, soit en combinant jusqu'à 3 ou 4 bases acidifiables , et dans différentes proportions; soit en variant la dose d'oxi-

gène destiné à les acidifier. Nous ne la trouve-rons ni moins simple , ni moins variée , ni moins féconde , dans la production des *sels neutres.*

850. Les substances acidifiables , en se com-binant avec l'oxigène , et en se convertissant en acides , acquièrent une grande tendance à la combinaison : elles deviennent susceptibles de s'unir avec des substances alkalines, terreuses et métalliques : et c'est de cette réunion que résul-tent les *sels neutres.* Les acides peuvent donc être regardés comme *principes salifians ;* et les substances auxquelles ils s'unissent , comme *bases salifiables.* C'est de leurs combinaisons dont nous allons nous occuper.

851. Nous ne regarderons donc pas les acides comme des *sels,* quoiqu'ils soient, comme eux , solubles dans l'eau. Les acides résultent d'un premier ordre de combinaison : ils sont formés de la réunion de deux principes simples, ou du moins qui se comportent comme tels. Ils sont par conséquent dans l'ordre des mixtes.

852. Les *sels neutres* sont dans un autre ordre de combinaison : ils sont formés de la réunion de deux mixtes; et ils entrent dans la classe des composés.

853. Nous ne rangerons pas non plus les alka-lis , ni les substances terreuses , dans la classe des *sels.* Nous ne regarderons comme *sels* que les composés formés de la réunion d'une subs-tance simple oxigénée , avec une base quelcon-

que. Cette substance simple oxigénée, sans base, n'est qu'un acide.

854. Il y a plusieurs bases susceptibles de se combiner avec les acides , pour former des *sels neutres*. Ces bases, que l'on appelle *salifiables,* sont les alkalis (840 *et suiv.*) savoir, la potasse, la soude et l'ammoniaque ; les terres primitives (401 *et suiv.*) savoir, la chaux, la magnésie, la baryte, l'alumine, la silice, la strontiane, la zircôme et la glucine ; et les substances métalliques (573 *et suiv.*).

Voyons quelles sont l'origine et la nature de ces substances.

855. *La potasse.* Lorsqu'on chauffe une substance végétale dans un appareil distillatoire , ses 3 principes, l'oxigène, l'hydrogène et le carbone, qui formoient une combinaison triple dans un état d'équilibre, se réunissent 2 à 2 suivant le degré de température. Sitôt que la chaleur excède celle de l'eau bouillante, l'oxigène et l'hydrogène se combinent et forment de l'eau (278 *et suiv.*) : bientôt après du carbone et de l'hydrogène se réunissent, et forment de l'huile. A une chaleur rouge cette huile et cette eau se décomposent ; l'oxigène et le carbone forment de l'acide carbonique : l'hydrogène, devenu libre , s'échappe sous la forme de gas , et en grande quantité : et il ne reste plus que du charbon dans la cornue. Les résultats sont donc 1°. de l'eau ; 2°. de l'huile ;

3°. de l'acide carbonique ; 4°. du gas hydrogène ; 5°. du charbon.

856. La plus grande partie de ces phénomènes se retrouve dans la combustion des végétaux à l'air libre. Mais alors la présence de l'air y introduit d'autres ingrédiens, savoir, l'oxigène de l'air, l'azote et le calorique. A mesure que l'hydrogène du végétal ou de l'eau s'échappe en forme de gas, il s'allume sitôt qu'il a le contact de l'air, et reforme de l'eau en se combinant avec l'oxigène de cet air ; et le calorique de ces deux fluides, qui devient libre, au moins pour la plus grande partie, produit la flamme. Lorsque tout le gas hydrogène a été brûlé, et réduit en eau, le charbon qui reste brûle à son tour, mais sans flamme : il forme de l'acide carbonique par sa réunion avec l'oxigène de l'air, et, en se combinant avec le calorique, il s'échappe sous forme gaseuse. Le surplus du calorique, devenu libre, produit la chaleur et la lumière qu'on observe dans la combustion du charbon.

857. Le végétal se trouve ainsi tout réduit en eau et en acide carbonique : il ne reste qu'un peu d'une matière terreuse grise, connue sous le nom de *cendre* ; et qui contient les seuls principes vraiment fixes qui entrent dans la constitution des végétaux. Cette cendre (qui ne pèse au plus qu'un vingtième du poids du végétal) contient une substance par-

ticulière, connue sous le nom d'*alkali fixe végétal* ou *potasse*. On ne sait pas encore si cette potasse est toute formée dans le végétal, ou si elle est le produit de l'opération.

858. Pour obtenir la potasse , on passe de l'eau sur les cendres ; l'eau se charge de la potasse, qui y est dissoluble, et elle laisse les cendres, qui sont insolubles. Ensuite , en évaporant l'eau, on obtient la potasse, qui est fixe, même à un très-grand degré de chaleur, et qui reste sous forme blanche et concrète. Par ce procédé, la potasse qu'on obtient est plus ou moins saturée d'acide carbonique; en voici la raison. En se formant, ou , si elle est déja formée, ne devenant libre qu'à mesure que le charbon se convertit en acide carbonique, par sa combinaison avec l'oxigène de l'air ou de l'eau , il en résulte que la potasse, au moment de sa formation ou de sa mise en liberté , se trouve en contact avec l'acide carbonique, avec lequel elle a une grande affinité : il doit y avoir alors combinaison entre ces deux substances.

859. Pour purger la potasse de cet acide carbonique, on la dissout dans l'eau : on y ajoute 2 ou 3 fois son poids de chaux vive : on filtre, et on évapore dans des vaisseaux fermés. On obtient par-là de la potasse pure. Dans cet état, elle est non-seulement soluble dans l'eau, au moins en poids égal , mais elle attire encore, avec avidité, l'humidité de l'air et des gas ; ce

qui fournit un moyen de sécher ceux auxquels on l'expose. Elle est pareillement soluble dans l'alcohol, mais non pas quand elle est saturée d'acide carbonique.

860. Il est probable que la cendre existe dans le végétal avant sa combustion : cette terre forme, à ce qu'il paroît, la carcasse du végétal.

861. *La soude.* Elle est, comme la potasse, un alkali, qu'on obtient par la lixivation des cendres des plantes qui croissent au bord de la mer, et principalement du *kali*, d'où lui est venu le nom d'*alkali* qui lui a été donné par les Arabes. La *soude* a des propriétés communes avec la potasse ; et d'autres, qui l'en distinguent. La *soude* est le plus souvent saturée d'acide carbonique ; mais elle n'attire pas l'humidité de l'air, comme le fait la potasse : au contraire, elle s'y dessèche ; ses crystaux s'effleurissent, et se convertissent en une poussière blanche, qui ne diffère de la soude, que parce qu'elle a perdu son eau de crystallisation.

862. On ne connoît pas plus les principes constituans de la soude, que ceux de la potasse : on ignore si elle est, ou non, toute formée dans les végétaux, avant la combustion. L'analogie pourroit faire croire que l'azote (373 *et suiv.*) est un des principes des alkalis en général, comme cela va être prouvé à l'égard de l'alkali volatil ou ammoniaque.

863. L'*ammoniaque. Bertholet* a prouvé par voie de décomposition (*Mém. de l'Académie,*

1785, pag. 316), que 1000 parties d'ammoniaque, en poids, sont composées de 807 parties d'azote et de 193 parties d'hydrogène. On obtient l'ammoniaque principalement par la distillation des substances animales : l'azote, qui est un de leurs principes constituans, s'unit à l'hydrogène en proportion convenable, et il se forme de l'*ammoniaque*. Mais alors il se trouve mêlé avec de l'eau et de l'huile ; et il est en grande partie saturé d'acide carbonique. .

864. Pour purger l'ammoniaque de toutes ces substances, on le combine d'abord avec un acide, tel, par exemple, que l'acide muriatique : on l'en dégage ensuite par une addition de chaux ou de potasse. Il est alors très-pur. Dans cet état de pureté, il ne peut exister que sous forme gaseuse, à la température dans laquelle nous vivons. Il a une odeur très-pénétrante : il est absorbé en très-grande quantité par l'eau, surtout si elle est bien froide : et il est alors l'*ammoniaque en liqueur* ou *alkali volatil fluor*.

865. Les *terres primitives* (401) ne pouvant pas être décomposées, nous ignorons quelles sont leurs parties constituantes : aussi les regarde-t-on comme des êtres simples : l'art n'a point de part à leur formation : la nature nous les présente toutes formées. Mais, comme elles ont une grande tendance à la combinaison, nous ne les trouvons jamais seules ; elles sont toujours réunies à quelques autres substances.

866. La *chaux* (404 *et suiv.*) est presque tou-

jours saturée d'acide carbonique ; auquel cas elle forme la craie , les spaths calcaires , des marbres , etc. Quelquefois elle est saturée d'acide sulfurique ; comme dans le gypse et les pierres à plâtre ou sulfates calcaires. D'autres fois elle est combinée avec l'acide fluorique ; et elle forme le spath fluor ou fluate de chaux. Les eaux de la mer et les fontaines salées en contiennent de combinée avec l'acide muriatique. Enfin la *chaux* est , de toutes les bases salifiables, la plus abondamment répandue dans la nature.

867. La *magnésie* se rencontre dans un grand nombre d'eaux minérales ; elle y est le plus souvent combinée avec l'acide sulfurique : on la trouve dans l'eau de la mer , combinée avec l'acide muriatique : elle entre dans la composition d'un grand nombre de pierres.

868. La *baryte* est beaucoup moins abondante que les deux terres précédentes : on la trouve combinée avec l'acide sulfurique , et elle forme le sulfate de baryte , connu sous le nom de *spath pesant.* Quelquefois , mais rarement , elle est combinée avec l'acide carbonique.

869. L'*alumine* a moins de tendance à la combinaison que les précédentes : aussi la trouvet-on souvent sans être combinée avec aucun acide. On la rencontre principalement dans les argiles (421), dont elle fait la base. Quand elle est combinée avec l'acide sulfurique , elle forme un sulfate d'alumine , connu sous le nom d'*alun*.

870. La *silice* se rencontre principalement dans le *crystal de roche*, dont elle fait la plus grande partie : elle y est presque dans son état de pureté (425). Elle se trouve aussi quelquefois mêlée aux argiles (421).

871. La *strontiane* ne s'est encore trouvée jusqu'à présent que combinée avec l'acide carbonique. On l'a trouvée ainsi en différens endroits de l'Écosse (429). Il est probable que, par la suite, on la découvrira en d'autres endroits : en effet on l'a trouvée depuis peu à Montmartre, combinée avec l'acide sulfurique.

872. La *zircône* est une terre qu'on n'a encore trouvée que dans le *jargon de Ceilan*, dont elle est un des principes constituans, et même le plus abondant (442).

873. La *glucine* est une terre primitive et simple, qui n'a encore été trouvée que dans l'aigle - marine, dite *occidentale* (448). Elle s'unit aisément avec les acides.

874. Les *substances métalliques* sont toutes susceptibles de se combiner avec au moins quelques acides.

Les métaux, si l'on en excepte l'or, le platine, et quelquefois l'argent, se présentent rarement, daus le règne minéral, sous la forme métallique : ils sont communément plus ou moins saturés d'oxigène, ou combinés avec du soufre, de l'arsenic, de l'acide sulfurique, de l'acide muriatique, de l'acide carbonique, de l'acide phosphorique, etc. C'est la docimasie

et la métallurgie qui enseignent l'art de les séparer de toutes ces substances étrangères. Il est
probable que nous ne connoissons pas toutes
les substances métalliques qui existent dans la
nature : la preuve de cela, c'est qu'on en découvre de temps en temps de nouvelles : tels sont
le titane (740), le chrôme (759) et le tellurium (769), qui ne sont connus que depuis
fort peu de temps. Toutes celles de ces substances métalliques, qui ont plus d'affinité avec
l'oxigène qu'avec le carbone, ne peuvent être
réduites à l'état métallique : elles ne se présentent à nous que sous la forme d'oxides, qui,
pour nous, se confondent avec les terres : il
seroit possible que la baryte (416), vu son grand
poids, fût dans ce cas-là.

875. Jusqu'à présent nous ne connoissons que
20 substances que nous pouvons obtenir sous
forme métallique ; savoir, 7 métaux et 13 demi-
métaux. Les métaux sont l'or, l'argent, le platine, le cuivre, le fer, l'étain et le plomb. Les
demi-métaux sont le mercure, le bismuth, le
cobalt, le nickel, le zinc, l'antimoine, l'arsenic, le manganèse, le tungstène, le molybdène, le titane, le chrôme, et le tellurium.

876. Telles sont les bases salifiables, ou susceptibles de se combiner avec les acides : elles
sont au nombre de 31, savoir, 3 alkalis (855
à 864), 8 terres (865 à 873), et 20 substances
métalliques (875). Mais les alkalis et les terres
entrent dans la composition des sels neutres
sans aucun intermède qui les unisse : au con-

traire, les métaux ne se combinent avec les acides qu'autant qu'ils ont été d'abord plus ou moins oxigénés. On peut donc dire que les métaux ne sont point dissolubles dans les acides, mais seulement les oxides métalliques.

877. Ainsi lorsqu'on met une substance métallique dans un acide, pour qu'elle puisse s'y dissoudre, la première condition est qu'elle puisse s'y oxider. Pour cela, il faut qu'elle enlève de l'oxigène ou à l'acide ou à l'eau dont cet acide est étendu : il faut donc que l'oxigène ait, avec le métal, plus d'affinité qu'il n'en a ou avec l'hydrogène ou avec la base de l'acide : il faut donc qu'il y ait décomposition ou de l'eau ou de l'acide.

878. C'est de cette observation que dépend l'explication des principaux phénomènes des dissolutions métalliques. Il y en a quatre. Le premier est l'effervescence ou le dégagement de gas, qui a quelquefois lieu pendant la dissolution. Le second est la non-effervescence, quand les métaux ont été précédemment oxidés. Le troisième est qu'aucun métal ne se dissout avec effervescence dans l'acide muriatique oxigéné. Le quatrième est que les métaux, qui ont peu d'affinité pour l'oxigène, ne sont pas dissolubles dans les acides.

879. *Premier phénomène.* Dans les dissolutions métalliques il arrive souvent qu'il y a effervescence, ou, ce qui est la même chose, un dégagement de gas. Ce gas, dans les disso-

lutions par l'acide nitrique, est du gas nitreux
(191 *et suiv.*) : dans les dissolutions par l'acide
sulfurique, il est du gas acide sulfureux, si
c'est l'acide qui a fourni l'oxigène (242); et
c'est du gas hydrogène, si l'oxigène est fourni
par l'eau (287). L'acide nitrique et l'eau, étant
composés de substances, qui, séparément, ne
peuvent exister qu'en état de gas, sitôt qu'on
leur enlève de l'oxigène, l'autre principe prend
la forme gaseuse. C'est ce passage rapide, de
l'état liquide à l'état gaseux, qui constitue l'effervescence : il en est de même de l'acide sulfurique. En général, les métaux n'enlèvent pas
à ces acides tout leur oxigène : ils ne les réduisent point l'un en azote et l'autre en soufre,
mais en oxide nitreux, et en acide sulfureux,
lesquels ne peuvent exister qu'en état de gas.

880. *Second phénomène.* Les substances métalliques se dissolvent sans effervescence, quand
elles ont été oxidées auparavant : car alors le
métal ne tend plus à décomposer ni l'acide ni
l'eau. Il n'y a donc point de dégagement de gas,
et, par conséquent, point d'effervescence.

881. *Troisième phénomène.* Aucun métal ne
se dissout avec effervescence dans l'acide muriatique oxigéné. Dans ce cas, le métal enlève
à l'acide son excès d'oxigène : il résulte de là
un oxide métallique, et un acide muriatique
simple. Il n'y a point d'effervescence, parce
qu'il n'y a point de dégagement de gas. L'acide
muriatique tend bien à l'état gaseux ; mais il

trouve là plus d'eau qu'il n'en faut pour le dissoudre. Après s'être, dans le premier instant combiné avec l'eau, il se combine paisiblement ensuite avec l'oxide métallique, qu'il dissout.

882. *Quatrième phénomène.* Les métaux qui n'ont que peu d'affinité pour l'oxigène, et qui n'ont pas la force de décomposer ou l'acide ou l'eau, sont indissolubles dans les acides, à moins qu'ils n'aient été auparavant oxidés. C'est pourquoi l'argent, le mercure, le plomb ne sont pas dissolubles dans l'acide muriatique, lorsqu'on les y met dans leur état métallique. Mais si on les oxide auparavant, ils y sont très-dissolubles : et la dissolution se fait sans effervescence.

883. L'oxigène est donc le moyen d'union entre les métaux et les acides ; ce qui peut faire croire que les substances qui ont une grande affinité avec les acides, contiennent de l'oxigène. Il est donc probable que les terres salifiables ci-dessus (866 *et suiv.*) contiennent de l'oxigène. Ne seroient-ce point des métaux oxidés, avec lesquels l'oxigène auroit plus d'affinité qu'il n'en a avec le charbon, et qui, par cette raison, seroient irréductibles ?

884. Nous allons désigner ici de suite tous les acides connus jusqu'ici, ainsi que les bases acidifiables ou radicaux qui entrent dans leur composition.

885. *Acides minéraux.*   *Radicaux.*

Sulfureux. . . . . . . ⎱
Sulfurique . . . . . . ⎰ Soufre.

Nitreux. . . . . ⎱
Nitrique . . . . ⎰ Azote.

Muriatique . . . . . . ⎱
Muriatique oxigéné. . . ⎰ Radical muriatique.

Carbonique. . . . . . . Carbone.
Fluorique. . . . . . . Radical fluorique.
Boracique. . . . . . . Radical boracique.

886. *Acides métalliques.*   *Radicaux.*

Arsenique. . . . . Arsenic.
Tunstique. . . . . Tungstène.
Molybdique. . . . . . . Molybdène.
Chrômique . . . . Chrôme.

387. *Acides végétaux.*   *Radicaux.*

Acéteux.
Acétique.
Malique.
Oxalique.
Citrique.
Tartareux.
Pyro-tartareux.
Pyro-muqueux.
Pyro-ligneux.
Benzoïque.
Camphorique.
Gallique.
Succinique.

Tous ces acides paroissent avoir pour base acidifiable, le carbone et l'hydrogène; ce qui leur fait un radical double : et ils paroissent ne différer entre eux que par la différence de proportion de ces deux bases , et de l'oxigène qui les acidifie.
La nature des radicaux de ces quatres derniers acides n'est qu'imparfaitement connue.

888. *Acides animaux.*   *Radicaux.*

Phosphoreux. }
Phosphorique. } . . . . Phosphore.

Formique.
Bombique.
Sébacique.
Lactique.
Saccho-lactique.
Lithique.
Prussique.

} Ces acides et tous ceux qu'on obtient en oxigénant les matières animales, paroissent avoir pour base acidifiable le carbone, l'hydrogène, le phosphore et l'azote ; ce qui leur fait un radical quadruple.

889. On voit que le nombre des acides est de 34, en y comprenant les 4 acides métalliques (886). Le nombre des bases salifiables (854. 876) étant de 31, on conçoit qu'il est possible qu'il y ait un grand nombre de sels neutres différens.

890. *Tableau des combinaisons des acides sulfureux et sulfurique avec les bases salifiables, dans l'ordre de leur affinité avec ces acides.*

La baryte.	L'oxide de zinc.	L'oxide de bismuth.
La potasse.	L'oxide de fer.	L'oxide d'antimoine.
La soude.	L'oxide de manganèse.	L'oxide de tellurium.
La chaux.	L'oxide de cobalt.	L'oxide d'arsenic.
La magnésie.	L'oxide de nickel.	L'oxide de mercure.
L'ammoniaque.	L'oxide de plomb.	L'oxide d'argent.
L'alumine.	L'oxide d'étain.	L'oxide d'or.
La strontiane.	L'oxide de cuivre.	L'oxide de platine.
La glucine.		

Tous les sels formés par ces acides sont appelés *sulfites* ou *sulfates.*

891. L'*acide sulfureux* est un acide du soufre, mais non saturé d'oxigène : ou bien c'est un

acide sulfurique qui a perdu une partie de son oxigène. On l'obtient donc 1°. en faisant brûler du soufre lentement; 2°. en distillant de l'acide sulfurique sur de l'argent, ou de l'antimoine, ou du plomb, ou du mercure, ou du charbon. Une portion de l'oxigène de l'acide s'unit au métal; et l'acide passe en gas acide sulfureux (241 *et suiv.*). Cet acide est absorbé par l'eau en plus grande quantité que ne l'est le gas acide carbonique (217); mais en moindre quantité que ne l'est le gas acide muriatique (230).

892. L'*acide sulfureux* n'ayant qu'une petite portion d'oxigène ne peut en fournir aux métaux : il ne peut donc les dissoudre, à moins qu'ils n'aient été préalablement oxidés. Mais les oxides métalliques s'y dissolvent avec facilité, et même sans effervescence ; parce qu'il n'y a point de dégagement de gas.

893. L'*acide sulfurique* est un acide du soufre saturé d'oxigène. On l'obtient par la combustion du soufre. Pour faciliter cette combustion du soufre et son oxigénation, on y mêle un peu de salpêtre en poudre : ce salpêtre se décompose, et fournit au soufre une portion de son oxigène, lequel facilite sa conversion en acide.

894. Dans les travaux en grand, on brûle le mèlange de soufre et de salpêtre dans de grandes chambres, dont les parois sont couvertes de feuilles de plomb. On met un peu d'eau au fond, pour recueillir les vapeurs sulfuriques. On met ensuite cette eau dans de grandes cornues : on

distille à une chaleur modérée. Il passe une eau légèrement acide : et il reste dans la cornue de l'*acide sulfurique* concentré. Cet acide est dia-phane, sans odeur, et il a une pesanteur spé-cifique presque double de celle de l'eau.

895. Le fer et le zinc s'oxident dans l'*acide sulfurique*, en décomposant l'eau, et deviennent par-là dissolubles dans l'acide, quoiqu'il ne soit ni concentré ni bouillant; parce que ces deux métaux ont beaucoup d'affinité avec l'oxigène.

896. *Bertholet* a trouvé, par une première expérience, que 69 parties de soufre absorbent, en brûlant, 31 parties d'oxigène; ce qui forme 100 parties d'*acide sulfurique*. Par une seconde expérience, 72 parties de soufre ont absorbé 28 parties d'oxigène, et ont formé 100 parties d'*acide sulfurique sec.*

897. *Tableau des combinaisons des acides nitreux et nitrique, avec les bases sali-fiables, dans l'ordre de leur affinité avec ces acides.*

La baryte.	L'oxide de zinc.	L'oxide de bismuth.
La potasse.	L'oxide de fer.	L'oxide d'antimoine.
La soude.	L'oxide de manganèse.	L'oxide de tellurium.
La chaux.	L'oxide de cobalt.	L'oxide d'arsenic.
La magnésie.	L'oxide de nickel.	L'oxide de mercure.
L'ammoniaque.	L'oxide de plomb.	L'oxide d'argent.
L'alumine.	L'oxide d'étain.	L'oxide d'or.
La strontiane.	L'oxide de cuivre.	L'oxide de platine.

Les sels formés par ces acides sont appelés *nitrites* ou *nitrates.*

898. Les *acides nitreux* et *nitrique* se tirent du nitre ou salpêtre, qui a pour base la potasse. Le salpêtre s'extrait, par lixivation, des décombres des vieux bâtimens, et de la terre des caves, des écuries, des granges, etc. Dans ces terres l'acide nitrique est souvent uni à la chaux, à la magnésie, quelquefois à la potasse, rarement à l'alumine. Tous ces sels, excepté celui qui a la potasse pour base, et qui est le *nitre* ou *salpêtre*, attirent l'humidité, et sont d'une conservation difficile : on cherche donc à ramener tous ces sels nitriques à l'état de salpêtre.

899. Pour extraire de ce sel l'*acide nitreux*, on met, dans une cornue tubulée, 3 parties de salpêtre très-pur et 1 partie d'acide sulfurique concentré : on y adapte un ballon à 2 pointes, auquel on joint l'appareil de Woulfe (*fig.* 44) : on lutte ; et on donne un feu gradué. Il passe de l'*acide nitreux* en vapeurs rouges : une partie de cet acide se condense dans le ballon en liqueur d'un jaune-rouge foncé : le surplus se combine avec l'eau des bouteilles L, L, etc. Il se dégage en même-temps beaucoup de gas oxigène; parce qu'à une température un peu élevée, l'oxigène a plus d'affinité avec le calorique qu'avec l'oxide nitreux. L'acide nitrique, par la perte d'une partie de son oxigène, se trouve donc converti en *acide nitreux*. On peut le ramener à l'état d'acide nitrique, en chassant, par une chaleur douce, l'excès de gas nitreux : mais alors l'a-

cide est très-étendu d'eau ; et il y a beaucoup de perte.

900. Pour avoir un *acide nitrique* beaucoup plus concentré, et avec moins de perte, on mêle ensemble du salpêtre et de l'argile bien sèche ; et on les pousse au feu dans une cornue de grès. L'argile se combine avec la potasse, avec laquelle elle a beaucoup d'affinité : il passe de l'*acide nitrique* qui ne contient que peu de gas nitreux. On l'en débarrasse, en chauffant foiblement l'acide dans une cornue : il passe alors un peu d'acide nitreux dans le récipient, et l'*acide nitrique* reste dans la cornue.

901. Comme l'azote est le radical nitrique (885), si à 20 $\frac{1}{7}$ parties, en poids, d'azote, on ajoute 43 $\frac{1}{7}$ parties d'oxigène, cette proportion constitue l'*oxide* ou le *gas nitreux* : si, à cette combinaison, on ajoute encore 36 autres parties d'oxigène, on a l'*acide nitrique*. Entre ces deux proportions se trouvent les différentes espèces d'*acide nitreux*, plus ou moins chargées d'oxigène.

902. *Tableau des combinaisons des acides muriatique et muriatique oxigéné avec les bases salifiables, dans l'ordre de leur affinité avec ces acides.*

La baryte.	L'ammoniaque.	L'oxide de manganèse.
La potasse.	L'alumine.	L'oxide de cobalt.
La soude.	La strontiane.	L'oxide de nickel.
La chaux.	L'oxide de zinc.	L'oxide de plomb.
La magnésie.	L'oxide de fer.	L'oxide d'étain.

L'oxide de cuivre.   L'oxide de tellurium.   L'oxide d'argent.
L'oxide de bismuth. L'oxide d'arsenic.   L'oxide d'or.
L'oxide d'antimoine. L'oxide de mercure.   L'oxide de platine.

Avec l'acide muriatique oxigéné, c'est le même ordre d'affinité, excepté qu'il en faut retrancher l'ammoniaque ; et qu'il faut y ajouter la zircône , et l'oxide de chrôme.

Les sels formés par ces bases, combinées avec l'*acide muriatique,* sont appelés *muriates :* et si ces bases sont combinées avec l'*acide muriatique oxigéné ,* les sels sont appelés *muriates oxigénés.* Tous ces derniers sels ont été découverts par *Bertholet* en 1786.

903. L'*acide muriatique* est très - répandu dans le règne minéral : il y est uni principalement avec la soude , la chaux et la magnésie : c'est avec ces 3 bases qu'on le trouve dans l'eau de la mer , et dans celle de plusieurs lacs. Il est plus souvent uni avec la soude dans les mines de sel gemme. On n'a aucune idée de la nature du radical de cet acide.

904. L'*acide muriatique* ne tient que médiocrement à ses bases ; l'acide sulfurique l'en chasse : et c'est par le moyen de ce dernier acide que les chymistes se procurent le premier. Pour cela , on prend 1 partie d'acide sulfurique concentré, et 2 parties de sel marin : on met le sel dans une cornue tubulée ; on y adapte l'appareil de Woulfe (*fig.* 44) : on met ensuite l'acide sulfurique dans la cornue par la tubulure. L'*acide muriatique* passe en état de gas,

et s'unit en grande proportion à l'eau des bouteilles L, L, etc. Cette eau, ainsi saturée, est *l'acide muriatique*.

905. Cet *acide* ne tient pas autant d'oxigène qu'il le pourroit ; il est susceptible d'en prendre une nouvelle dose, si on le distille sur des oxides métalliques, tels que ceux de manganèse, de plomb, ou de mercure. Il est alors *l'acide muriatique oxigéné*. Il prend l'état gaseux ; il est soluble dans l'eau, mais en beaucoup moindre quantité qu'avant d'avoir été suroxigéné. Si l'on en imprègne l'eau au-delà d'une certaine proportion, *l'acide* se précipite au fond du vase sous forme concrète.

906. *L'acide muriatique oxigéné* se combine avec un grand nombre de bases salifiables : les sels qu'il forme, sont susceptibles de détonner avec le carbone, et avec plusieurs substances métalliques. Ces détonations sont très-dangereuses, parce que l'oxigène entre dans le muriate avec une très-grande quantité de calorique, lequel, par son expansion, donne lieu à ces explosions.

910. *L'acide nitro-muriatique* est un mélange d'acide nitrique et d'acide muriatique : il en résulte un dissolvant particulier de l'or et du platine, appelé ci-devant *eau régale*. Les uns le regardent comme un acide à 2 bases, qui sont celles des 2 acides dont il est formé. D'autres pensent que l'acide muriatique s'empare d'une bonne partie de l'oxigène de l'acide ni-

trique, et devient l'acide muriatique oxigéné, qui dissout pareillement l'or. *Lavoisier* et *Bertholet* ne sont pas de ce dernier avis : ils pensent que si cet avis étoit le vrai, en faisant chauffer l'*acide nitro-muriatique*, il s'en dégageroit du gas nitreux ; et cependant ils n'en ont pas obtenu sensiblement. Ne se pourroit-il pas faire que, dans ce mélange des 2 acides, l'acide nitrique fût tellement dénué de son oxigène, que son radical, l'azote, ne fût plus susceptible de prendre la forme gaseuse ? auquel cas il ne s'échapperoit point de gas nitreux : et le mélange seroit devenu réellement l'acide muriatique oxigéné.

911. L'*acide nitro-muriatique* a une odeur pénétrante et désagréable : il est aussi funeste qu'aucun autre aux animaux qui le respirent. Il se dissout dans l'eau en assez grande quantité. L'ordre de ses affinités avec les bases salifiables n'est pas bien connu, à moins qu'il ne soit réellement le même que l'acide muriatique oxigéné. Dans le cas où on le regarde comme un acide à 2 bases, on ignore si, avec les terres et les alkalis, il se forme un sel mixte ; ou si les deux acides se séparent pour former 2 sels distincts.

Si, dans ces combinaisons, il se forme des sels particuliers, ils sont appelés *nitro-muriates*.

912. *Tableau des combinaisons de l'acide carbonique avec les bases salifiables, dans l'ordre de leur affinité avec cet acide.*

La baryte.	L'oxide de nickel.
La chaux.	L'oxide de plomb.
La potasse.	L'oxide d'étain.
La soude.	L'oxide de cuivre.
La magnésie.	L'oxide de bismuth.
L'ammoniaque.	L'oxide d'antimoine.
L'alumine.	L'oxide de tellurium.
La strontiane.	L'oxide d'arsenic.
La zircône.	L'oxide de mercure.
L'oxide de zinc.	L'oxide d'argent.
L'oxide de fer.	L'oxide d'or.
L'oxide de manganèse.	L'oxide de platine.
L'oxide de cobalt.	

Tous les sels formés par l'*acide carbonique*, sont appelés *carbonates*.

913. L'*acide carbonique* en est un des plus répandus dans la nature : il est tout formé dans les craies, les marbres et les pierres calcaires : il y est neutralisé principalement par la chaux. Pour le dégager de ces substances, il suffit de verser dessus de l'acide sulfurique, ou tout autre acide, pourvu qu'il ait avec la chaux plus d'affinité que n'en a l'*acide carbonique*, lequel se dégage alors en gas, avec effervescence. Il ne s'unit à l'eau qu'à-peu-près à volume égal ; il en résulte un acide très-foible. On peut encore obtenir l'*acide carbonique* de la matière sucrée en fermentation : mais il tient alors un peu d'alcohol en dissolution.

914. Le carbone est le radical de cet acide : on peut donc le former, en brûlant du charbon

dans du gas oxigène ; ou en combinant de la poudre de charbon avec un oxide métallique : l'oxigène de l'oxide se combine avec le charbon, et forme de l'*acide carbonique ;* et le métal, devenu libre, reprend sa forme métallique. C'est à *Black* que nous devons les premières connoissances de cet acide.

915. *Tableau des combinaisons de l'acide fluorique avec les bases salifiables, dans l'ordre de leur affinité avec cet acide.*

La chaux.	L'oxide de fer.	L'oxide de bismuth.
La baryte.	L'oxide de plomb.	L'oxide de mercure.
La magnésie.	L'oxide d'étain.	L'oxide d'argent.
La potasse.	L'oxide de cobalt.	L'oxide d'or.
La soude.	L'oxide de cuivre.	L'oxide de platine.
L'ammoniaque.	L'oxide de nickel.	La silice.
L'oxide de zinc.	L'oxide de tellurium.	*Et par la voie sèche.*
L'oxide de manganèse.	L'oxide d'arsenic.	L'alumine.

Tous ces sels formés par *l'acide fluorique,* et qui étoient inconnus aux anciens, sont appelés *fluates.*

916. *L'acide fluorique* est tout formé dans le fluate de chaux, connu sous le nom de *spath fluor :* il y est combiné avec la terre calcaire, base de ce spath ; et il forme avec elle un sel insoluble. Pour obtenir cet acide seul et séparé de sa base, on met du spath fluor dans une cornue de plomb ; on verse dessus de l'acide sulfurique ; et l'on adapte à la cornue un récipient de plomb, à moitié plein d'eau : (on se sert de plomb, parce que cet acide dissout le verre et la terre siliceuse) ; on donne une cha-

leur douce. L'acide sulfurique s'empare de la base du spath, et forme avec elle un sulfate de chaux : et l'*acide fluorique* passe, et est absorbé par l'eau du récipient : si l'on recevôit l'*acide fluorique* dans l'appareil au mercure, il y passeroit en état de gas.

917. C'est à *Margraff* à qui nous devons la première connoissance de cet *acide :* mais il ne l'a jamais eu que tenant la silice en dissolution, parce que, pour l'obtenir, il s'est toujours servi de vases de verre ou de grès. Le duc *de Liancour*, sous le nom de *Boulanger*, a beaucoup étendu nos connoissances sur les propriétés de cet acide (248 *et suiv.*). Enfin *Scheele* semble y avoir mis la dernière main : cependant on ne connoît pas encore la nature du radical fluorique, parce qu'on n'est pas encore parvenu à décomposer l'*acide*.

918. *Tableau des combinaisons de l'acide boracique, avec les bases salifiables, dans l'ordre de leur affinité avec cet acide.*

La chaux.	L'oxide de plomb.
La baryte.	L'oxide d'étain.
La magnésie.	L'oxide de cobalt.
La potasse.	L'oxide de cuivre.
La soude.	L'oxide de nickel.
L'ammoniaque.	L'oxide de tellurium.
L'oxide de zinc.	L'oxide de mercure.
L'oxide de fer.	L'alumine.

Tous les sels, formés par les combinaisons de l'*acide boracique* avec ces bases, son appelés *borates*.

T 2

919. L'*acide boracique*, connu ci-devant sous le nom de *sel sédatif de Homberg*, est un acide concret qu'on retire du borax, sel qui nous vient de l'Inde par le commerce des Hollandais. On n'a que des notions très-incertaines sur son origine, ainsi que sur la manière de l'extraire et de le purifier. L'analyse chymique a appris que le borax est un sel neutre, avec excès de base ; et que cette base est la soude. On rencontre quelquefois l'acide libre dans l'eau des lacs : celle du *lac Cherchiaio*, en Italie, en contient 94 ½ grains par pinte.

920. Pour extraire du borax l'*acide boracique*, on fait dissoudre le borax dans de l'eau bouillante : on filtre la liqueur très-chaude, et on y verse de l'acide sulfurique : cet acide s'empare de la soude ; et l'*acide boracique* s'en trouve séparé et libre. On l'obtient sous forme crystalline par refroidissement.

921. Il est aujourd'hui bien reconnu que l'*acide boracique* est toujours le même, de quelque manière qu'il ait été dégagé, pourvu qu'on l'ait purifié par le lavage, et par 1 ou 2 crystallisations. Il est soluble dans l'eau et dans l'alcohol : il communique à la flamme de ce dernier, une couleur verte. Il se combine avec les substances salifiables, par la voie humide et par la voie sèche : dans ce dernier cas son affinité avec l'alumine, au lieu d'être la moindre de toutes, est supérieure à celle qu'il a avec l'ammoniaque. Le radical de cet acide est entiè-

rement inconnu ; on n'a jamais pu en séparer l'oxigène.

922. *Tableau des combinaisons de l'acide arsenique avec les bases salifiables , dans l'ordre de leur affinité avec cet acide.*

La chaux.	L'oxide de fer.	L'oxide de tellurium.
La baryte.	L'oxide de plomb.	L'oxide de mercure.
La mangnésie.	L'oxide d'étain.	L'oxide d'antimoine.
La potasse.	L'oxide de cobalt.	L'oxide d'argent.
La soude.	L'oxide de cuivre.	L'oxide d'or.
L'ammoniaque.	L'oxide de nickel.	L'oxide de platine.
L'oxide de zinc.	L'oxide de bismuth.	L'alumine.
L'oxide de Manganèse.		

Tous les sels que forment ces combinaisons de l'*acide arsenique*, sont appelés *arseniates*.

923. *Macquer*, dans un mémoire , imprimé parmi ceux de l'Académie des Sciences , année 1746 , a fait voir qu'en poussant au feu un mè- lange d'oxide blanc d'arsenic et de nitre , on obtient un sel neutre , qu'il a nommé *sel neutre arsenical*. On ignoroit alors comment une subs- tance métallique pouvoit jouer le rôle d'un acide. Des expériences plus modernes ont appris que l'arsenic s'oxigène alors , en enlevant l'oxigène à l'acide nitrique , et que par-là , il se convertit en un véritable acide (714).

924. On connoît aujourd'hui des moyens de se procurer l'*acide arsenique*, et de le dégager de toute combinaison. Le plus simple est de dissoudre l'*oxide blanc d'arsenic* dans 3 fois son poids d'acide muriatique : on ajoute à cette dissolution , encore bouillante , une quantité

d'acide nitrique double du poids de l'oxide d'arsenic ; et l'on évapore jusqu'à siccité. L'oxigène de l'acide nitrique s'unit à l'oxide d'arsenic, et l'acidifie : le radical nitrique passe en gas nitreux ; et l'acide muriatique se convertit pareillement en gas. Pour se défaire de tout ce qui peut rester d'acide étranger, on calcine l'*acide arsenique concret* jusqu'à ce qu'il commence à rougir : ce qui reste dans le creuset , est de l'*acide arsenique pur.*

925. Le procédé de *Scheele* , répété à Dijon par *Morveau* , consiste à distiller de l'acide muriatique sur du manganèse ; cela forme du gas muriatique oxigéné, qu'on reçoit dans un récipient tenant de l'*oxide blanc d'arsenic*, recouvert d'un peu d'eau distillée. L'oxide blanc enlève à l'acide muriatique son oxigène surabondant , et par-là se convertit en *acide arsenique* : et le muriate oxigéné redevient acide muriatique ordinaire. On sépare ensuite ces deux acides, en distillant à une chaleur douce, qu'on augmente cependant sur la fin. L'acide muriatique passe ; et l'*acide arsenique* reste sous forme blanche et concrète. Par ce procédé l'*acide arsenique* est souvent mêlé d'un peu d'oxide blanc d'arsenic qui n'a pas été suffisamment oxigéné ; ce qui n'arrive point quand on opère par l'acide nitrique.

926. D'après ces observations , on peut définir l'*acide arsenique* , un acide métallique blanc , concret, fixe au degré de feu qui le fait

rougir ; formé par la combinaison de l'arsenic avec l'oxigène ; qui se dissout dans l'eau ; et qui est susceptible de se combiner avec plusieurs bases salifiables.

927. *Tableau des combinaissns de l'acide tunstique avec les bases salifiables.*

L'ordre des affinités de cet acide n'est point connu ; ainsi on ne peut pas l'indiquer : on sait seulement qu'il peut se combiner avec 4 terres , 3 alkalis , et 16 oxides métalliques ; qui sont :

La chaux.	L'oxide d'argent.	L'oxide de cobalt.
La magnésie.	L'oxide de platine.	L'oxide de nickel.
La baryte.	L'oxide de cuivre.	L'oxide de zinc.
L'alumine.	L'oxide de fer.	L'oxide d'antimoine.
La potasse.	L'oxide d'étain.	L'oxide d'arsenic.
La soude.	L'oxide de plomb.	L'oxide de manganèse.
L'ammoniaque.	L'oxide de mercure.	L'oxide de molybdène.
L'oxide d'or.	L'oxide de bismuth.	

Tous les sels que forme *l'acide tunstique* avec les bases salifiables , sont appelés *tunstates.*

928. *L'acide tunstique* se tire d'un métal appelé *tungstène* (727) dont la mine a été souvent confondue avec celle d'étain ; dont la crystallisation a du rapport avec celle des grenats (521) ; dont la pesanteur spécifique excède 6 fois celle de l'eau ; et qui varie du blanc perlé , au rougeâtre , et au jaune. La pesanteur spécifique de son régule est plus grande que celle de la mine ; car elle égale près de 7 fois celle de l'eau (796). On trouve la mine de tungstène en plusieurs endroits de la Saxe et de la Bo-

hême. Le wolfram est aussi une mine de tungstène, qui se rencontre fréquemment dans les
mines de Cornouailles. Le tungstène est, dans
ces deux espèces de mines, dans l'état d'oxide :
il paroît même que, dans celles de la Saxe et
de la Bohême, il est plus qu'oxidé ; il y fait
fonction d'acide ; il y est uni à la chaux.

929. Pour obtenir libre l'*acide tunstique*, on
mêle une partie de mine de tungstène avec 4
parties de carbonate de potasse : et l'on fait
fondre le mélange dans un creuset de platine.
(On emploie le platine pour la fonte, autrement
la terre du creuset se mêleroit avec les produits
et altéreroit la pureté de l'acide). Lorsque la
matière est refroidie, on la met en poudre, et
l'on verse dessus 12 parties d'eau bouillante.
Ensuite on ajoute de l'acide nitrique, qui s'unit
à la potasse ; et en dégage l'*acide tunstique*.
Cet acide se précipite aussitôt sous forme concrète. On peut y repasser de nouvel acide nitrique, qu'on évapore à siccité ; et continuer
ainsi, jusqu'à ce qu'il ne se dégage plus de vapeurs rouges : alors on est assuré que l'*acide
tunstique* est complètement oxigéné,

930. *Tableau des combinaisons de l'acide
molybdique avec les bases salifiables.*

L'*acide molybdique* est un de ceux dont on
doit la découverte à *Scheele*. L'ordre de ses
affinités avec les différentes bases salifiables
n'est point connu ; ainsi on ne peut pas l'indi-

quer : on sait seulement qu'il peut se combiner avec 4 terres , 3 alkalis ; et 15 oxides métalliques ; qui sont :

La chaux.	L'oxide d'argent.	L'oxide de bismuth.
La magnésie.	L'oxide de platine.	L'oxide de cobalt.
La baryte.	L'oxide de cuivre.	L'oxide de nickel.
L'alumine.	L'oxide de fer.	L'oxide de zinc.
La potasse.	L'oxide d'étain.	L'oxide d'antimoine.
La soude.	L'oxide de plomb.	L'oxide d'arsenic.
L'ammoniaque.	L'oxide de mercure.	L'oxide de manganèse.
L'oxide d'or.		

931. L'*acide molybdique* est le molybdène oxigéné (733); car ce demi-métal est susceptible de s'oxigéner au point de se convertir en un acide concret. Pour y parvenir, on met dans une cornue 1 partie de mine de molybdène telle que la nature nous la fournit, et qui est un véritable *sulfure de molybdène* : on y ajoute 5 à 6 parties d'acide nitrique affoibli d'un quart d'eau; et on distille. L'oxigène de l'acide nitrique se porte sur le molybdène et sur le soufre : il transforme le premier en *oxide de molybdène* ; et le second en acide sulfurique. On repasse de nouvel acide nitrique dans la même proportion 4 à 5 fois. Quand il ne paroît plus de vapeurs rouges , le *molybdène* est oxigéné et acidifié ; et on le trouve au fond de la cornue , sous forme blanche et pulvérulente comme de la craie. Comme cet acide est peu soluble , on peut, sans craindre d'en perdre beaucoup , le laver avec de l'eau chaude , pour le débarrasser de

l'acide sulfurique , qui peut y être resté adhé-
rent : alors on a *l'acide molybdique* bien pur.

Les sels formés par *l'acide molybdique*, avec
différentes bases , sont appelés *molybdates*.

932. *Tableau des combinaisons de l'acide
chrômique avec les bases salifiables , dans
l'ordre de leur affinité avec cet acide.*

La baryte.	La potasse.
La chaux.	La soude.
La strontiane.	L'ammoniaque.

L'ordre des affinités des oxides métalliques
avec *l'acide chrômique* est inconnu ; ainsi on
ne peut pas l'indiquer.

Les sels formés par *l'acide chrômique* avec
différentes bases sont appelés *chrômates*.

933. *L'acide chrômique* a été trouvé par *Vauquelin* tout formé dans la substance connue sous
le nom de *mine de plomb rouge de Sibérie*
(759). Cet acide a pour radical une substance
métallique ci-devant inconnue, à laquelle *Vauquelin* a donné le nom de *chrôme*. Pour avoir
cet acide pur et degagé de toute substance , on
fait d'abord bouillir , dans 40 parties d'eau ,
1 partie de mine de plomb rouge réduite en
poudre fine , et 2 parties de carbonate ammoniacal : les deux acides qui se trouvent dans ce
mèlange , changent de base ; l'acide carbonique
forme avec le plomb un carbonate de plomb , qui
se précipite ; et *l'acide chrômique* forme avec
l'alkali un *sel chrômique* qui demeure dissous

dans l'eau : il ne s'agit plus que d'ajouter à cette dissolution un acide qui puisse s'emparer de l'ammoniaque ; et *l'acide chrômique* demeure pur.

934. *Tableau des combinaisons des acides acé-teux et acétique avec les bases salifiables, dans l'ordre de leur affinité avec ces acides.*

La baryte.	L'oxide de fer.	L'oxide de bismuth.
La potasse.	L'oxide de plomb.	L'oxide de mercure.
La soude.	L'oxide d'étain.	L'oxide d'antimoine.
La chaux.	L'oxide de cobalt.	L'oxide d'argent.
La magnésie.	L'oxide de cuivre.	L'oxide d'or.
L'ammoniaque.	L'oxide de nickel.	L'oxide de platine.
L'oxide de zinc.	L'oxide de tellurium.	L'alumine.
L'oxide de manganèse.	L'oxide d'arsenic.	

Tous ces sels formés par ces acides sont appelés *acétites* ou *acétates*. Les anciens chymistes n'ont connu de ces sels que les suivans : savoir, l'acétite de potasse, celui de soude, celui d'ammoniaque, celui de plomb et celui de cuivre. La découverte de celui d'arsenic est due à *Cadet* (Tome III *des Sav. Etrangers*). La connoissance des propriétés des autres acétites est principalement due à *Wenzel*, aux académiciens de Dijon, à *Lassone* et à *Proust.*

935. Le radical acéteux est le carbone et l'hydrogène : en y ajoutant l'oxigène, on forme *l'acide acéteux.* Ces mêmes principes forment les acides tartareux, oxalique, citrique, malique, etc., mais la proportion de ces principes y est différente ; et il paroît que *l'acide acéteux*

est le plus oxigéné de tous : il est assez probable qu'il contient aussi un peu d'azote.

936. Pour produire l'*acide acéteux* ou *vinaigre*, on expose le vin à une température douce, avec un ferment, qui est la lie de vinaigre. La partie spiritueuse du vin se combine avec l'oxigène de l'air ; c'est pourquoi le tonneau dans lequel on opère , ne doit être qu'à moitié plein. Cet acide est très-volatil : il est étendu de beaucoup d'eau , et mêlé de substances étrangères. Pour l'avoir bien pur, on le distille à une chaleur douce , dans des vases de verre ou de grès ; ou mieux encore on l'expose à une gelée de 5 à 6 degrés : la partie aqueuse se gèle ; et l'acide reste liquide.

937. Pour obtenir l'*acide acétique*, on prend de l'acétite de potasse, ou de l'acétite de cuivre ; on verse dessus un tiers de son poids d'acide sulfurique concentré ; et, par la distillation , on obtient un vinaigre très-concentré , qui est l'*acide acétique* ou *vinaigre radical.*

938. La combinaison de l'*acide acéteux* avec les bases salifiables se fait assez facilement : mais la plupart des sels qui en résultent, ne sont pas crystallisables ; à la différence des sels formés par les acides tartareux et oxalique, qui sont en général peu solubles.

939. *Tableau des combinaisons de l'acide malique avec les bases salifiables.*

L'ordre des affinités de cet acide avec les bases salifiables n'est pas connu ; ainsi on ne peut pas l'indiquer : on sait seulement qu'il peut se combiner avec 4 terres, 3 alkalis, et 15 oxides métalliques ; qui sont :

La chaux.	L'oxide d'argent.	L'oxide de bismuth.
La magnésie.	L'oxide de platine.	L'oxide de cobalt.
La baryte.	L'oxide de cuivre.	L'oxide de nickel.
L'alumine.	L'oxide de fer.	L'oxide de zinc.
La potasse.	L'oxide d'étain.	L'oxide d'antimoine.
La soude.	L'oxide de plomb.	L'oxide d'arsenic.
L'ammoniaque.	L'oxide de mercure.	L'oxide de manganèse.
L'oxide d'or.		

Les sels formés par l'*acide malique* sont appelés *malates*.

940. L'*acide malique* est tout formé dans le jus des pommes acides, mûres ou non-mûres, et même dans le jus de plusieurs autres fruits. Pour l'obtenir seul, on sature le jus de pommes de potasse ou de soude : ensuite on verse, sur la liqueur saturée, de l'acétite de plomb ou sel de saturne dissous dans l'eau. Il se fait un échange de bases : l'acide acéteux se combine avec la potasse ou la soude ; et l'*acide malique* se combine avec le plomb, et se précipite. On lave bien ce sel précipité, qui est presque insoluble : après quoi on verse dessus de l'acide sulfurique affoibli, qui chasse l'*acide malique*, s'empare du plomb, et forme avec lui un sulfate très-peu soluble, et qu'on sépare par

filtration. *L'acide malique* reste libre et en liqueur.

941. Dans plusieurs fruits, *l'acide malique* se trouve mêlé avec les acides citrique et tartareux. Il tient à-peu-près le milieu entre l'acide acéteux et l'acide oxalique : il est moins oxigéné que l'acéteux ; mais plus oxigéné que l'oxalique. Il diffère encore de l'acide acéteux par la nature de son radical, qui tient un peu plus de carbone et moinsd'hydrogène, que celui de l'acide acéteux.

942. *Tableau des combinaisons de l'acide oxalique avec les bases salifiables, dans l'ordre de leur affinité avec cet acide.*

La chaux.	L'oxide de fer.	L'oxide de Tellurium.
La baryte.	L'oxide de manganèse.	L'oxide d'arsenic.
La magnésie.	L'oxide de cobalt.	L'oxide de mercure.
La potasse.	L'oxide de nickel.	L'oxide d'argent.
La soude.	L'oxide de plomb.	L'oxide d'or.
L'ammoniaque.	L'oxide de cuivre.	**L'oxide de platine.**
L'alumine.	L'oxide de bismuth.	
L'oxide de zinc.	L'oxide d'antimoine.	

Les sels formés par *l'acide oxalique*, sont appelés *oxalates*.

943. *L'acide oxalique* est tout formé dans le suc de l'oseille, dont on le tire, en exprimant ce suc, et dans lequel les crystaux acides se forment par un long repos. Dans cet état, *l'acide oxalique* est en partie saturé par de la potasse ; en sorte que c'est un sel neutre, qui a un grand excès d'acide.

944. Pour avoir *l'acide oxalique* bien pur,

il faut le former artificiellement; on y parvient
en oxigénant le sucre, qui paroît être le véritable radical oxalique. Pour cela, on verse sur
1 partie de sucre 6 à 8 parties d'acide nitrique;
on chauffe à une chaleur douce : il se fait une
vive effervescence; et il se dégage beaucoup de
gas nitreux. Après quoi moyennant le repos de
la liqueur, il s'y forme des crystaux, qui sont
de l'*acide oxalique* très-pur. On sèche ces crystaux sur un papier gris, pour en séparer ce
qui peut y rester d'acide nitrique : ou mieux
encore, on les dissout dans de l'eau distillée;
et on les fait crystalliser une seconde fois.

945. Le sucre peut encore fournir d'autres
acides : la liqueur qui a fourni des crystaux
d'*acide oxalique*, contient en outre l'acide
malique, qui est un peu plus oxigéné que l'*a-
cide oxalique* : en oxigénant encore plus le sucre, on le convertit en acide acéteux : *Scheelle*
a le premier reconnu que l'*acide oxalique* contient de la potasse toute formée; et il a démontré l'identité de cet acide avec celui qu'on forme
par l'oxigénation du sucre.

946. *Tableau des combinaisons de l'acide citrique avec les bases salifiables, dans l'ordre
de leur affinité avec cet acide.*

La baryte.	La soude.	L'oxide de fer.
La chaux.	L'ammoniaque.	L'oxide de plomb.
La magnésie.	L'oxide de zinc.	L'oxide de cobalt.
La potasse.	L'oxide de manganèse.	L'oxide de cuivre.

L'oxide de tellurium. L'oxide d'antimoine.   L'oxide de platine.
L'oxide d'arsenic.   L'oxide d'argent.   L'alumine.
L'oxide de mercure. L'oxide d'or.

Les sels formés par *l'acide citrique* avec ces bases, sont appelés *citrates*.

947. *L'acide citrique* est celui qu'on retire du citron par expression, dans le jus duquel il est tout formé. Pour l'obtenir pur et concentré, on lui laisse déposer sa partie muqueuse, par un long repos dans un lieu frais ; ensuite on le concentre par un froid de 4 à 5 degrés. L'eau se gèle, et l'acide reste en liqueur. Un trop grand degré de froid seroit nuisible, parce que l'acide se trouveroit engagé dans la glace, dont on ne le sépareroit que difficilement.

948. On peut obtenir *l'acide citrique* d'une manière encore plus simple, en saturant du jus de citron avec de la chaux : il s'y forme un ci-trate calcaire, qui est dissoluble dans l'eau. On lave ce sel ; et on verse dessus de l'acide sulfu-rique, qui s'empare de la chaux, et forme avec elle un sulfate de chaux, sel presque insolu-luble : et *l'acide citrique* reste libre dans la liqueur.

949. *Tableau des combinaisons de l'acide tartareux avec les bases salifiables, dans l'ordre de leur affinité avec cet acide.*

La chaux.   La soude.   L'oxide de fer.
La baryte.   L'ammoniaque.   L'oxide de manganèse.
La magnésie. L'alumine.   L'oxide de cobalt.
La potasse.   L'oxide de zinc.   L'oxide de nickel.

L'oxide de plomb.   L'oxide d'antimoine.   L'oxide de mercure.
L'oxide d'étain.   L'oxide de tellurium.   L'oxided'or.
L'oxide de cuivre.   L'oxide d'arsenic.   L'oxide de platine.
L'oxide de bismuth.   L'oxide d'argent.

Les sels formés par l'acide tartareux avec ces bases, sont appelés *tartrites*.

95o. Le tartre qui s'attache autour des tonneaux dans lesquels la fermentation du vin s'est achevée, est un sel composé d'un acide particulier, combiné avec la potasse, mais de manière que l'acide y est dans un excès considérable : ce sel est connu sous le nom de *tartrite acidule de potasse ;* et l'acide qui entre dans sa composition, est *l'acide tartareux*.

951. C'est à *Scheelle* qu'on doit le moyen d'obtenir *l'acide tartareux* dans son degré de pureté. Comme cet acide a plus d'affinité avec la chaux qu'avec la potasse, il prescrit de dissoudre du tartre purifié dans de l'eau bouillante ; et d'y ajouter de la chaux, jusqu'à ce que tout l'acide en soit saturé. Le tartrite de chaux qui se forme, est un sel presqu'insoluble ; il tombe donc au fond de la liqueur, sur-tout quand elle est refroidie. On décante alors la liqueur ; on lave le sel à l'eau froide, et on le sèche. Ensuite on verse dessus de l'acide sulfurique, étendu de 8 à 9 fois son poids d'eau : on fait digérer, pendant 12 heures, à une chaleur douce, ayant soin de remuer de temps en temps. L'acide sulfurique s'empare de la chaux, et forme avec elle un sulfate de

chaux : et l'*acide* tartareux se trouve libre dans la liqueur. Au bout de 12 heures on décante cette liqueur : on lave à l'eau froide le sulfate de chaux, pour lui enlever la portion d'*acide tartareux* qui y est adhérente ; et on réunit l'eau des lavages à la première liqueur : ensuite on filtre ; on évapore ; et l'on obtient ainsi l'*acide tartareux concret*. Un kiliogramme (environ 2 livres) de tartre purifié, fournit 344 grammes (environ 11 onces) d'acide. Et pour séparer cet acide de la chaux, il faut environ 275 grammes (environ 9 onces) d'acide sulfurique concentré.

952. Le radical carbone-hydreux, qui fait la base de cet acide (887), paroît être moins oxigéné dans l'*acide tartareux* que dans l'acide oxalique (945). Quelques expériences d'*Hassenfratz* paroissent prouver que l'azote entre aussi dans ce radical, et même en assez grande quantité. En oxigénant l'*acide tartareux* de plus en plus, on le convertit en acide oxalique, en acide malique, et enfin en acide acéteux. Il est probable que la différence qu'il y a entre ces acides, ne vient pas seulement du degré d'oxigénation, mais encore de la proportion de l'hydrogène et du carbone.

953. L'*acide tartareux*, en se combinant avec les alkalis fixes, est susceptible de 2 degrés de saturation : le premier constitue un sel avec excès d'acide, connu sous le nom de *crême de tartre*, et qui est le *tartrite acidule*

de potasse. Le second degré de saturation donne un sel parfaitement neutre, connu sous le nom de *sel végétal*, et que l'on nomme simplement *tartrite de potasse*. L'*acide tartareux* combiné avec la soude jusqu'à saturation, donne un *tartrite de soude*, connu sous le nom de *sel de seignette* ou de *sel polycreste de la Rochelle*.

954. *Tableau des combinaisons de l'acide pyro-tartareux avec les bases salifiables, dans l'ordre de leur affinité avec cet acide.*

La potasse.	L'oxide de zinc.	L'oxide de nickel.
La soude.	L'oxide de manganèse.	L'oxide de tellurium.
La baryte.	L'oxide de fer.	L'oxide d'arsenic.
La chaux.	L'oxide de plomb.	L'oxide de bismuth.
La magnésie.	L'oxide d'étain.	L'oxide de mercure.
L'ammoniaque.	L'oxide de cobalt.	L'oxide d'antimoine.
L'alumine.	L'oxide de cuivre.	L'oxide d'argent.

Les sels formés par l'*acide pyro-tartareux* avec ces bases, sont appelés *pyro-tartrites*.

955. L'*acide pyro-tartareux* est un acide empyreumatique peu concentré, qu'on tire du tartre purifié par voie de distillation. Pour l'obtenir, on remplit à moitié de tartrite acidule de potasse, réduit en poudre, une cornue de verre ; on y adapte un récipient tubulé, auquel on joint un tube recourbé, qui s'engage sous une cloche placée sur l'appareil pneumato-chymique. En graduant le feu, on obtient un acide empyreumatique, mêlé avec de l'huile. Cet acide est l'*acide pyro-tartareux*. On le sépare ensuite de l'huile, au moyen d'un entonnoir.

Il se dégage, dans cette distillation, beaucoup de gas acide carbonique.

956. Cet *acide pyro-tartareux* contient toujours de l'huile ; il n'y a pas de sûreté à le rectifier : les académiciens de Dijon ont constaté que l'opération est dangereuse, et qu'il y a explosion.

957. *Tableau des combinaisons de l'acide pyro-muqueux avec les bases salifiables , dans l'ordre de leur affinité avec cet acide.*

La potasse.	L'oxide de zinc.	L'oxide de cuivre.
La soude.	L'oxide de manganèse.	L'oxide de nickel.
La baryte.	L'oxide de fer.	L'oxide de tellurium.
La chaux.	L'oxide de plomb.	L'oxide d'arsenic.
La magnésie.	L'oxide d'étain.	L'oxide de bismuth.
L'ammoniaque.	L'oxide de cobalt.	L'oxide d'antimoine.
L'alumine.		

Les sels formés par *l'acide pyro-muqueux* avec ces bases, sont appelés *pyro-mucites*.

958. On retire *l'acide pyro-muqueux* du sucre et de tous les corps sucrés, par la distillation à feu nud. Comme ces substances se boursoufflent considérablement au feu, il faut laisser vides les $\frac{2}{3}$ de la cornue dans laquelle on les met pour les distiller. Cet acide est principalement composé d'eau, et d'une petite portion d'huile légèrement oxigénée. Il est d'un jaune tirant sur le rouge : on l'obtient moins coloré, si on le rectifie par une seconde distillation : quand il en tombe sur les mains, il les tache en jaune ; et ces taches ne s'en vont qu'avec l'épiderme. Si l'on veut concentrer cet acide, le moyen le plus

simple est de l'exposer à un froid de 4 à 5 degrés. Si on lui ajoute de l'oxigène par le moyen
de l'acide nitrique, on le convertit en partie en
acide oxalique et en acide malique.

959. *Tableau des combinaisons de l'acide
pyro-ligneux avec les bases salifiables, dans
l'ordre de leur affinité avec cet acide.*

La chaux.	L'oxide de fer.	L'oxide de bismuth.
La baryte.	L'oxide de plomb.	L'oxide de mercure.
La potasse.	L'oxide d'étain.	L'oxide d'antimoine.
La soude.	L'oxide de cobalt.	L'oxide d'argent.
La magnésie.	L'oxide de cuivre.	L'oxide d'or.
L'ammoniaque.	L'oxide de nickel.	L'oxide de platine.
L'oxide de zinc.	L'oxide de tellurium.	L'alumine.
L'oxide de manganèse.	L'oxide d'arsenic.	

Tous les sels formés par l'*acide pyro-ligneux*
avec ces bases, sont appelés *pyro-lignites.*

960. La plupart des bois, et sur-tout ceux qui
sont lourds et compactes, donnent, par la distillation à feu nud, un acide particulier : mais
personne, avant *Goettling*, n'en avoit recher-
ché la nature. Son travail sur ce sujet se trouve
dans le *Journal* de *Crell*, année 1779. On a
donné à cet *acide* le nom de *pyro-ligneux.* Cet
acide est de couleur brune : il est très-chargé
d'huile et de charbon. Pour l'obtenir pur, on le
rectifie par une seconde distillation. Il paroît
être à-peu-près le même, de quelque bois qu'il
soit tiré. Son radical est principalement formé
d'hydrogène et de carbone. Ses affinités avec
les bases salifiables, que nous indiquons ici,

ont été déterminées par *Guiton-Morveau*, et *Eloi Boursier* de Clervaux.

961. *Tableau des combinaisons de l'acide benzoïque avec les bases salifiables.*

L'ordre des affinités de cet acide avec les bases salifiables, n'est pas connu ; ainsi on ne peut pas l'indiquer : on sait seulement qu'il peut se combiner avec 4 terres, 3 alkalis, et 15 oxides métalliques ; qui sont :

La chaux.	L'oxide de cuivre.	L'oxide de nickel.
La magnésie.	L'oxide de fer.	L'oxide de zinc.
La baryte.	L'oxide d'étain.	L'oxide d'antimoine.
L'alumine.	L'oxide de plomb.	L'oxide d'arsenic.
La potasse.	L'oxide de mercure.	L'oxide de manganèse.
La soude.	L'oxide de bismuth.	L'oxide de tungstène.
L'ammoniaque.	L'oxide de cobalt.	L'oxide de molybdène.
L'oxide d'argent.		

Les sels formés par l'*acide benzoïque* avec les bases salifiables, sont appelés *benzoates*.

962. L'*acide benzoïque*, qui est tout formé dans le benjoin, a été connu des anciens sous le nom de *fleurs de benjoin*, qu'on obtenoit par voie de sublimation. *Geoffroy* a découvert qu'on peut également l'extraire par la voie humide. Enfin *Scheele*, d'après un grand nombre d'expériences, qu'il a faites sur le benjoin, s'est arrêté au procédé suivant. On prend de bonne eau de chaux, tenant même un excès de chaux ; on la fait digérer, portion par portion, sur du benjoin réduit en poudre fine, ayant soin de remuer continuellement le mélange. Après une demi-heure de digestion, on décante et on

remet de nouvelle eau de chaux ; et ainsi plusieurs fois , jusqu'à ce que l'eau de chaux ne se neutralise plus. On rassemble toutes ces liqueurs ; et on les rapproche par évaporation. Quand elles sont réduites autant qu'elles peuvent l'être sans crystalliser , on les laisse refroidir. Ensuite on y verse, goutte à goutte , de l'acide muriatique , qui s'empare de la chaux ; et il se forme un précipité , qui est *l'acide benzoïque concret.*

963. *Tableau des combinaisons de l'acide camphorique avec les bases salifiables.*

L'ordre des affinités de cet acide avec les bases salifiables n'est pas connu ; ainsi on ne peut pas l'indiquer : on sait seulement qu'il peut se combiner avec 4 terres, 3 alkalis et 15 oxides métalliques ; qui sont :

La chaux.	L'oxide d'argent.	L'oxide de bismuth.
La magnésie.	L'oxide de platine.	L'oxide de cobalt.
La baryte.	L'oxide de cuivre.	L'oxide de nickel.
L'alumine.	L'oxide de fer.	L'oxide de zinc.
La potasse.	L'oxide d'étain.	L'oxide d'antimoine.
La soude.	L'oxide de plomb.	L'oxide d'arsenic.
L'ammoniaque.	L'oxide de mercure.	L'oxide de manganèse.
L'oxide d'or.		

Les sels formés par *l'acide camphorique* avec les bases salifiables, sont appelés *camphorates.*

964. *L'acide camphorique* est le *camphre* oxigéné jusqu'à l'acidité. Le camphre est une huile essentielle concrète, qu'on retire, par sublimation , d'un laurier qui croît à la Chine et au Japon. *Kosegarten* a distillé, jusqu'à 8 fois ,

de l'acide nitrique sur du *camphre*, et est ainsi parvenu à l'oxigéner, et à le convertir en un acide fort analogue à l'acide oxalique, mais qui en diffère cependant à quelques égards.

965. Le *camphre* étant un radical carbone-hydreux, il n'est pas étonnant qu'en l'oxigénant, il forme de l'acide oxalique, de l'acide malique, et d'autres acides végétaux, suivant son degré d'oxigénation. La plupart des phénomènes, observés par *Kosegarten*, dans les combinaisons de cet acide avec les bases salifiables, s'observent de même dans les combinaisons de l'acide oxalique, et de l'acide malique : aussi *Lavoisier* étoit-il assez porté à regarder l'*acide camphorique* comme un mélange d'acide oxalique et d'acide malique.

966. *Tableau des combinaisons de l'acide gallique avec les bases salifiables.*

L'ordre des affinités de cet acide avec les bases salifiables, n'est pas connu ; ainsi on ne peut pas l'indiquer : on sait seulement qu'il peut se combiner avec 4 terres , 3 alkalis , et 15 oxides métalliques ; qui sont :

La chaux.	L'oxide d'argent.	L'oxide de bismuth.
La magnésie.	L'oxide de platine.	L'oxide de cobalt.
La baryte.	L'oxide de cuivre.	L'oxide de nickel.
L'alumine.	L'oxide de fer.	L'oxide de zinc.
La potasse.	L'oxide d'étain.	L'oxide d'antimoine.
La soude.	L'oxide de plomb.	L'oxide d'arsenic.
L'ammoniaque.	L'oxide de mercure.	L'oxide de manganèse.
L'oxide d'or.		

Les sels formés par *l'acide gallique* avec les bases salifiables, sont appelés *gallates*.

967. *L'acide gallique* que l'on nomme aussi *principe astringent*, se tire de la noix de galle, soit par la simple infusion ou décoction dans l'eau, soit par une distillation à un feu très-doux. Son radical est absolument inconnu. Les commissaires de l'académie de Dijon ont donné, sur cet acide, un travail assez complet. Cet acide se trouve dans un grand nombre de végétaux, tels que le chêne, le saule, l'iris des marais, le fraisier, le nimphea, le quinquina, l'écorce et la fleur de grenade, et dans beaucoup d'autres bois et d'écorces.

968. *L'acide gallique*, quoique très-foible, rougit la teinture de tournesol ; et il décompose les sulfures. Il s'unit à tous les métaux qui ont été préalablement dissous par un autre acide ; et il les précipite sous différentes couleurs : avec le fer, il donne un précipité d'un bleu ou d'un violet foncé.

969. *Tableau des combinaisons de l'acide succinique avec les bases salifiables, dans l'ordre de leur affinité avec cet acide.*

La baryte.	L'oxide de fer.	L'oxide d'antimoine.
La chaux.	L'oxide de manganèse.	L'oxide de tellurium.
La potasse.	L'oxide de cobalt.	L'oxide d'arsenic.
La soude.	L'oxide de nickel.	L'oxide de mercure.
L'ammoniaque.	L'oxide de plomb.	L'oxide d'argent.
La magnésie.	L'oxide d'étain.	L'oxide d'or.
L'alumine.	L'oxide de cuivre.	L'oxide de platine.
L'oxide de zinc.	L'oxide de bismuth.	

Les sels formés par l'*acide succinique* avec les bases salifiables sont appelés *succinates*.

970. L'*acide succinique* se retire, par distillation, du succin connu sous le nom de *karabé* ou *ambre jaune*. Il suffit pour cela de mettre le succin dans une cornue, et de donner une chaleur douce ; l'*acide succinique* se sublime sous forme concrète dans le col de la cornue : il faut ne pas pousser trop loin la distillation, pour ne pas faire passer l'huile. Lorsque l'opération est achevée, on met l'acide égoutter sur du papier gris ; après quoi on le purifie par des dissolutions et des crystallisations répétées. Il faut 24 parties d'eau froide pour tenir cet acide en dissolution ; mais il est beaucoup plus dissoluble dans l'eau chaude. Il n'altère que foiblement les teintures bleues des végétaux. C'est *Guiton-Morveau* qui a déterminé les affinités de l'*acide succinique* avec les différentes bases salifiables, telles que nous venons de les indiquer (969).

971. *Tableau des combinaisons des acides phosphoreux et phosphorique avec les bases salifiables, dans l'ordre de leur affinité avec ces acides.*

La chaux.	L'oxide de fer.	L'oxide d'antimoine.
La baryte.	L'oxide de manganèse.	L'oxide de tellurium.
La magnésie.	L'oxide de cobalt.	L'oxide d'arsenic.
La potasse.	L'oxide de nickel.	L'oxide de mercure.
La soude.	L'oxide de plomb.	L'oxide d'argent.
L'ammoniaque.	L'oxide d'étain.	L'oxide d'or.
L'alumine.	L'oxide de cuivre.	L'oxide de platine.
L'oxide de zinc.	L'oxide de bismuth.	

Les sels formés par les *acides phosphoreux* et *phosphorique* avec les bases salifiables , sont appelés *phosphites* ou *phosphates* , suivant l'acide par lequel ils sont formés : l'existence des *phosphites métalliques* n'est cependant pas encore absolument certaine.

972. Nous avons donné ci-devant (3g1 *et suiv.*) un précis de la découverte du *phosphore* , et quelques observations sur la manière dont il existe dans les animaux, et même dans quelques végétaux. Occupons-nous maintenant des moyens de le rendre acide. Pour obtenir *l'acide phosphorique* pur et exempt de tout mèlange , on fait brûler le phosphore sous des cloches de verre, humectées intérieurement d'eau distillée : le phosphore enlève alors , à l'air dans lequel il brûle , deux fois et demi son poids d'oxigène , et forme ainsi *l'acide phosphorique.* Si l'on veut cet acide dans l'état concret , on fait cette même combustion sur du mercure : l'acide se présente alors en flocons blancs , qui attirent puissamment l'humidité de l'air.

973. Pour se procurer *l'acide* simplement *phosphoreux* , on laisse brûler le phosphore très-lentement à l'air , dans une entonnoir placé sur un flacon de crystal. Le phosphore se combine avec l'oxigène de l'air , et devient acide : au bout de quelques jours tout le phosphore se trouve oxigéné. A mesure que *l'acide phospho- reux* s'est formé , il s'est emparé d'une portion de l'humidité de l'air, et a coulé dans le flacon.

Cet acide se convertit aisément en *acide phos-phorique* , par une simple exposition à l'air long-temps continuée.

974. Comme le phosphore a une grande affinité avec l'oxigène , il l'enlève à l'acide nitrique et à l'acide muriatique oxigéné : d'où il résulte encore un moyen simple et peu couteux de se procurer l'*acide phosphorique*. Si l'on emploie l'acide nitrique concentré , on en remplit à moitié une cornue tubulée , bouchée avec un bouchon de crystal : on fait chauffer légèrement ; puis on introduit, par la tubulure , de petits morceaux de phosphore , qui se dissolvent avec effervescence ; et en même-temps il s'échappe du gas nitreux sous forme de vapeurs rutilantes. On continue d'ajouter ainsi du phosphore , jusqu'à ce qu'il ne s'en dissolve plus. Alors on pousse le feu un peu plus fort , pour chasser les dernières portions d'acide nitrique : et l'on trouve, dans la cornue, l'*acide phosphorique* , en partie sous forme concrète , et en partie sous forme liquide.

975. *Tableau des combinaisons de l'acide formique avec les bases salifiables , dans l'ordre de leur affinité avec cet acide.*

La baryte.	L'oxide de zinc.	L'oxide de cuivre.
La potasse.	L'oxide de manganèse.	L'oxide de tellurium.
La soude.	L'oxide de fer.	L'oxide de nickel.
La chaux.	L'oxide de plomb.	L'oxide de bismuth.
La magnésie.	L'oxide d'étain.	L'oxide d'argent.
L'ammoniaque.	L'oxide de cobalt.	L'alumine.

Les sels formés par *l'acide formique* avec les bases salifiables, sont appelés *formiates*.

976. *L'acide formique* a été connu dès le dix-septième siècle : *Samuel Fisher* est le premier qui l'ait obtenu en distillant des fourmis. *Margraff* a suivi ces recherches, comme on peut le voir dans un mémoire qu'il a publié en 1749 ; *Ardwisson* et *Ochrn* en ont aussi faites, qui sont décrites dans une dissertation qu'ils ont publiée à Léipsic en 1777.

977. *L'acide formique* se tire d'une grosse fourmi rousse, qui habite les bois. On peut l'obtenir de deux manières; ou par distillation, ou par lixivation.

Par distillation. On introduit les fourmis dans une cornue de verre, ou dans une cucurbite garnie de son chapiteau; on distille à une chaleur douce : et l'acide passe dans le récipient. On en tire environ moitié du poids des fourmis.

Par lixivation. On lave les fourmis à l'eau froide : on les étend sur un linge, et on y verse de l'eau bouillante : cette eau se charge de la partie acide ; on peut exprimer légèrement les fourmis dans le linge ; et l'acide en est plus fort.

Pour obtenir cet acide pur et concentré, on le rectifie ; et on en sépare le phlegme par la gelée.

978. *Tableau des combinaisons de l'acide bombique avec les bases salifiables.*

L'ordre des affinités de cet acide avec les bases salifiables n'est pas connu ; ainsi on ne peut pas l'indiquer : on sait seulement qu'il peut se combiner avec 4 terres, 3 alkalis, et 15 oxides métalliques ; qui sont :

La chaux.	L'oxide d'argent.	L'oxide de bismuth.
La magnésie.	L'oxide de platine.	L'oxide de cobalt.
La baryte.	L'oxide de cuivre.	L'oxide de nickel.
L'alumine.	L'oxide de fer.	L'oxide de zinc.
La potasse.	L'oxide d'étain.	L'oxide d'antimoine.
La soude.	L'oxide de plomb.	L'oxide d'arsenic.
L'ammoniaque.	L'oxide de mercure.	L'oxide de manganèse.
L'oxide d'or.		

Les sels formés par l'*acide bombique* avec les bases salifiables, sont appelés *bombiates.*

979. L'*acide bombique* est celui que fournit le ver-à-soie. Lorsque le ver-à-soie se change en chrysalide, ses humeurs paroissent prendre un caractère d'acidité : et lorsqu'il se transforme en papillon, il laisse échapper une liqueur rousse très-acide, qui rougit le papier bleu. Pour obtenir cet acide pur, *Chaussier,* membre de l'Académie de Dijon, après plusieurs tentatives, s'en est tenu au procédé suivant. On fait infuser des chrysalides de vers-à-soie dans de l'esprit-de-vin, lequel se charge de l'*acide,* sans attaquer les parties muqueuses ou gommeuses : on fait ensuite évaporer l'esprit-de-vin ; et on a l'*acide bombique* assez pur.

Il est probable que plusieurs familles d'insectes en pourroient fournir un analogue à celui-ci. Le radical de *l'acide bombique* paroît être composé de carbone , d'hydrogène , d'azote , et peut-être de phosphore.

980. *Tableau des combinaisons de l'acide sébacique avec les bases salifiables , dans l'ordre de leur affinité avec cet acide.*

La baryte.	L'oxide de zinc.	L'oxide de nickel.
La potasse.	L'oxide de manganèse.	L'oxide de tellurium.
La soude.	L'oxide de fer.	L'oxide d'arsenic.
La chaux.	L'oxide de plomb.	L'oxide de bismuth.
La magnésie.	L'oxide d'étain.	L'oxide de mercure.
L'ammoniaque.	L'oxide de cobalt.	L'oxide d'antimoine.
L'alumine.	L'oxide de cuivre.	L'oxide d'argent.

Les sels formés par *l'acide sébacique* avec les bases salifiables , sont appelés *sébates*.

981. *L'acide sébacique* se tire du suif. Pour l'obtenir , on fait fondre du suif dans un poëlon de fer ; on y jette de la chaux vive en poudre , en remuant continuellement. La vapeur qui s'élève du mèlange, est très-piquante ; et l'on doit éviter de la respirer : sur la fin on hausse le feu. *L'acide sébacique* forme avec la chaux du *sébate de chaux ,* sel peu soluble. Pour le séparer des parties grasses dont il est empâté , on fait bouillir la masse à grande eau : le sébate de chaux se dissout ; le suif se fond , et surnage. On ôte le suif ; et l'on fait évaporer l'eau : ensuite on calcine le sébate à une chaleur modérée ; on le redissout , et on le fait crystalliser de nouveau : alors le sébate de chaux est pur.

Pour obtenir l'acide libre, on verse, sur ce sébate, de l'acide sulfurique ; et on distille : l'acide sulfurique s'empare de la chaux ; et *l'acide sébacique* passe clair dans le récipient.

982. *Tableau des combinaisons de l'acide lactique avec les bases salifiables.*

L'ordre des affinités de cet acide avec les bases salifiables n'est pas connu ; ainsi on ne peut pas l'indiquer : on sait seulement qu'il peut se combiner avec 3 terres, 3 alkalis, et 15 oxides métalliques ; qui sont :

La chaux.	L'oxide d'argent.	L'oxide de bismuth.
La baryte.	L'oxide de platine.	L'oxide de cobalt.
L'alumine.	L'oxide de cuivre.	L'oxide de nickel.
La potasse.	L'oxide de fer.	L'oxide de zinc.
La soude.	L'oxide d'étain.	L'oxide d'antimoine.
L'ammoniaque.	L'oxide de plomb.	L'oxide d'arsenic.
L'oxide d'or.	L'oxide de mercure.	L'oxide de manganèse.

Les sels formés par *l'acide lactique* avec les bases salifiables, sont appelés *lactates*.

983. *L'acide lactique* se trouve dans le petit-lait, où il est uni à un peu de terre. C'est encore à *Scheelle* à qui nous devons les connoissances exactes que nous avons sur cet acide. Pour l'obtenir, on fait réduire, par évaporation, du petit-lait à $\frac{1}{8}$ de son volume ; on filtre, pour bien séparer toute la partie caséeuse : ensuite on ajoute à la liqueur de la chaux, qui se combine avec *l'acide lactique* ; après quoi on lui enlève cette chaux par l'addition de l'acide oxalique, qui forme avec la chaux un sel inso-

luble. On se défait de l'oxalate de chaux par décantation : ensuite on évapore la liqueur décantée jusqu'à consistance de miel ; puis on y ajoute de l'esprit-de-vin qui dissout l'acide ; et on filtre pour en séparer le sucre de lait et les autres substances étrangères. Pour avoir *l'acide lactique* seul, il ne s'agit plus que de se défaire de l'esprit-de-vin, ou par évaporation, ou par distillation. *L'acide lactique* s'unit avec presque toutes les bases salifiables, et forme avec elles des sels incrystallisables.

984. *Tableau des combinaisons de l'acide saccho-lactique avec les bases salifiables, dans l'ordre de leur affinité avec cet acide.*

La chaux.	L'oxide de zinc.	L'oxide de nickel.
La baryte.	L'oxide de manganèse.	L'oxide de tellurium.
La magnésie.	L'oxide de fer.	L'oxide d'arsenic.
La potasse.	L'oxide de plomb.	L'oxide de bismuth.
La soude.	L'oxide d'étain.	L'oxide de mercure.
L'ammoniaque.	L'oxide de cobalt.	L'oxide d'antimoine.
L'alumine.	L'oxide de cuivre.	L'oxide d'argent.

Les sels formés par l'acide *saccho-lactique* avec les bases salifiables, sont appelés *saccholates*.

985. L'*acide saccho-lactique* se tire du sucre de lait. Il y a déjà long-temps qu'on sait qu'on peut extraire, par évaporation, du-petit lait un sucre qui a beaucoup de rapport avec celui des cannes à sucre. Ce sucre, de même que celui des cannes, est susceptible de s'oxigéner par différens moyens, et principalement par sa combinaison avec l'acide nitrique, auquel il

enlève une bonne portion de son oxigène. Pour cet effet, on verse sur du sucre de lait, et à plusieurs fois successives, de l'acide nitrique : ensuite on concentre la liqueur par évaporation ; on fait crystalliser : et l'on obtient par-là de l'acide oxalique (944). Mais en même-temps il se sépare une poudre blanche très-fine, qui est susceptible de se combiner avec les terres, avec les alkalis, et avec quelques métaux. C'est à cet acide concret, découvert par *Scheelle*, qu'on a donné le nom d'*acide saccho-lactique*. On ne connoît pas bien la nature de son action sur les métaux : on sait seulement qu'il forme avec eux des sels très-peu solubles. L'ordre de ses affinités qu'on a suivi dans le tableau ci-dessus (984), est celui qu'a indiqué *Bergmann*.

986. *Tableau des combinaisons de l'acide lithique avec les bases salifiables.*

L'ordre des affinités de cet acide avec les bases salifiables n'est pas connu ; ainsi on ne peut pas l'indiquer : on sait seulement qu'il peut se combiner avec 4 terres, 3 alkalis, et 15 oxides métalliques ; qui sont,

La chaux.	L'oxide d'argent.	L'oxide de bismuth.
La magnésie.	L'oxide de platine.	L'oxide de cobalt.
La baryte.	L'oxide de cuivre.	L'oxide de nickel.
L'alumine.	L'oxide de fer.	L'oxide de zinc.
La potasse.	L'oxide d'étain.	L'oxide d'antimoine.
La soude.	L'oxide de plomb.	L'oxide d'arsenic.
L'ammoniaque.	L'oxide de mercure.	L'oxide de manganèse.
L'oxide d'or.		

Les sels formés par l'*acide lithique* avec les bases salifiables, sont appelés *lithiates*.

987. Le calcul de la vessie, d'après les expériences de *Bergmann* et de *Scheelle*, paroît être une espèce de sel concret à base terreuse, légèrement acide, et qui exige beaucoup d'eau pour être dissous; car 1000 parties, en poids, d'eau bouillante dissolvent à peine 3 parties de ce sel, dont la plus grande portion crystallise de nouveau par le refroidissement. C'est cet acide concret auquel *Guiton-Morveau* a donné le nom d'*acide lithiasique*, et qu'on a ensuite nommé *acide lithique*. On ne connoît pas encore bien la nature et les propriétés de cet acide : *Lavoisier* a dit que plusieurs raisons le portoient à croire que c'est un phosphate acidule de chaux.

988. *Tableau des combinaisons de l'acide prussique avec les bases salifiables, dans l'ordre de leur affinité avec cet acide.*

La potasse.	L'oxide de fer.	L'oxide de bismuth.
La soude.	L'oxide de manganèse.	L'oxide d'antimoine.
L'ammoniaque.	L'oxide de cobalt.	L'oxide d'arsenic.
La chaux.	L'oxide de nickel.	L'oxide d'argent.
La baryte.	L'oxide de plomb.	L'oxide de mercure.
La magnésie.	L'oxide d'étain.	L'oxide d'or.
L'oxide de zinc.	L'oxide de cuivre.	L'oxide de platine.

Les sels formés par l'*acide prussique* avec les bases salifiables, sont appelés *prussiates*.

989. On ne connoît guère la nature de l'*acide prussique*. Son radical est pareillement inconnu : seulement les expériences de *Scheelle*, et surtout celles de *Bertholet*, donnent lieu de croire

que ce radical est composé de carbone et d'azote. Tout ce qu'on peut dire, c'est que l'*acide prussique* se combine avec le fer, et qu'il lui donne la couleur bleue; et c'est ce qu'on appelle le *bleu de Prusse*. Il est également susceptible de se combiner avec presque tous les métaux; mais les alkalis fixes et volatil leur enlèvent cet acide, en vertu de leur plus grande force d'affinité avec lui. S'il s'y rencontre de l'acide phosphorique (972), il paroît, d'après les expériences d'*Hassenfratz*, qu'il n'y est qu'accidentel.

990. Quoique l'*acide prussique* s'unisse avec les alkalis, avec les terres, et avec les métaux, à la manière des acides, il n'a cependant qu'une partie des propriétés qu'on attribue aux acides : il est donc possible qu'il soit mal-à-propos rangé dans leur classe.

Division des corps.

991. Il y a deux manières de diviser les corps : l'une mécanique, et l'autre chymique. La première consiste dans la trituration, la porphirisation, la pulvérisation : celle-ci, à quelque degré de finesse que les parties soient réduites, ne décompose point les corps; chaque molécule est encore ce qu'elle étoit avant la division. La seconde manière consiste dans la solution ou la dissolution : par-là les corps sont divisés jusque dans leurs molécules primitives.

992. On a long-tems confondu, en chymie, la *solution* et la *dissolution*. La *solution* est, par

exemple, la division des parties d'un sel dans l'eau. La *dissolution* est la division d'un métal dans un acide. Ces deux opérations ne se ressemblent point du tout. Dans la *solution* des sels, les molécules salines ne sont qu'écartées les unes des autres ; ni le sel ni l'eau n'éprouvent aucune décomposition ; et on peut les recouvrer l'un et l'autre en même quantité qu'avant l'opération. On peut dire la même chose de la solution des résines dans l'alcohol, ou autres liqueurs spiritueuses.

993. Mais dans la *dissolution* des métaux dans un acide, il y a toujours décomposition, ou de l'acide, ou de l'eau : le métal passe à l'état d'oxide ; une substance gaseuse se dégage : de sorte qu'après la dissolution, aucune de ces substances n'est dans le même état dans lequel elle étoit auparavant : il y a eu décomposition et récomposition.

994. Dans la solution des sels, il se complique communément deux effets ; la solution par l'eau et la solution par le calorique. Tous les sels sont susceptibles d'être liquéfiés par le calorique ; mais non pas tous à la même température. Les uns, comme les acétites de potasse et de soude, se liquéfient à une chaleur très-médiocre : les autres, comme les sulfates de chaux et de potasse, etc. exigent une des plus fortes chaleurs qu'on puisse produire. Cette liquéfaction des sels par le calorique présente les mêmes phénomènes que la liquéfaction de la glace : 1°. elle

s'opère par un degré de chaleur déterminé pour chaque sel, lequel degré est constant pendant toute la durée de la liquéfaction du sel. 2°. Il y a absorption de calorique, au moment où le sel se fond ; et dégagement de calorique, lorsque le sel se fige. Tous ces phénomènes ont généralement lieu lors du passage d'un corps quelconque de l'état concret à l'état fluide ; et de l'état fluide à l'état concret.

995. Les phénomènes de la solution par le calorique se compliquent toujours plus ou moins avec ceux de la solution par l'eau. Si un sel est très-peu soluble par l'eau, et beaucoup par le calorique, il sera très-peu soluble à l'eau froide, et beaucoup à l'eau chaude : tel est le nitrate de potasse ou *salpêtre ;* et sur-tout le muriate oxigéné de potasse. Si un sel est, tout-à-la-fois, peu soluble dans l'eau et peu soluble dans le calorique, il sera peu soluble dans l'eau, soit froide, soit chaude : tel est le sulfate de chaux ou *gypse.*

996. Telle est en général la théorie de la solution des sels. Il seroit bon d'éprouver, pour chaque sel, quelle est la quantité qui s'en dissout dans une quantité donnée d'eau, et à différens degrés de température : cela apprendroit quelle est la quantité de calorique et d'eau qu'exige chaque sel pour sa solution ; ce qui s'en absorbe au moment où le sel se liquéfie ; et ce qui s'en dégage au moment où il se crystallise. J'ai commencé à faire ces épreuves, comme

on peut le voir dans mes *Principes de Physique*, art. 1057 : mais je ne les ai pas complettées, à beaucoup près. On sait que ces sels se dissolvent beaucoup plus promptement dans l'eau chaude que dans l'eau froide ; c'est qu'il y a toujours emploi de calorique dans la solution des sels ; et que l'eau chaude le fournit promptement.

997. Les métaux se dissolvent ordinairement avec effervescence dans les acides. Cette effervescence est produite par le dégagement d'un fluide aériforme : si l'on veut le retenir, on fait usage des moyens dont nous nous sommes servi pour extraire les gas. Le métal, dans cette *dissolution*, se combine toujours avec l'oxigène ou de l'acide ou de l'eau : il y a donc décomposition et récomposition ; décomposition de l'acide ou de l'eau, qui perd son oxigène ; et récomposition opérée par la combinaison de l'oxigène avec le métal, qui par-là se change en oxide : les produits sont donc des êtres qui auparavant n'existoient pas tels.

Crystallisation des Sels.

998. Si à un sel, dissous par l'eau et le calorique, on enlève une partie du calorique et de l'eau, enfin si on le fait refroidir et sécher, il se crystallise. Si l'opération est lente, et s'il y a repos, la crystallisation est régulière : si l'opération est rapide, ou qu'il y ait agitation, la crystallisation est confuse.

999. Les phénomènes qui ont lieu dans la

solution des sels, se retrouvent dans leur crystallisation, mais en sens inverse : dans leur solution, il y a absorption de calorique; et dans leur crystallisation, il y a dégagement de calorique; comme la même chose arrive dans la fonte de la glace, et dans la congélation de l'eau.

1000. Les sels qui se liquéfient aisément par le calorique, sont le nitrate de potasse ou salpêtre, le muriate oxigéné de potasse, le sulfate d'alumine ou alun, le sulfate de soude ou sel de glauber, etc. Pour les faire crystalliser, il faut leur enlever non-seulement l'eau, mais encore le calorique. A l'égard de ceux qui exigent peu de calorique pour être dissous, et qui, par cela même, sont à-peu-près également solubles dans l'eau chaude et dans l'eau froide, il suffit de leur enlever l'eau qui les tient en dissolution, pour les faire crystalliser : tels sont le sulfate de chaux ou gypse, les muriates de soude et de potasse, etc.

1001. C'est sur ces propriétés des sels qu'est fondé le raffinage du salpêtre. Ce sel, tel qu'il est livré par les salpêtriers, est composé, 1°. de sels déliquescens, non-susceptibles de crystalliser, tels que le nitrate de chaux ou eau-mère du nitre, ou le muriate de chaux ou sel marin calcaire : 2°. de sels presqu'également solubles à froid et à chaud, tels que le muriate de soude ou sel marin, et le muriate de potasse, ou sel fébrifuge de Sylvius : 3°. de nitrate de potasse ou salpêtre, qui est beaucoup plus soluble à chaud qu'à froid. On verse sur tous ces sels une quantité d'eau chaude suffisante pour tenir en dissolution, même quand elle sera refroidie, les moins solubles, tels que les muriates de soude et de potasse. Cette eau tient en dissolution tout le salpêtre tant qu'elle est chaude : il n'en est pas de même lorsqu'elle se refroidit ; environ les $\frac{5}{6}$ du salpêtre se crystallisent. Ce salpêtre est un peu imprégné de sels étrangers : on l'en débarrasse par une nouvelle dissolution à chaud avec très-peu d'eau, et par une nouvelle crystallisation. On fait ensuite évaporer ce qui reste, pour en tirer du salpêtre brut, qu'on purifie, comme on a fait le précédent. Ce qui s'observe dans le raffinage du salpêtre, peut servir de regle quand il s'agit de la purification des autres sels.

1002. Tous les sels crystallisent, chacun sous une forme qui lui est particulière : de plus cette forme varie encore dans le même sel, suivant les circonstances. Cependant la figure des molécules primitives de chaque sel est très-constante dans chaque espèce : et la forme des crystaux ne varie que dans la manière dont ces molécules se grouppent. *Hauy* a très-bien traité cet objet, dans plusieurs mémoires insérés parmi ceux de l'Académie des Sciences, et dans un ouvrage sur la *Structure des crystaux*.

Composition et décomposition des matières végétales et animales.

1003. Les principes constitutifs des végétaux se réduisent à 3, communs et essentiels à tous; savoir, l'hydrogène, l'oxigène et le carbone : sans eux, il ne peut exister de végétaux. Il y a d'autres substances qui ne sont essentielles qu'à tel ou tel végétal ; tel que l'azote, qui se trouve dans les crucifères. De ces 3 principes, 2, savoir, l'hydrogène et l'oxigène, ont une grande tendance à s'unir au calorique, et à se convertir en gas : à l'égard du carbone, il est fixe et a très-peu d'affinité avec le calorique.

1004. D'un autre côté, l'oxigène, qui, à notre température, tend avec une force à-peu-près égale à s'unir à l'hydrogène et au carbone, a, à une chaleur rouge, beaucoup plus d'affinité avec le carbone qu'avec l'hydrogène : en conséquence, à ce degré de chaleur, il quitte l'hydrogène, et s'unit au carbone, et forme avec lui de l'acide carbonique.

1005. Quelque variables que soient ces affinités, à raison de la température, il est certain qu'elles sont toutes à-peu-près en équilibre à notre température : voilà pourquoi nous avons dit (837) que les végétaux ne contiennent ni eau, ni huile, ni acide carbonique, quoiqu'ils en contiennent les élémens. (On conçoit bien qu'on suppose des végétaux parfaitement séchés, et qui ne fournissent pas d'huile par expression.) Un changement dans la température suffit pour déranger ces combinaisons. Si la température excède un peu celle de l'eau bouillante, l'hydrogène et l'oxigène forment de l'eau, qui passe dans la distillation : une portion d'hydrogène et de carbone forment de l'huile volatile : une autre portion de carbone devient libre et fixe, et reste dans la cornue. Mais si l'on pousse le feu jusqu'à une chaleur rouge, l'eau, ainsi que l'huile qui peuvent s'être formées, se décomposent; l'oxigène s'unit au carbone, et forme avec lui de l'acide carbonique : et l'hydrogène devenu libre, en s'unissant au calorique, s'échappe sous forme gaseuse.

1006. On voit que la décomposition des matières végétales se fait à ce degré, en vertu d'un jeu d'affinités doubles et triples : et que, tandis que l'oxigène attire le carbone, pour former l'acide carbonique, le calorique attire l'hydrogène pour former le gas hydrogène. Les faits ci-dessus se rencontrent toujours dans la distillation de toutes les substances végétales.

1007. Le jeu des affinités est encore plus compliqué dans les plantes qui tiennent de l'azote, comme dans les crucifères, et dans celles qui tiennent du phosphore. Mais ces deux dernières substances n'y entrant qu'en petite quantité, n'apportent pas de grands changemens dans les produits : il paroît que le phosphore demeure combiné avec le charbon, qui lui communique de la fixité ; et l'azote s'unit à l'hydrogène, pour former de l'ammoniaque.

1008. Les matières animales sont composées à-peu-près des mêmes principes que les plantes crucifères ; et leur distillation donne les mêmes résultats. Ces principes sont l'hydrogène, l'oxigène, le carbone, l'azote et le phosphore. Mais comme les matières animales contiennent plus d'hydrogène et plus d'azote que n'en contiennent les substances végétales, elles fournissent plus d'huile et plus d'ammoniaque.

1009. Les rectifications successives des huiles présentent un phénomène singulier. A chaque fois qu'on les distille, il reste un peu de charbon au fond de la cornue ; et en même temps il se forme un peu d'eau. Comme ce phénomène a lieu à chaque distillation successive de la même huile, il en résulte qu'après un grand nombre de rectifications, sur-tout si l'on opère à un degré de feu un peu fort, et dans des vases un peu grands, la totalité de l'huile se trouve convertie en eau et en charbon ; il s'en trouve même un poids plus grand que celui de l'huile employée : ce poids en excès est celui de l'oxigène de l'air, qui, en se combinant avec l'hydrogène de l'huile, a formé de l'eau.

Fermentations.

1010. Des décompositions des substances végétales et animales résultent les fermentations ; car dans toute fermentation il y a décomposition

et récomposition. Il y a 3 sortes de fermentations ; savoir, la fermentation vineuse, la fermentation acéteuse , et la fermentation putride.

1011. La *fermentation vineuse* est celle d'où
résultent les liqueurs spiritueuses, tels que le
vin , le cidre, la biere, etc. Pour faire du vin ,
on exprime le jus des raisins : on met cette liqueur dans une grande cuve , dans un lieu qui
soit au moins à 10 degrés de température. Bientôt il s'y excite un mouvement rapide de fermentation , qui va en augmentant ; de sorte que
la liqueur semble bouillir très-fort, comme si
elle étoit sur un grand feu : il s'en dégage une
grande quantité de gas acide carbonique. Le
jus des raisins, de doux et sucré qu'il étoit, se
change en une liqueur vineuse, qui , quand la
fermentation est complette, ne contient plus de
sucre ; et dont on peut retirer, par distillation,
une liqueur inflammable , comme dans le commerce et les arts sous le nom d'*esprit-de-vin* ou
alcohol. C'est donc à la fermentation et à la métamorphose de cette partie sucrée que le vin
est dû.

1012. Examinons d'où vient le gas acide carbonique , qui se dégage dans cette opération ;
et d'où vient la liqueur inflammable qui s'y
forme. Voyons comment un corps doux, un
oxide végétal, peut se transformer ainsi en deux
substances si différentes ; dont l'une est combustible, et l'autre éminemment incombustible.
Pour cela, cherchons à connoître la nature du

corps fermentescible, et les produits de la fermentation : car rien ne se crée de nouveau, ni
naturellement ni par art : dans toute opération
il y a une égale quantité de matière avant et
après : la qualité et la quantité des principes
sont les mêmes; il n'y a de changemens que dans
les modifications et dans les nouvelles combinaisons. Voyons donc quels sont les principes
constituans du corps fermentescible : pour cela
choisissons de tous ces corps le plus simple, le
sucre, et dont l'analyse est facile.

1013. Le *sucre* est un oxide végétal à deux
bases : il est composé d'hydrogène, de carbone
et d'oxigène. Sur 100 parties, il y en a 8 d'hydrogène, 28 de carbone, et 64 d'oxigène. Pour
le faire fermenter, il faut le dissoudre dans 4
fois son poids d'eau : mais comme l'eau et le
sucre mêlés ensemble ne fermentent point seuls,
on peut exciter la fermentation avec de la levure de bière ; une fois excitée, elle se continue d'elle-même jusqu'à la fin. Je vais rapporter
l'expérience en grand qu'a faite *Lavoisier*. Il a
fait dissoudre 100 livres de sucre dans 400 livres
d'eau; et il y a ajouté 10 livres de levure de
biere en pâte : ce qui fait en tout 510 livres. La
levure étoit composée de 2 livres 12 onces 1 gros
28 grains de levure sèche, et de 7 livres 3 onces 6 gros 44 grains d'eau.

Les principes constituans des matériaux de
cette fermentation sont donc :

	liv.	onc.	gros	gra.			liv.	onc.	gros	grains.
407	3	6	44	{ Hydrogène...	61	1	2	71,40.
d'eau, composées de	{ Oxigène	346	2	3	44,60.
100 de sucre composées de	{ Hydrogène...	8.
		Oxigène	64.
		Carbone	28.
2 12 1 28 de levure sèche, com- posées de	{ Hydrogène...		4	5	9,30.
	Oxigène	1	10	2	28,76.
	Carbone		12	4	59,00.
	Azote			5	2,94.

```
liv.  onc.  gros  gra.                          liv.  onc.  gros  grains.
407    3     6    44   { Hydrogène...   61     1    2    71,40.
d'eau, composées de    { Oxigène ....  346     2    3    44,60.

100        de sucre    { Hydrogène...    8.
composées de ....      { Oxigène ....   64.
                       { Carbone ....   28.

 2    12    1    28    { Hydrogène...          4    5     9,30.
de levure sèche, com-  { Oxigène ....   1    10    2    28,76.
posées de ......       { Carbone ....        12    4    59,00.
                       { Azote ......         5          2,94.
_______________________________________________________________
510    0     0    0.           510    0    0    0.
```

Quantités de chacun de ces principes constituans.

```
                       liv.  on. gros. gra.
          { de l'eau...  60   0   0    0    }
          { de l'eau de la                  }    liv. on. gros. gra.
Hydrogène.{   levure...   1   1   2   71,40 }    69   6   0   8,70.
          { du sucre ..   8   0   0    0    }
          { de la levure      4   5    9,30 }

          { de l'eau..  340   0   0    0    }
          { de l'eau de la                  }
Oxigène. .{   levure...   6   2   3   44,60 }    411  12  6   1,36.
          { du sucre. .  64   0   0    0    }
          { de la levure.  1  10  2   28,76 }

          { du sucre. .  28   0   0    0    }    28  12  4   59.
Carbone. .{ de la levure.    12   4   59    }
Azote ..... de la levure.     5   2,94. ...... 5   2,94.
                                        _______________________
                                        510   0   0   0
```

1014. Il s'agit maintenant d'examiner quels sont les produits de la fermentation. Pour les connoître, on a fait usage de l'appareil qui est représenté *fig.* 45, par le moyen duquel on peut déterminer la qualité et la quantité de tous les produits, séparément ; et les peser à telle époque que l'on veut. Cet appareil est composé d'un grand matras A , auquel on adapte une virole de cuivre ab, dans laquelle se visse un tuyau coudé cd garni d'un robinet e. A ce tuyau s'adapte une espèce de récipient de verre B à trois pointes, au - dessous duquel est placée une bouteille C avec laquelle il communique. A la suite du récipient B est un tube de verre ghi, mastiqué en g et en i à des viroles de cuivre : ce tube est destiné à contenir des sels concrets très-déliquescens, propres à enlever l'humidité des substances qui y passent. Ce tube est suivi de deux bouteilles D, E, remplies jusqu'en x, y d'alkali caustique dissous dans l'eau. Toutes les parties de cet appareil sont réunies les unes avec les autres par le moyen de vis et d'écrous qui se serrent ; les points de contact sont garnis de cuirs gras, qui empêchent tout passage de l'air. Enfin chaque pièce est garnie de deux robinets, de manière qu'on peut la fermer par ses deux extrémités, et peser ainsi chacune séparément à toutes les époques de l'expérience qu'on le juge à propos.

1015. C'est dans le matras A qu'on met la matière fermentescible. Une ou deux heures après, sur-tout si la température dans laquelle on opère est à 15 ou 18 degrés, la liqueur se trouble et devient écumeuse : il s'en dégage des bulles qui crèvent à la surface : la quantité de ces bulles augmente ; et il se dégage une grande quantité de gas acide carbonique très-pur, accompagné d'écume, qui n'est autre chose que de la levure qui se sépare. Au bout de quelques jours (suivant le degré de chaleur) le dégagement de gas diminue ; mais il ne cesse pas entièrement : ce n'est qu'après un temps assez long que la fermentation est achevée.

1016. Les 510 livres de substances fermentescibles ont fourni d'abord 35 livres 5 onces 4 gros 19 grains de gas acide carbonique sec, lequel a entraîné avec lui environ 13 livres 14 onces 5 gros d'eau : et il est resté dans le vase une liqueur vineuse, légèrement acide, d'abord trouble, qui s'éclaircit ensuite d'elle-même, et qui laisse déposer une portion de levure. Le poids total de cette liqueur étoit 460 livres 11 onces 6 gros 53 grains.

1017. En analysant séparément toutes ces substances, et en les résolvant en leurs parties constituantes, on a trouvé, par un travail très-pénible, les résultats suivans.

1018. *Tableau des résultats obtenus par cette fermentation du sucre.*

liv. on. Gr. gra.		liv. on. Gr. gra.
35. 5. 4. 19. d'acide carbonibonique, composées.	{ d'oxigène.	25. 7. 1. 34.
	de carbone	9. 14. 2. 57.
57. 11. 1. 58. d'alcohol sec, composées. .	d'oxigène combiné avec l'hydrogène.	31. 6. 1. 64.
	d'hydrogène combiné avec l'oxigène.	5. 8. 5. 3.
	d'hydrogène combiné avec le carbone.	4. 0. 5. 0.
	de carbone.	16. 11. 5. 63.

Y

	liv. on.	liv. on. Gr. gra.
2. 8. d'acide acéteux sec, composées. ·	d'hydrogène.	2. 4. o.
	d'oxigène.	1. 11. 4. o.
	de carbone	10. o. o.
liv. on. Gr. gr. 4. 1. 4. 3. de résidu sucré, composées...	d'hydrogène.	5. 1. 67.
	d'oxigène.	2. 9. 7. 27.
	de carbone	1. 2. 2. 53.
1. 6. o. 5o. de levure sèche, composées . .	d'hydrogène.	2. 2. 41.
	d'oxigène.	13. 1. 14.
	de carbone	6. 2. 3o.
	d'azote.	2. 37.
408. 15. 5. 14. d'eau, compo-sées.	d'hydrogène. . . . . 61.	5. 4. 27.
	d'oxigène. . . . . 347.	10. o. 59.
51o. o. o. o.		51o. o. o. o.

1019. *Quantités de chacun des principes constituans de ces résultats.*

		liv. on. Gr. gra.
liv. on. Gr, gra. 4o9. 10. o. 54. d'oxigène...	de l'eau. . . . . 347.	10. o. 59.
	de l'acide carbonique. . . . . 25.	7. 1. 34.
	de l'alcohol. . . . . 31.	6. 1. 64.
	de l'acide acéteux. . . . . . 1.	11. 4. o.
	du résidu sucré. . . . . . . 2.	9. 7. 7
	de la levure.	13. 1. 14.
71. 8. 6. 66. d'hydrogène .	de l'eau . . . . 61.	4. 4. 27.
	de l'eau de l'alcohol . . . . . 5.	8. 5. 3.
	combiné avec le carbone dans l'alcohol. . . . . } 4.	o. 5. o.
	de l'acide acéteux.	2. 4. o.
	du résidu sucré.	5. 1. 67.
	de la levure.	2. 2. 41.
28. 12. 5. 59. de carbone ..	de l'acide carbonique. . . . . 9.	14. 2. 57.
	de l'alcohol . . . . 16.	11. 5. 63.
	de l'acide acéteux.	10. o. o.
	du résidu sucré. . . . . . 1.	2. 2. 53.
	de la levure.	6. 2. 3o.
2. 37. d'azote. . . . . ·		2. 37.
51o o. o. o.		51o. o. o. o.

1020. En examinant ces résultats (1018), on remarque que, sur les 100 livres de sucre, il y en a 4 livres 1 once 4 gros 3 grains qui n'ont point été décomposés; on n'a donc opéré

liv. on, Gr. gra.

que sur 95 14 3 69 de sucre :
c'est-à-dire, sur 61 6 0 45 d'oxigène,
sur 7 10 6 6 d'hydrogène,
sur 26 13 5 18 de carbone.

ce qui est suffisant pour former l'alcohol, l'acide carbonique et l'acide acéteux, qui ont été produits par la fermentation. Il n'est donc point nécessaire de supposer que l'eau se décompose dans cette opération, à moins qu'on ne prétende que l'oxigène et l'hydrogène sont, dans le sucre, en état d'eau. Il est bien plus probable que les trois principes constitutifs du sucre sont entr'eux dans un état d'équilibre, qui subsiste jusqu'à ce qu'il soit troublé, soit par un changement de température, soit par une double affinité : et ce n'est qu'alors que les principes, se combinant 2 à 2, forment de l'eau et de l'acide carbonique. Il faut remarquer de plus que l'hydrogène et le carbone ne sont pas, dans l'alcohol, dans l'état d'huile : ils y sont combinés avec une portion d'oxigène, qui les rend miscibles à l'eau.

1021. Dans cette fermentation, le carbone du sucre se divise en deux parties : l'une se combine avec l'oxigène, pour former l'acide carbonique ; l'autre se combine avec l'hydro-

Y 2

gène et l'eau, pour former l'alcohol. De sorte que, si l'on pouvoit recombiner ces substances, on reformeroit du sucre.

1022. La *fermentation acéteuse* est l'acidification du vin, qui se fait à l'air libre, par l'absorption de l'oxigène de l'air : il en résulte *l'acide acéteux*, connu sous le nom de *vinaigre*. Il est composé d'hydrogène et de carbone, combinés ensemble, et portés à l'état d'acide par l'oxigène : mais on ne connoît pas encore bien dans quelles proportions s'y trouve chacun de ces principes.

1023. Le vinaigre étant acide, l'analogie a fait conclure qu'il tient de l'oxigène : mais cela est de plus prouvé par des expériences directes : 1°. le vin ne se convertit en vinaigre, qu'autant qu'il a le contact de l'air. 2°. Il y a diminution du volume de l'air, dans lequel cette conversion a lieu ; et cette diminution est causée par l'absorption du gas oxigène. 3°. On peut transformer le vin en vinaigre, en l'oxigénant par quelqu'autre moyen que ce soit.

1024. Une expérience de *Chaptal* prouve clairement notre assertion. Il prend du gas acide carbonique dégagé de la biere en fermentation : il en sature de l'eau, par une quantité égale à son volume : il met cette eau à la cave dans des vases qui communiquent avec l'air. Au bout de quelque temps le tout est converti en *acide acéteux*. Le gas acide carbonique de la biere tient un peu d'alcohol en dissolution : il y a donc, dans cette eau, tous les matériaux nécessaires pour former de l'acide acéteux : l'alcohol fournit l'hydrogène et une portion de carbone : l'acide carbonique fournit du carbone et de l'oxigène : l'air fournit ce qui manque d'oxigène pour porter le mélange à l'état d'acide acéteux.

1025. On voit par-là qu'il ne faut qu'ajouter de l'hydrogène à l'acide carbonique, pour le constituer *acide acéteux*, ou, en général, *acide végétal :* qu'au contraire il ne faut que retrancher l'hydrogène aux acides végétaux, pour les convertir en acide carbonique. Cette opération est, comme l'on voit, beaucoup plus simple qu'on ne l'avoit cru jusqu'ici.

1026. La *fermentation putride* est une décomposition totale des substances qui se pourrissent. Dans cette fermentation, comme dans la fermentation vineuse, les phénomènes s'opèrent en vertu d'affinités très-compliquées. Les principes constitutifs cessent également d'être en un état d'équilibre : mais les résultats des combinaisons sont très-différens de ceux que donne la fermentation vineuse. Pour connoître ces résultats, on fait usage, comme on l'a fait pour connoître les résultats de la fermentation vineuse (1014), de l'appareil représenté *fig.* 45. Dans la fermentation vineuse, l'hydrogène reste uni à une portion d'eau et de carbone pour former de l'alcohol (1019) : dans la fermentation putride, tout l'hydrogène se dissipe sous la forme de gas hydrogène ; en même-temps l'oxigène et le carbone s'échappent en gas acide carbonique : et il ne reste plus que la terre du végétal, mêlée d'un peu de carbone et de fer.

1027. La putréfaction des végétaux est donc une analyse complète de ces substances, dans laquelle tous les principes se dégagent sous forme de gas ; à l'exception de la terre, qui fait ce qu'on nomme *terreau*. Tels sont les résultats, quand la substance ne contient que de l'oxigène, de l'hydrogène, du carbone et un peu de terre : et même ces substances, seules, fermentent mal et difficilement ; il faut un temps considérable pour que la putréfaction soit complète.

1028. Il n'en est pas ainsi, quand la substance contient de l'*azote* ; ce qui a lieu à l'égard de plusieurs matières végétales, et de toutes les matières animales. L'azote favorise merveilleusement la putréfaction ; elle est alors plus prompte : c'est pour cela qu'on mèlange les matières animales avec les végétales, lorsqu'on veut hâter la putréfaction : et c'est dans ce mèlange que consiste presque toute la science des amandemens et des fumiers. L'introduction de l'azote, non-seulement accélère les phéno-mènes, mais il forme de l'ammoniaque, en se combinant avec l'hydrogène (376. 380). Si l'on commence d'abord par séparer l'azote de ces substances, il ne se forme plus d'ammoniaque ; car l'azote est essentiel à sa composition, comme l'a prouvé *Berthollet* (258).

1029. Nous ferons voir ci-dessous (1077) que les corps combustibles sont presque tous susceptibles de se combiner les uns avec les autres. Le gas hydrogène a éminemment cette propriété : il dissout le carbone, le soufre et le phosphore : il en résulte 3 de ses variétés (301. 308. 312.). Les deux premières ont une odeur particulière, et très-désagréable : celle du gas hydrogène sulfuré (301) a beaucoup de rapport avec celle des œufs corrompus : celle du gas hydrogène phosphoré (308) est la même que celle du poisson pourri : celle de l'ammoniaque n'est ni moins pénétrante, ni moins désagréable. C'est de la combinaison de ces odeurs que résulte celle qui s'exhale des matières animales en putréfaction, et qui est très-fétide. Tantôt l'odeur de l'ammoniaque domine ; on la reconnoît à ce qu'elle pique les yeux : tantôt c'est celle du soufre ou des œufs gâtés, comme dans les matières fécales : tantôt celle du phosphore, comme dans le hareng pourri.

1030. Il arrive quelquefois que le cours de la fermentation putride est dérangé par quelques causes particulières. *Fourcroy* et *Thouret* ont observé des phénomènes particuliers, relativement à des cadavres enterrés à une certaine profondeur (dans le ci-devant cimetière des Innocens), et garantis, jusqu'à un certain point, du contact de l'air. Ils ont remarqué que la partie musculaire se convertit en une graisse animale : cela tient à ce que l'azote de ces matières en a été dégagé par quelque cause particulière, et à ce qu'il n'est resté que de l'hydrogène et du carbone ; matières propres à faire de la graisse. Les déjections animales sont principalement composées de carbone et d'hydrogène ; aussi approchent-elles de l'état d'huiles : et en effet elles en fournissent par la distillation à feu nu ; mais leur odeur est insoutenable.

1031. On sait en général que les matières animales sont composées d'hydrogène, de carbone et d'azote, et souvent de soufre et de phosphore, le tout porté à l'état d'oxide, par une quantité plus ou moins grande d'oxigène : mais on ignore absolument quelle est la proportion de ces principes. Il faut espérer que les observations ultérieures completteront cette partie de l'analyse chymique.

Des propriétés physiques du feu.

1032. Ce que le vulgaire appelle *feu*, n'est qu'un corps embrasé, dont les parties se désunissent et s'évaporent en fumée, en flamme, etc. Aux yeux d'un physicien, cet embrasement n'est que l'effet d'une cause qui s'est long-temps dérobée à nos recherches ; mais de laquelle nous pouvons dire que nous avons aujourd'hui plus de connoissances que nous n'en avions ci-devant.

1033. On convient unanimement que ce qui cause l'embrasement , est une vraie matière , mais qui a besoin d'être excitée pour agir. Et comme cette matière est capable d'éclairer; et que celle qui éclaire , est capable d'embraser ; il est assez raisonnable de penser que le feu et la lumière sont la même substance , mais différemment modifiée. Comme principe de l'embrasement , cette matière se nomme *calorique :* comme principe de la clarté , elle se nomme *lumière.*

1034. Examinons ici cette matière comme cause de la chaleur et de l'embrasement : et voyons 1°. quelle est sa nature ; 2°. quels sont les moyens d'exciter son action ; 3°. de quelle manière cette action se propage ; 4°. Quels sont ses effets sur les corps ; 5°. quels sont les moyens d'augmenter son action , ou de la diminuer , ou même de la faire cesser.

De la nature du feu.

1035. Le principe du feu est un fluide très-subtil , très-rare , très-élastique , non-pesant , répandu dans tout l'univers ; qui pénètre tous les corps avec plus ou moins de facilité ; qui tend , lorsqu'il est libre , à se mettre en équilibre dans tous ; et auquel on a donné successivemens les noms de *principe inflammable , principe de la chaleur , matière de la chaleur, matière du feu;* et que les modernes on appelé *calorique.*

1036. Ce fluide pénètre de part en part tous les corps, même les plus durs : il se combine avec plusieurs (359) : il tend à se répandre uniformément. Seul, il suffit pour échauffer les corps : mais seul, il ne suffit pas pour les brûler ; il faut qu'il soit aidé d'un autre fluide, qui est l'air pur : et le concours de ces deux fluides ne suffit même pas, si leur action n'est excitée par quelques moyens que les hommes seuls savent employer.

1037. La matière du feu est fixe et inaltérable. Elle est tellement fluide, qu'elle ne cesse jamais de l'être, à moins qu'elle ne se combine avec certains corps. Elle est même la principale cause de la fluidité des corps : c'est par son action que leurs parties se séparent les unes des autres, perdent leur adhérence, et reçoivent cette mobilité respective, en quoi consiste leur fluidité. C'est par le ralentissement de son action, ou par son absence, que les parties se rapprochent, adhèrent les unes aux autres, et reprennent la consistance qu'elle leur avoit fait perdre. On peut même dire que la matière du feu est la seule substance fluide par elle-même ; et que, rien ne contrebalançant la tendance générale que toutes les parties de la matière ont les unes vers les autres, elles seroient unies toutes ensemble de manière à ne former qu'un solide.

1038. La matière du feu est capable d'entamer les corps les plus durs : rien ne lui résiste , et elle résiste à tout. On peut la regarder comme un dissolvant universel ; et c'est ce qui la distingue essentiellement de toutes les autres substances.

1039. La matière du feu est présente partout : tous les corps en sont comme imbibés. Elle est dans la terre que nous habitons , dans l'air que nous respirons , dans les alimens qui nous nourrissent , dans nous-mêmes ; et , quoiqu'elle soit capable de tout consumer , comme son action n'est jamais d'elle-même assez forte pour causer l'embrasement (1036), bien loin de nous nuire , c'est par elle que nous vivons : elle fait partie du fluide que nous respirons (89) ; et elle est presque la seule portion de ce fluide qui serve à entretenir la vie (98).

1040. La matière du feu ou le *calorique* peut exister dans les corps en deux états différens ; dans celui de combinaison , et dans celui de liberté (16). Dans le premier état , le calorique n'excite aucune chaleur sensible à nos organes : au contraire , dans l'état de liberté , il excite une chaleur d'autant plus forte , qu'il est plus abondant.

1041. A température égale , les différens corps ne contiennent point , sous un même volume , une égale quantité de calorique combiné ; et il y a entr'eux , à cet égard , des différences indépendantes de leurs densités respectives. On a cherché à mesurer cette quantité de calorique , que les différentes espèces de corps sont capables de contenir. *Lavoisier* et *Laplace* ont fait, dans cette vue , des expériences ingénieuses(*Mém. de l'Acad. des Sciences,* année 1780, pag. 355). Pour bien entendre ceci , il faut savoir que , lorsqu'on rend libre le calorique combiné dans un corps , il en résulte un degré de chaleur sensible d'autant plus fort , qu'il s'en dégage davantage. C'est cette quantité de calorique combiné dans ce corps , qu'on a appelé son *calorique spécifique.* Pour la mesurer, on met le corps, dont on veut connoître le *calorique spécifique* , dans un vase (*fig.* 46) approprié à cet effet, et que nous ferons connoître ci-après (1063). Ce vase, dans lequel on met le corps , est entouré d'un autre vase rempli de glace , laquelle est elle-même garantie de la chaleur de l'athmosphère par un autre entourage de glace , contenue dans un troisième vase , qui entoure le second. Le calorique qui se dégage du corps mis en expérience , fait fondre une partie de la glace du second vase , en se combinant avec elle , et par conséquent sans rien ajouter à sa température (1040). Cette portion de glace fondue s'écoule dans un vase F placé au-dessous de l'instrument. On sait quelle est la quantité de calorique qui doit se combiner avec la glace pour la faire fondre et tenir l'eau en état de liqueur (332) : la quantité de glace fondue dénote donc la quantité de calorique qui s'est dégagée du corps mis en expérience ; ce qui détermine son *calorique spécifique*.

1042. Il résulte de ce que nous venons de dire (1041) que, dans le passage d'un corps de l'état solide à l'état fluide , il y a beaucoup de calorique absorbé par sa combinaison avec ce corps : voilà pourquoi, dans le moment du dégel, le froid est encore très - sensible. La même chose arrive dans le passage de l'état fluide à celui de vapeurs : c'est la raison pour laquelle toutes les fois qu'une substance s'évapore de dessus un corps, elle le refroidit. Au contraire, il y a du calorique dégagé, et de la chaleur produite, au passage d'un corps de l'état de vapeurs à celui de fluide ; ainsi que de l'état de fluide à celui de solide.

1043. Si donc, dans une combinaison ou un changement d'état, il y a diminution de chaleur sensible, cette chaleur reparoîtra toute entière, lorsque les substances reviendront à leur premier état : et réciproquement, si, dans le changement d'état , il y a augmentation de chaleur sensible, cette nouvelle chaleur disparoîtra dans le retour des substances à leur état primitif. Ce principe est confirmé par les expériences de *Lavoisier* et *Laplace* (*Mémoires de l'Acad. des Sciences*, année 1780, pag. 359), qui l'ont généralisé et étendu à tous les phénomènes de la chaleur, de la manière suivante : *Toutes les variations de chaleur, soit réelles, soit apparentes, qu'éprouve un sys-*

téme de corps en changeant d'état, se re-
produisent dans un ordre inverse, lorsque le
systéme repasse à son premier état.

Des moyens par lesquels on peut exciter l'action du feu.

1044. Il y a trois moyens principaux d'exciter l'action du feu : ces moyens sont, 1°. le
choc ou le frottement des corps solides ; 2°. la
fermentation et l'effervescence ; 3°. la réunion
des rayons solaires.

1045. *Premier moyen.* Le choc ou le frottement des corps solides est le moyen le plus
fréquemment employé pour exciter l'action du
feu : il est si usité, que tout le monde le connoît. On sait qu'on allume du feu, en heurtant
un briquet contre une pierre dure : on sait
qu'un corps que l'on heurte, ou que l'on frotte,
s'échauffe, quelquefois même jusqu'à étinceler, ou à s'embraser : on en a des exemples par
les bandes des roues des voitures qui étincel-
lent contre le pavé ; par les moyeux des roues,
qui s'embrasent par le frottement qu'ils éprouvent contre l'essieu : et ces effets sont d'autant
plus grands, que la durée ou la violence des
chocs ou des frottemens sont plus considérables ; et que les corps, qui éprouvent ces chocs
ou ces frottemens, sont eux-mêmes plus tena-
ces et plus durs ; car on peut faire rougir une
lame d'acier, en la heurtant à coups redou-

blés sur une enclume, ce qui n'arrive pas à une lame de plomb.

1046. *Second moyen.* La fermentation et l'effervescence produisent de la chaleur, qui va quelquefois jusqu'à l'embrasement. Si l'on verse un acide sur un alkali, il s'excite une effervescence, qui produit une chaleur sensible. Si l'on mêle à de l'eau de l'acide sulfurique bien déphlegmé, il se produit une chaleur très-vive, qui échauffe le vase au point qu'on ne peut plus le tenir avec la main. Si l'on jette sur de l'huile un acide très-concentré, comme de l'acide nitrique très-déphlegmé, la fermentation est quelquefois assez vive pour que le feu y prenne sur-le-champ. Tous ces effets sont produits par les frottemens occasionnés par la pénétration mutuelle des deux substances dans les pores l'une de l'autre ; ce qui anime le calorique libre qui y est logé. De là résulte le degré de chaleur qui se fait sentir : et s'il est très-grand, la combinaison avec l'oxigène de l'air a lieu ; d'où suit l'embrasement.

1047. *Troisième moyen.* Les rayons solaires échauffent les corps qui sont exposés à leur action. Ces rayons sont certainement composés de la matière du feu, animée et mise en action par le soleil (1033) : cette matière s'insinue entre les particules des corps, et ajoute à la quantité que ces corps en contenoient déjà ;

de là résulte le degré de chaleur qui se fait sentir.

1048. Ce degré de chaleur est toujours de beaucoup inférieur à celui qui seroit nécessaire pour l'embrasement : mais ces mêmes rayons sont capables de fondre ou de brûler les corps fusibles ou combustibles sur lesquels on les multiplie : ce qui peut se faire de plusieurs manières. On peut réunir ces rayons en très-grand nombre dans un très-petit espace, par le moyen d'un miroir concave ou d'un verre ardent ; et exciter par-là un grand degré de chaleur, capable de fondre ou d'embraser les corps. Nous verrons par quelle raison ces effets ont lieu, en traitant de la *Catoptrique*. (Voyez mes *Principes de Physique*, art. 1252 et suiv.) et de la *Dioptrique*, (art. 1355 et *suiv.*)

De la manière dont l'action du feu se propage.

1049. L'action du feu se propage dans les corps de deux façons : 1°. elle n'y excite qu'un léger mouvement intestin, d'où il résulte une augmentation de chaleur, qui raréfie le corps chauffé, et augmente son volume. Ce corps devient donc plus chaud et plus grand qu'il n'étoit auparavant, au moyen de la chaleur qui lui a été communiquée : tel est un corps froid placé auprès d'un corps plus chaud. 2°. Cette action du feu agite tellement la matière propre du corps qui y est exposé, qu'elle en désunit les molécules, et que souvent elle les enlève et les dissipe en fumée et en flamme, comme cela arrive à un morceau de bois placé sur des charbons ardens.

1050. Dans le premier cas, où il n'y a que communication de chaleur, tout paroît se passer conformément aux lois connues : la chaleur acquise par un corps est perdue par celui qui la lui communique : le premier devient plus chaud qu'il ne l'étoit, et l'autre moins chaud ; et cette variation continue d'avoir lieu, jusqu'à ce que les deux corps soient arrivés à une température égale. C'est ainsi qu'un corps, auquel on a imprimé une certaine quantité de mouvemens, en perd de plus en plus, à mesure qu'il en communique à d'autres corps.

1051. Il n'en est pas de même dans le second cas, où la chaleur est portée jusqu'à l'embrâsement : alors l'action du feu se propage avec accroissement ; ses effets deviennent toujours de plus grands en plus grands, à mesure qu'il agit sur une plus grande quantité de matière : en un mot, une étincelle devient un incendie. Pour bien sentir la raison de ce singulier phénomène, il faut se ressouvenir de ce que nous avons dit ci-devant (46), que le calorique combiné avec un corps quelconque ne fait sentir aucune chaleur : mais la chaleur devient d'autant plus grande, et ses effets sont d'autant plus rapides, qu'il y a une plus grande quantité de calorique qui devient libre. Qu'est-ce donc qui fournit cette grande quantité de calorique libre dans la combustion des corps ?

1052. Les corps ne peuvent brûler qu'en contact avec l'air pur ou gas oxigène (100); parce que la combustion consiste dans la combinaison de la base de cet air, appelée *oxigène*, avec le corps combustible (92). Or, l'air pur contient une grande quantité de calorique combiné avec sa base (89). Lors donc que son oxigène se combine avec le corps qui brûle, son calorique prend l'état de liberté, et se réunit à celui qui avoit occasionné le commencement de l'embrâsement (car il est nécessaire d'avoir commencé la combustion par un des moyens indiqués ci-dessus, *art. 1044 et suiv.*) : de là résulte une augmentation de chaleur, qui dispose un plus grand nombre de particules du corps combustible à se combiner avec l'oxigène, que lui fournit l'air qui se renouvelle ; car si ce renouvellement d'air n'avoit pas lieu, la combustion cesseroit (100). Ce nouvel oxigène, en se combinant avec le corps combustible, abandonne pareillement son calorique, lequel, devenant libre, s'échappe avec les caractères qu'on lui connoît, c'est-à-dire, avec chaleur, lumière et flamme : et plus il y aura d'oxigène ainsi combiné et fixé dans un tems donné, plus aussi il y aura de calorique qui deviendra libre à-la-fois ; et plus par conséquent l'embrâsement sera éclatant et rapide. Il est maintenant aisé de voir pourquoi les progrès de l'inflammation se font toujours avec accroissement.

1053. La combustion est donc la décomposition de l'air pur ou gas oxigène, opérée par un corps combustible. Il faut, pour cela, que l'oxigène ait avec ce corps plus d'affinité, qu'il n'en a avec le calorique. Or cette affinité n'a lieu qu'à un certain degré de température, qui même est différent pour chaque substance combustible : voilà pourquoi nous venons de dire (1052) qu'il est nécessaire de commencer la combustion par un des moyens indiqués *art.* 1044 *et suiv.* Alors l'oxigène, qui forme la base de l'air pur, est absorbé : le calorique et la lumière deviennent libres et se dégagent.

1054. Dans toute combustion, il y a donc oxigénation ; tandis que dans toute oxigénation, il n'y a pas essentiellement combustion ; puisque la combustion proprement dite ne peut avoir lieu sans un dégagement de lumière et de calorique.

1055. L'état actuel de la nature est un état d'équilibre, auquel elle n'a pu arriver qu'après que toutes les combustions spontanées, possibles à la température dans laquelle nous vivons, ont eu lieu. Il ne peut donc y avoir de nouvelles combustions, qu'autant qu'on sort de cet état d'équilibre, et qu'on fait arriver les substances combustibles à une température plus élevée. Éclaircissons cet énoncé par une supposition.

1056. Supposons que la température habituelle de la terre devienne plus forte qu'elle n'est ; qu'elle égale, par exemple, celle de l'eau bouillante : le phosphore, étant combustible, à un degré beaucoup moindre, n'existeroit plus en état de phosphore pur et simple ; il se présenteroit toujours en état d'acide, c'est-à-dire, autant oxigéné qu'il pourroit l'être : et son radical seroit au nombre des substances inconnues, parce que nous ne pourrions pas l'avoir seul, et séparé de son oxigène. Il en seroit successivement ainsi de tous les corps combustibles, si la température de la terre devenoit de plus en plus élevée : et l'on arriveroit enfin à une température où toutes les combustions seroient épuisées ; où il ne pourroit plus exister de corps combustibles ; où tous seroient oxigénés autant qu'ils pourroient l'être ; où tous seroient incapables de se combiner avec de nouvel oxigène ; où tous seroient par conséquent incombustibles.

1057. Il ne peut donc y avoir, pour nous, de corps combustibles, que ceux qui sont incombustibles à notre température. Pour les rendre combustibles, il faut donc les porter à une température plus élevée. Une fois que le degré de température nécessaire à leur combustion, est atteint, la combustion commence : et le calorique qui se dégage, par la décomposition de l'air pur ou gas oxigène, entretient la température nécessaire pour la continuer. Si le calorique dégagé n'est pas suffisant pour cela, la combustion cesse.

1058. Dans la distillation composée (1083)

il y a bien , comme dans la combustion , séparation d'une partie des principes du corps que l'on y soumet , et combinaison de ces mêmes principes dans un autre ordre. Mais dans la combustion , il y a quelque chose de plus : il y a addition d'un nouveau principe, qui est l'*oxigène*; et dissipation d'un autre principe , qui est le *calorique*.

1059. La nécessité où l'on est d'employer l'oxigène en état de gas, et d'en déterminer rigoureusement les quantités, rend très-difficiles les expériences exactes relatives à la combustion. Ce qui augmente encore la difficulté , c'est que les produits que fournit la combustion, se dégagent presque toujours en état de gas : et il est très-difficile de les retenir tous : il faut de grandes précautions pour cela, et des appareils qui y soient appropriés.

1060. Dans toute combustion , il y a donc de l'air pur ou gas oxigène décomposé ; du calorique dégagé et devenu libre ; et de la chaleur produite : mais une chaleur plus ou moins grande, suivant la nature du corps qui brûle. Car , suivant les expériences de *Lavoisier* et *Laplace* (*Mém. de l'Acad. des Sciences* , *an.* 1780 , *pag.* 397) 1 once (30 grammes 594 milligrammes) de charbon , en brûlant, consomme 4037 ½ pouces cubes (environ 8 décalitres) d'air pur, et forme 3021,1 (environ 6 po. c. décalitres) de gas acide carbonique. Cette once

(3o grammes 594 milligrammes) de charbon consomme donc 3 onces 4 gros 2 ½ grains (107 grammes 225 milligrammes) d'air pur (94); et forme 3 onces 5 gros 11,6645 (111 grammes 523 milligrammes) de gas acide carbonique (222): d'où il suit que 1 once (3o grammes 594 milligrammes) de charbon fournit 1 gros 8,9145$^{gr.}$ (4 grammes 298 milligrammes) de carbone, ou un peu moins de ⅐ de son poids. Mais comme la combinaison de la base de l'air pur ou de l'oxigène avec le carbone forme ici un nouveau fluide élastique, en se combinant avec une partie du calorique, il y a peu de chaleur produite. Au lieu que la chaleur qui se dégage de l'air pur, lorsque sa base se combine avec le phosphore qui brûle, est à-peu-près de 2 ⅐ fois aussi grande que lorsque cet air pur se change en gas acide carbonique : car, dans le premier de ces cas, cette chaleur peut fondre 4 livres 4 onces et environ 5 gros (environ 2 1/10 kiliogrammes) de glace ; et dans le second cas, elle n'en peut fondre que 29 onces 4 gros (un peu plus de 9 hectogrammes).

1061. Les corps combustibles sont donc ceux qui ont plus d'affinité avec l'oxigène, que n'en a l'oxigène avec le calorique : et plus cette affinité, cette disposition à se combiner avec l'oxigène est grande, plus les corps sont combustibles. Ce n'est donc point, comme on l'avoit cru, le calorique déjà combiné avec ces corps

qui les rend combustibles : il est même probable que le plus grand nombre des corps les
plus combustibles en contiennent très-peu, ou
même point du tout, tels que le soufre et le
phosphore.

1062. *Lavoisier* et *Laplace* (*Mém. de l'Acad.
des Sciences*, an. 1777, pag. 598) font là-dessus une réflexion frappante. Presque tous les
corps peuvent exister dans 3 états différens ; ou
sous forme solide, ou sous forme liquide, c'est-
à-dire, fondus, ou sous forme de fluide élastique : ces 3 états ne dépendent que de la quantité plus ou moins grande de calorique, dont ces
corps sont pénétrés, et avec lequel ils sont combinés. La fluidité et l'élasticité prouvent la présence d'un calorique abondant : la solidité, la
compacité prouvent au contraire son absence.
Autant donc il est prouvé que les substances
aériformes contiennent une grande quantité de
calorique combiné, autant il est probable que
les corps solides en contiennent peu.

Calorique spécifique des corps.

1063. Nous avons dit ci-dessus (1041) qu'à
température égale, les différens corps ne contiennent point, sous un même volume, une
égale quantité de calorique combiné ; et que
c'est cette quantité de calorique combiné, qu'on
a appelé *calorique spécifique* de ces corps. Pour
le mesurer *Lavoisier* et *Laplace* ont fait usage
d'un appareil (*fig.* 46) auquel ils ont donné

le nom de *calorimètre*. C'est un vase qui a trois capacités ; une intérieure *f f f f* (*fig.* 47 , qui représente la coupe verticale du vase) , une moyenne *b b b b b*, et une extérieure *a a a a a*. La capacité intérieure est formée d'un grillage de fil de fer L M (*fig.* 48) , que l'on ferme au moyen d'un couvercle G H : c'est dans cette capacité que l'on place les corps que l'on soumet à l'expérience. La *figure* 49 représente la coupe transversale du *calorimètre* : on y voit , en *f f f f* cette capacité intérieure. La capacité moyenne *b b b b* (*fig.* 47 et 49) est destinée à contenir la glace qui doit environner la capacité intérieure , et que doit fondre le calorique dégagé du corps mis en expérience : cette glace y est supportée et soutenue par une grille *m m* (*fig.* 47 et 5o) , sous laquelle est un tamis *n n* (*fig.* 51). A mesure que la glace se fond par le calorique qui se dégage du corps placé dans la capacité intérieure , l'eau coule à travers la grille et le tamis : elle tombe ensuite le long du cône *c c d* (*fig.* 47) et du tuyau *x y*, et se rassemble dans le vase F qu'on a placé en-dessous (*fig.* 46) : *u* est un robinet (*fig.* 47) au moyen duquel on peut arrêter à volonté l'écoulement de l'eau qui vient de la capacité moyenne. Enfin la capacité extérieure *a a a a a a* (*fig.* 47 et 49) est destinée à recevoir la glace , qui doit empêcher l'effet de la chaleur extérieure , sur la glace de la capacité moyenne. L'eau que produit la fonte de la glace de la capacité extérieure , coule le long du tuyau *s* T (*fig.* 47), que l'on peut ouvrir ou fermer au moyen du robinet *r*. Pendant la durée de l'épreuve , on tient le calorimètre fermé par le moyen du couvercle F F (*fig.* 52), lequel a en-dessus des bords élevés, destinés à recevoir de la glace qui remplit le même office que celle de la capacité extérieure. Avec cet appareil , on peut aisément déterminer la quantité de calorique qui se dégage d'un corps qui se refroidit, ou d'un corps vivant , ou même de celle qui se dégage pendant la combustion d'une substance. Il est bon de ne faire ces expériences que dans un temps frais , dans un temps où la température de l'air extérieur, n'est , par exemple, qu'à 3 ou 4 degrés au-dessus de zéro.

1064. Si l'on veut avoir la mesure du *calorique spécifique* d'un corps solide , on élève sa température , par exemple , jusqu'à 80 degrés : on le met dans le calorimètre ; et on l'y laisse jusqu'à ce que sa température soit réduite à zéro. Alors , en pesant l'eau qui s'est écoulée dans le vase F. (*fig.* 46), on apprend combien il s'est fondu de glace pendant son refroidissement. Pour avoir un terme connu de comparaison , on doit savoir qu'il faut 60 degrés de chaleur pour faire fondre une livre de glace (332). Pour déterminer le *calorique spécifique* de ce corps , il faut diviser la quantité de glace qu'il a fait fondre, par le produit de sa masse, exprimée en parties de la livre, multipliée par le nombre de degrés dont sa température a été élevée au-dessus de zéro : le quotient de cette division dénote la quantité de glace qu'une livre de ce corps peut faire fondre, en se refroidissant d'un degré. En multipliant ensuite ce quotient par 60, on a la quantité de glace qu'une livre de ce corps échauffé à 60 degrés, peut fondre, en se refroidissant jusqu'à zéro. C'est là la valeur de son *calorique spécifique*. On peut procéder encore d'une autre manière, qui donne précisément le même résultat. On suppose, comme ci-dessus, qu'on a élevé la température du corps solide à 80 degrés : et l'on fait cette proportion : 80 degrés, température du solide : la quantité de glace fondue : : 60 degrés : x. Ce terme x, divisé par la masse du solide, indique ce que chaque livre de ce solide peut fournir de calorique ou fondre de glace : et c'est là la valeur de son *calorique spécifique*.

1065. Si c'est un corps fluide dont on veut mesurer le *calorique spécifique*, on le met dans un vase quelconque, mais dont on a préalablement déterminé le *calorique spécifique*. On opère comme ci-dessus (1064), en observant de déduire, de la quantité de glace fondue, celle qui est due au refroidissement du vase.

1066. Si l'on veut connoître la quantité de calorique qui se dégage de la combinaison de plusieurs substances, on les amène toutes à la température zéro : on en fait ensuite le mélange dans l'intérieur du calorimètre ; et on les y laisse jusqu'à ce qu'elles soient revenues au terme zéro. La quantité de glace fondue indique la quantité de calorique dégagé pendant la combinaison.

1067. Si l'on met à l'épreuve ou des corps qui brûlent, ou des corps vivans, on opère de la même manière, excepté qu'il faut faire arriver continuellement de nouvel air dans le calorimètre ; et que cet air y arrive étant à la température zéro, et qu'il en sorte de même, afin d'éviter l'erreur dans le résultat : pour cela on le fait passer, en entrant et en sortant, par des tuyaux qui traversent la glace pilée.

1068. *Tableau du calorique spécifique des corps , éprouvé*

Par *Lavoisier* et *Laplace*.

Eau.	100000.
Mercure.	2900.
Tôle.	10999.
Crystal.	19290.
Chaux vive.	21689.
Acide sulfurique.	33460.
Acide nitrique.	66139.

Par *Crawford*.

Eau.	100000.
Lait de vache.	99900.
Bled.	47700.
Orge.	42100.
Avoine mondée	41600.
Riz.	50600.
Pois.	49200.
Féverolles.	50200.
Bois de pin.	50000.
Charbon.	26315.
Ses cendres.	9090.

Par *Crawford*.

Cendres d'orme.	14025.
Fraisil.	19230.
Cendres de fraisil.	18552.
Charbon de terre.	27777.
Cuivre rouge.	11111.
Cuivre jaune.	11235.
Fer.	12696.
Rouille de fer.	25000.
Plomb.	3520.
Oxide jaune de plomb.	6802.
Étain.	7042.
Oxide blanc d'étain.	10869.
Zinc.	9433.
Antimoine.	6451.
Oxide blanc d'antimoine.	27727.
Air athmosphérique.	179000.
Air vital.	474900.
Gas azotique.	79360.
Gas acide carbonique.	104540.
Gas hydrogène.	2140000.

1069. *Lavoisier* et *Laplace* ont déterminé, par des expériences très-bien faites, la quantité de calorique qui se dégage dans la combustion de 3 substances, savoir, le phosphore, le gas hydrogène et le carbone, par la quantité de glace qu'a pu faire fondre chacune de ces combustions ; ce qui désigne les degrés de chaleur que chacune peut exciter.

1070. La combustion du phosphore fournit un acide concret, dans lequel il est probable qu'il reste peu de calorique combiné : cette combustion fournit donc un moyen de connoître, à très-peu près, la quantité de calorique combiné contenu dans le gas oxigène. Dans la combustion de 1 livre de phosphore, il y a d'employé et d'absorbé 1 $\frac{1}{2}$ livre de gas oxigène ; et il se forme 2 $\frac{1}{2}$ livres d'acide phosphorique concret : et le calorique dégagé dans cette combustion, et fourni par le gas oxigène, fait fondre 100 livres de glace ; et excite, par conséquent 6000 degrés de chaleur. Pour faire 1 livre de gas oxigène, il en faut 18432 pouces cubes, ou 10 $\frac{2}{3}$ pieds cubes ; puisque chaque pouce cube pèse $\frac{1}{2}$ grain (98) : donc 1 livre ou 10 $\frac{2}{3}$ pieds cubes de gas oxigène peuvent fournir une quantité de calorique capable d'exciter 4000 degrés de chaleur, et de faire fondre 66 $\frac{2}{3}$ livres de glace. D'où il résulte que 1 pied cube de gas oxigène peut fournir une quantité de calorique capable d'exciter 375 degrés de chaleur, et de faire fondre 6 livres 4 onces de glace.

1071. La combustion de 1 livre de gas hydrogène a fait fondre 295 livres 9 onces 3 gros 36 grains de glace. Pour faire 1 livre de gas hydrogène il en faut 249081 pouces cubes, ou 144 pieds cubes 249 pouces cubes ; puisque chaque pouce cube ne pèse que 37 millièmes de grain (293). Pour brûler cette quantité de gas hydrogène , il y a eu d'employé et d'absorbé 5 livres 10 onces 5 gros 24 grains de gas oxigène. Pour former ce poids de gas oxigène, il en a fallu 104448 pouces cubes, ou 60 pieds cubes 768 pouces cubes. Il est résulté de cette combustion 61440 grains , ou 6 livres 10 onces 5 gros 24 grains d'eau. Les 5 livres 10 onces 5 gros 24 grains de gas oxigène , qui ont été absorbés dans cette expérience , auroient pu fournir une quantité de calorique capable d'exciter 22666 $\frac{1}{7}$ degrés de chaleur , lesquels auroient pu fondre 377 livres 12 onces 3 gros 40 grains de glace ; cependant il n'y a eu d'employés que 17735,390625 degrés de chaleur , qui ont fait fondre 295 livres 9 onces 3 gros 36 grains de glace. Il est donc resté une quantité de calorique capable de produire 4931,276375 degrés de chaleur, qui auroient pu faire fondre 82 livres 3 onces 0 gros 4 grains de glace , et qui n'ont excité aucune chaleur. Cela vient de ce que l'oxigène , en se combinant avec l'hydrogène pour former de l'eau , conserve une portion de son calorique ; 1°. pour tenir l'eau en liqueur ; 2°. parce que l'eau , à la température de la glace ou même dans l'état de glace, contient encore beaucoup de calorique, sans compter celui qu'elle emprunte du gas hydrogène, et dont on ne connoît pas la quantité. On prétend qu'une livre d'eau, à la température de la glace, tient encore assez de calorique pour exciter environ 740 degrés de chaleur.

1072. Dans la combustion de 1 livre de charbon, il y a eu d'employé et d'absorbé 47396 pouces cubes, ou 27 pieds cubes 740 pouces cubes de gas oxigène, qui pesoient 23698 grains, ou 2 livres 9 onces 1 gros 10 grains. Il en est résulté 47358 pouces cubes, ou 27 pieds cubes 702 pouces cubes de gas acide carbonique, qui pesoient 32914 grains, ou 3 livres 9 onces 1 gros 10 grains. Les 2 livres 9 onces 1 gros 10 grains de gas oxigène qui ont été absorbés dans cette expérience, auroient pu fournir une quantité de calorique capable d'exciter 10285,59 degrés de chaleur, qui auroient pu faire fondre 171 livres 6 onces 6 gros 42 grains de glace ; cependant il n'y a eu d'employés que 5790 degrés de chaleur, qui ont fait fondre 96 livres 8 onces de glace. Il est donc resté une quantité de calorique capable de produire 4495,59 degrés de chaleur, qui auroient pu fondre 74 livres 14 onces 6 gros 42 grains de glace, mais qui n'ont point excité de chaleur, parce que ce calorique s'est combiné avec l'acide carbonique, qui s'est formé, pour le porter à l'état de gas. On voit, par ce que nous venons de dire, que chaque

livre de gas oxigène fournit, par la combustion
du charbon, 1º. une quantité de calorique capable d'exciter 2251,6938 degrés de chaleur,
qui peuvent faire fondre 37 livres 8 onces 3
gros 44 grains de glace : 2º. une autre quantité
de calorique, qui se combine avec l'acide carbonique pour le porter à l'état de gas, et qui
auroit pu exciter 1748,3062 degrés de chaleur,
et faire fondre 29 livres 2 onces 1 gros 52 grains
de glace. Ceci nous apprend que 1 livre de gas
acide carbonique, composée de 7 pieds cubes
1164 pouces cubes de ce gas, contient une
quantité de calorique capable d'exciter 1258,776
degrés de chaleur, qui pourroient faire fondre
20 livres 15 onces 5 gros 28 grains de glace : et
que 1 pied cube de gas acide carbonique tient
une quantité de calorique capable d'exciter
164,0396 degrés de chaleur, qui pourroient
faire fondre 2 livres 11 onces 5 gros 68 grains
de glace.

Oxidation des métaux.

1073. L'*oxidation* des métaux est une véritable combustion ; car c'est une combinaison du
métal avec l'oxigène (1052). L'oxidation des
métaux est donc un opération dans laquelle les
métaux, exposés à un certain degré de chaleur,
se convertissent en *oxides*, en absorbant l'oxigène de l'air. Cette combinaison se fait, parce
qu'à un certain degré de chaleur, l'oxigène a
plus d'affinité avec les métaux qu'avec le calo-

rique : et quand cela se fait dans le gas oxigène seul, le dégagement du calorique est très-rapide, et souvent accompagné de chaleur et de lumière : ce qui prouve que les substances métalliques sont de vrais corps combustibles. Il faut cependant en excepter l'or, l'argent et le platine, qui ne peuvent enlever l'oxigène au calorique à quelque degré de chaleur que ce soit. Les autres métaux s'en chargent d'une quantité plus ou moins grande, jusqu'à ce que l'oxigène soit en équilibre, entre la force du calorique qui le retient et celle du métal qui l'attire. Cet équilibre est une loi générale de la nature dans toutes les combinaisons.

1074. Dans toutes ces oxidations il y a augmentation du poids du métal oxidé. On a été long-temps sans savoir quelle étoit la cause de cette augmentation de poids ; on ne l'a connue que quand on a opéré dans des vaisseaux fermés, et dans des quantités d'air connues : on s'est alors convaincu que cet excès de poids dans les métaux oxidés est dû à l'oxigène, qui s'est combiné avec le métal : le mercure qui, étant oxidé, se révivifie sans addition, est bien propre à le prouver ; car quand on le révivifie, il rend l'oxigène qui s'étoit combiné avec lui, et il perd le poids qu'il avoit acquis par son oxidation.

1075. Si l'on veut retirer l'oxigène de ces oxides, on ne réussit pas également avec tous : il y en a plusieurs qui ne le rendent point sans addition de charbon; et alors le gas oxigène qu'on obtient, est très-mêlé. Le mercure le fournit sans addition; et il commence à passer quand la cornue devient rouge. Suivant *Berthollet*, une chaleur obscure ne suffit pas; il faut, dit-il, de la lumière pour former le gas oxigène : ce qui sembleroit prouver que la lumière est un de ses principes constituans.

1076. On retire aussi le gas oxigène de l'oxide noir de manganèse, ou du nitrate de potasse ou salpêtre, par une chaleur rouge. Mais il faut, pour cela, un degré de chaleur pour le moins égal à celui qui fait ramollir le verre : c'est pourquoi il faut, dans ce cas-là, se servir de cornues de grès ou de porcelaine. Mais le plus pur de tous les gas oxigènes qu'on peut obtenir de ces oxides, est celui qu'on dégage du muriate oxigéné de potasse par la chaleur seule. Cette opération peut se faire dans une cornue de verre : et le gas qu'on obtient est absolument pur; ce qui sembleroit prouver, contre ce qu'a dit *Berthollet* (1075), que la lumière n'est pas essentielle à la formation du gas oxigène.

Combinaisons des corps combustibles les uns avec les autres.

1077. Les substances combustibles ayant une très-grande appétence pour l'oxigène , doivent avoir de l'affinité entr'elles : c'est, en effet, ce que l'on observe. Presque tous les métaux se combinent les uns avec les autres : il en ré-

A a

sulte des composés, qu'on nomme *alliages.* Ces substances sont plus cassantes que les métaux purs, sur-tout lorsque les métaux alliés difèrent beaucoup par leur degré de fusibilité. Quand le fer est allié à un métal très-fusible, il casse souvent à chaud, et plutôt qu'à froid; parce que ce métal fusible fond à une chaleur douce; ce qui rompt la solution de continuité. L'alliage du mercure avec les métaux ne forme souvent qu'une espèce de pâte qu'on nomme *amalgame.*

1078. Le soufre, le phosphore et le charbon se combinent aussi avec les métaux. La première de ces combinaisons portoit ci-devant le nom de pyrite; on la nomme à présent *sulfure.* La seconde combinaison, celle du phosphore, est nommée *phosphure :* et la troisième combinaison, celle du charbon, est appellée *carbure.*

1079. L'hydrogène, cette substance éminemment combustible, se combine aussi avec plusieurs combustibles dans l'état de gas, il dissout le soufre, le phosphore et le carbone, et forme les variétés de gas hydrogène, dont nous avons parlé ci-devant (301, 308, 312). C'est à l'émanation du gas hydrogène sulfuré que les déjections animales doivent principalement leur odeur infecte. Le gas hydrogène phosphoré s'enflamme spontanément par le simple contact de l'air, ou mieux encore par le contact du gas oxigène : ce gas phosphoré a l'odeur du poisson pourri : et il est probable qu'il s'exhale un gas de cette espèce de la chair des poissons qui pourrisent.

1080. L'hydrogène qui n'a pas été porté à l'état de gas par le calorique, et qui se combine avec le carbone, forme de l'huile, laquelle est volatile ou fixe, suivant les proportions de l'hydrogène et du carbone. Elle est volatile, si l'hydrogène et le carbone y sont dans une juste proportion : elle est fixe, si le carbone y est en excès : cet excès de carbone s'en sépare, lorsqu'on chauffe l'huile au-delà du degré de l'eau bouillante. Les huiles volatiles ne se décomposent point par cette chaleur; mais elles se combinent avec le calorique, et forment un gas : c'est dans cet etat qu'elles passent dans la distillation. Voyez un mémoire de Lavoisier (*Mém. de l'Acad. des Sciences*, année 1784, pag. 593). La preuve que les huiles sont composées d'hydrogène et de carbone, c'est que les huiles fixes, en brûlant dans le gas oxigène, se convertissent en eau, et en acide carbonique : et l'on trouve que, sur 100 parties, il y en a 21 d'hydrogène, et 79 de carbone.

Des Distillations.

1081. On distingue deux espèces de distillations; la distillation simple, et la distillation composée. Nous commencerons d'abord par la distillation simple.

1082. Lorsqu'on soumet à la distillation deux substances , dont l'une a plus d'affinité que l'autre avec le calorique, le but qu'on se propose est de les séparer : la plus volatile prend la forme de gas : on la condense ensuite par refroidissement, dans des appareils propres à remplir cet objet : il n'y a donc dans la distillation simple, comme dans l'évaporation, rien de décomposé. Dans l'évaporation c'est le produit fixe qu'on a intention de conserver, sans s'embarrasser du produit volatil : dans la distillation au contraire on s'attache davantage à recueillir le produit volatil, à moins qu'on ne se propose de les conserver tous deux. Ainsi la distillation simple n'est qu'une évaporation en vaisseaux clos ; encore est-on souvent contraint d'y perdre une partie des substances volatiles, sur-tout celles qui restent constamment en état de gas, et qui pourroient faire éclater les vaisseaux, si on ne les laissoit pas échapper : de sorte que, dans cette distillation, on ne connoît pas, et l'on ne peut pas connoître tous les produits. Pour cette espèce de distillation, l'appareil distillatoire le plus simple est une cornue A (*fig.* 53), au bec D de laquelle on adapte et on lutte un récipient E, pour recueillir et condenser les produits. On place ensuite la cornue A dans un fourneau de réverbère M N O P (*fig.* 54), ou dans un bain de sable, sous une couverture de terre cuite, comme on le voit *fig.* 55. Pour laisser échapper les vapeurs qui pourroient faire éclater les vaisseaux, on fait au récipient E (*fig.* 53) un petit trou T, qui fournit, au besoin, une issue aux vapeurs. La fragilité des vaisseaux de verre

a fait imaginer de faire des appareils distilla-
toires en métal. Un tel appareil consiste en une
cucurbite A (*fig.* 56 *et* 57) de cuivre rouge
étamé, dans laquelle s'ajuste, lorsqu'on le veut,
un bain-marie d'étain D (*fig.* 58), sur lequel
on place le chapiteau F (*fig.* 56 *et* 57), qui
porte avec lui son réfrigérent S S, pour pouvoir condenser les vapeurs, par le moyen de
l'eau froide qu'on y met. Quand elle s'est échauffée, on la fait écouler par le robinet R ; et on
la renouvelle avec de l'eau fraîche. Si les vapeurs sont d'une nature fort expansive, et qu'on
craigne qu'elles ne se condensent pas assez
promptement, au lieu de les recevoir directe-
ment du bec T V de l'alambic dans un récipient, on interpose entre deux un serpentin
(*fig.* 59), qui consiste en un tuyau d'étain
tourné en spirale, placé dans un seau de cuivre étamé B C D E, qu'on entretient toujours
plein d'eau, qu'il faut avoir soin de renou-
veller, quand elle s'est échauffée. Quand, dans
la distillation, la substance se condense en état
concret, et va s'attacher au col de la cornue, etc.
on l'appèle *sublimation.* On dit donc la sublimation du soufre, la sublimation du muriate
d'ammoniaque, etc.

1083. Dans la distillation simple (1082), la
substance qu'on distille, se réduit d'abord en
gas par sa combinaison avec le calorique : mais
ce calorique se dépose ensuite ou dans le réfrigérent ou dans le serpentin ; et la substance

reprend son état de liquidité. Il n'en est pas ainsi dans la distillation composée : dans celle-ci, il y a décomposition absolue de la substance soumise à la distillation. Une portion, telle que le charbon, demeure fixe dans la cornue : tout le reste se réduit en gas de différentes espèces. Les uns sont susceptibles de se condenser par le refroidissement, et de reparoître sous forme ou concrète ou liquide : les autres demeurent constamment dans l'état aériforme. Les uns sont absorbables par l'eau ; d'autres le sont par les alkalis ; enfin quelques-uns ne sont absorbables par aucune substance. Pour retenir et séparer tous ces produits, l'appareil distillatoire, décrit ci-dessus (1078) ne suffit pas : il en faut de plus compliqués : en voici un, imaginé par *Lavoisier*, qui contient tout ce qui est nécessaire pour les distillations les plus compliquées. A (*fig.* 44) est une cornue de verre tubulée en H, dont le col B s'ajuste à un ballon G C à deux pointes ou tubulures. A la tubulure supérieure D de ce ballon s'ajuste un tube de verre D E fg qui va plonger par son extrémité g dans la liqueur contenue dans le flacon L. A la suite du flacon L, qui est à 3 tubulures x, x, x, sont 3 autres flacons L', L'', L''', qui ont de même 3 tubulures ou gouleaux x', x', x'; x'', x'', x''; x''', x''', x'''. Chaque flacon est réuni au suivant par un tube de verre xyz, $x'y'z'$, $x''y''z''$: enfin à la troisième tubulure du flacon L''' est adapté un tube de verre

x'''R M, qui aboutit sous une cloche de verre, placée sur la tablette ABCD (*fig.* 6) de l'appareil pneumato-chymique à l'eau. On met ordinairement, dans le premier flacon L (*fig.* 44), un poids connu d'eau distillée ; et dans les trois autres flacons on met de la potasse caustique étendue d'eau : le poids de ces flacons, ainsi que celui des liqueurs qu'ils contiennent, doivent être déterminés avec soin ; et il faut en tenir note. Tout étant ainsi disposé, il faut bien luter toutes les jointures. Il y a quelquefois des circonstances qui occasionnent des réabsorptions de gas : pour qu'on n'ait pas alors à craindre que l'eau de la cuvette de l'appareil pneumato-chymique (*fig.* 6) rentre rapidement dans les flacons par le tube x'''R M (*fig.* 44), on adapte, à l'une des tubulures de chaque flacon, un tuyau capillaire st, $s't'$, $s''t''$, $s'''t'''$, dont le bout doit plonger dans la liqueur des flacons. S'il y a absorption, soit dans la cornue, soit dans les flacons, il rentre, par ces tuyaux, de l'air extérieur qui remplit le vide occasionné par l'absorption ; et il n'entre point d'eau dans les flacons : on en est quitte pour avoir un petit mélange d'air commun dans les produits ; ce qui ne change pas beaucoup les résultats.

1084. Lorsqu'on a mis le feu sous la cornue A (*fig.* 44), et que la substance qu'elle contient commence à se décomposer, les produits les moins volatils doivent se condenser et se sublimer dans le col même de la cornue : et c'est principalement là que doivent se rassembler les substances concrètes : les matières plus volatiles, telles que les huiles légeres, l'ammoniaque, etc. doivent se condenser dans le ballon G C : les gas, au contraire, qui ne peuvent être condensés par le froid, doivent bouillonner à travers les liqueurs contenues dans les quatre flacons : tout ce qui est absorbable par l'eau doit rester dans le flacon L : tout ce qui est susceptible d'être absorbé par l'alkali doit rester dans les flacons L', L'', L''' : enfin les gas qui ne sont absorbables ni par l'eau, ni par les alkalis, doivent s'échapper par le tube x''' R M, à la sortie duquel ils peuvent être recueillis dans des cloches de verre : enfin le charbon et la terre, étant absolument fixes, doivent rester dans la cornue. On aura une preuve évidente de l'exactitude des résultats, si les poids de tous les produits se trouvent égaux aux poids de tout ce qui a été mis primitivement dans la cornue.

Des effets du feu sur les corps.

1085. Les principaux effets du feu ou de la chaleur sur les corps sont, 1°. de les raréfier ; 2°. de les faire passer de l'état de solide à celui de fluide ; 3°. de les convertir en vapeurs.

1086. *Premier effet de la chaleur sur les corps.* Le premier changement qui arrive à un corps exposé à l'action de la matière du feu, à l'action du calorique, est la raréfaction de sa masse, l'augmentation de son volume. Cet effet est si général qu'il peut être regardé comme le caractère distinctif du feu ou calorique. Tous les corps sont donc plus grands dans les saisons chaudes que dans les saisons froides : une table, ou de marbre, ou de bois, etc. est plus grande l'été que l'hiver ; on s'en convaincroit en la mesurant dans ces deux saisons, pourvu que la mesure ne fût pas de la même substance que la table ; car alors elle éprouveroit les mêmes augmentations ou diminutions dans ses dimensions.

1087. Tous les corps augmentent de volume par la chaleur ; mais ils n'augmentent pas tous de la même quantité, par le même degré. Le cuivre jaune s'alonge plus que l'acier, dans le rapport de 775 à 474, ou de 121 à 74. On se sert de cette différence, pour corriger l'effet de la chaleur sur les verges de pendules.

1088. Les liqueurs se raréfient de même que les solides, en s'échauffant : celles que nous employons dans nos thermomètres, nous en fournissent la preuve ; car la chaleur ne fait monter le thermomètre, que parce qu'elle fait augmenter le volume de la liqueur, dont il est composé. Mais, de même que les solides, les liqueurs et les fluides, n'augmentent pas tous de la même quantité par le même degré de chaleur, il paraît que ceux qui ont le moins de densité, se raréfient le plus : le gas hydrogène se raréfie plus que l'air ; l'air, plus que l'esprit-de-vin ; l'esprit-de-vin, plus que l'huile de lin ; l'huile de lin, plus que l'eau ; l'eau, plus que le mercure , etc.

1089. *Second effet de la chaleur sur les corps.* Lorsque la raréfaction (premier effet, 1086) a été poussée jusqu'à son dernier période, les molécules du corps conservant cependant encore de l'adhérence entr'elles , si la chaleur continue d'agir, le corps passe à l'état de liqué-faction ou de fluidité plus ou moins complette , suivant la nature du corps que l'on chauffe , et suivant le degré d'activité du feu que l'on fait agir. C'est ce qui arrive à du beurre, de la cire , des métaux , etc. que l'on chauffe assez fortement ; ils passent de l'état solide à celui de liquide ; ou à des pierres que l'on calcine ; elles se réduisent en une poussière impalpable ; et de solides qu'elles étoient , elles deviennent fluides.

1090. Cet effet est plus ou moins prompt, suivant la nature du corps que l'on chauffe ; car tous ne fondent pas aussi promptement les uns que les autres , ni au même degré de cha-leur : il en faut un plus grand pour faire fondre la cire que pour faire fondre le beurre ; il en faut encore de plus grands pour faire fondre les métaux ; et les uns en exigent plus que les autres : l'étain et le plomb fondent long-temps avant de rougir ; l'argent et l'or fondent fort peu de temps après qu'ils ont rougi ; le cuivre et le fer rougissent long-temps avant de fondre ;

le platine ne fond que par un degré de chaleur excessif, et très-long-temps après avoir rougi.

1091. L'action du feu produit un effet d'autant plus grand, qu'elle éprouve plus de résistance, qu'elle est plus retardée. Si les corps que l'on chauffe sont de nature à céder à la première activité du feu, les parties de la surface perdent leur adhérence, se liquéfient, avant même que les autres aient eu le temps de s'échauffer : ainsi de couche en couche, la masse se fond, comme du beurre ou de la cire ; ou bien ces parties se dissipent en fumée et en flammes, comme une bûche qui brûle à sa surface, tandis que son centre est encore presque froid. Mais si les parties de la surface ont assez de fixité, si elles résistent assez long-temps pour donner aux parties internes le temps de s'échauffer, la rupture de leur adhérence doit avoir lieu presque en même-temps par-tout ; et la fusion devient générale en peu de temps. C'est ce qui arrive aux métaux qui fondent. Aussi les bois ne brûlent que successivement ; la cire et les graisses ne fondent que peu-à-peu : mais les métaux, d'abord plus difficiles à fondre, coulent aussi plus promptement et plus complettement, lorsqu'ils ont atteint le degré de chaleur nécessaire pour cela.

1092. On rend les métaux plus aisément fusibles, et à un moindre degré de chaleur, en les alliant avec quelqu'autre substance. Les soudures fortes sont des alliages de cette nature, qui fondent à un degré de chaleur moindre que celui qui seroit nécessaire pour faire fondre les pièces qu'on veut réunir.

1093. On appelle donc *fusion*, l'écartement des molécules d'un corps, la rupture de leur adhérence, par l'introduction d'une grande quantité de calorique entre ses molécules. Les fusions en général se font dans des creusets, qui doivent être susceptibles de résister à un grand degré de feu. Les meilleurs sont ceux qui sont faits avec de l'argile très-pure, ou de la terre à porcelaine. Ceux qui viennent de Hesse sont assez bons : mais ceux qui sont faits de terre de Limoges paroissent être absolument infusibles ; et ce sont ceux-ci qu'on doit préférer. Les formes que l'on donne le plus ordinairement aux creusets, sont représentées *fig.* 60, 61 *et* 62.

1094. Quoique la fusion puisse souvent avoir lieu, sans que le corps qui y est soumis se décompose, elle est cependant aussi un des moyens de décomposition et de recomposition employés dans la chymie et dans les arts. C'est par la fusion qu'on extrait les métaux de leurs mines ; qu'on les révivifie ; qu'on les moule ; qu'on les allie les uns avec les autres : c'est par la fusion que l'on combine l'alkali et le sable, pour former du verre, etc.

1095. Pour appliquer aux corps l'action du feu, on se sert de fourneaux, auxquels on donne différentes formes, suivant les opérations auxquelles ils sont destinés. Un *fourneau* est une espèce de tour cylindrique creuse A B C D (*fig.* 63), quelquefois un peu évasée par le haut, avec des échancrures *m*, *m*, *m*, *m*, pour donner passage à l'air. Ce fourneau doit avoir au moins deux ouvertures latérales, une supérieure F, qui est la porte du foyer H I, une inférieure G, qui est la porte du cendrier C D. Dans l'intervalle de ces deux portes le fourneau est partagé en deux, par une grille placée horizontalement, qui forme une espèce de diaphragme, et qui est destinée à soutenir le charbon. La place de cette grille est indiquée par la ligne H I. Au-dessus de la grille est le foyer, où l'on entretient le feu : au-dessous est le cendrier, où se rassemblent les cendres à mesure qu'elles se forment.

1096. Une autre espèce de fourneau, souvent nécessaire, est le *fourneau de réverbère* (*fig.* 54). Il est composé d'un cendrier H I K L, d'un foyer K L M N, d'un laboratoire M N O P, d'un dôme R R S S ; le dôme est surmonté d'un tuyau T T V V, auquel on en peut ajouter plusieurs autres suivant le besoin. C'est dans le laboratoire M N O P que se place la cornue A : elle y est soutenue sur deux barres de fer, qui traversent le fourneau : son col sort par une échancrure latérale O. A cette cornue s'adapte un récipient B. On a besoin quelquefois d'une forte chaleur : pour se la procurer, il faut faire passer par le fourneau un grand volume d'air ;

il y a alors plus de calorique dégagé : c'est pourquoi il faut, au lieu d'une ouverture au cendrier, en avoir deux G , G : quand on ne veut qu'une chaleur modérée, on en ferme une ; si l'on veut une chaleur forte , on les ouvre toutes les deux. Il est bon aussi de faire l'ouverture supérieure S S du dôme un peu grande. L'usage du dôme est de réverbérer la chaleur et la flamme sur la cornue, afin qu'elle soit échauffée à-peu-près également de toutes parts ; moyennant quoi les vapeurs ne peuvent se condenser que dans le col de la cornue et dans le récipient ; et elles sont forcées de s'y rendre. Quand on a à fondre des matières qui n'exigent pas un degré de chaleur très-violent, le fourneau de réverbère peut servir de fourneau de fusion. On supprime alors le laboratoire M N O P , et l'on place le dôme R R S S sur le foyer M N , comme cela est représenté *fig.* 64.

1097. Le *fourneau de fusion* le meilleur qui ait jamais été fait, est celui qu'a fait construire *Lavoisier*, et qui est représenté *fig.* 65. Voici la description qu'il en donne (*Traité élémentaire de Chymie*, tom. 2, pag. 548). C'est *Lavoisier* qui parle. « J'ai donné à ce fourneau la forme
» d'un sphéroïde elliptique A B C D , dont les
» deux bouts sont coupés par un plan qui passe-
» roit par chacun des foyers perpendiculaire-
» ment au grand axe. Au moyen du renflement
» qui résulte de cette figure , le fourneau peut
» tenir une masse de charbon considérable ; et

» il reste en core dans l'intervalle assez d'espace
» pour le passage du courant d'air. Pour que rien
» ne s'oppose au libre accès de l'air extérieur,
» je l'ai laissé entièrement ouvert par-dessous ;
» et je l'ai posé sur un trépied. La grille dont je
» me sers est à claire-voie et en fer méplat ; et
» pour que les barreaux opposent moins d'obs-
» tacles au passage de l'air, je les ai fait poser,
» non sur leur côté plat, mais sur le côté le plus
» étroit, comme on le voit *fig.* 66. Enfin j'ai
» ajouté à la partie supérieure A B (*fig.* 65),
» un tuyau de 18 pieds de long en terre cuite,
» et dont le diamètre intérieur est presque de
» moitié de celui du fourneau. » *Lavoisier* re-
commande, comme une chose très-importante,
de rendre le tuyau F G A B le moins bon con-
ducteur de chaleur qu'il soit possible : il ne
faut donc le faire ni de tôle, ni de cuivre,
comme on le fait assez souvent.

1098. On a encore imaginé un autre fourneau, nécessaire pour les essais, dans lequel
un métal doit être en même-temps exposé à la
grande violence du feu, et garanti du contact
de l'air devenu incombustible par son passage
à travers les charbons. Le fourneau destiné à
remplir ce double objet, a été nommé dans
les arts *fourneau de coupelle* ou *d'essai*. Ce
fourneau est communément de forme quarrée
(*fig.* 67). Il a, comme les autres fourneaux,
un cendrier A A B B, un foyer B B C C, un laboratoire C C D D, et un dôme D D E E. On

voit la coupe de ce fourneau *fig.* 68. C'est dans le laboratoire C C D D (*fig.* 67 et 68) qu'on place la mouffle , qui est une espèce de petit four G H (*fig.* 69), fait de terre cuite , et fermé par le fond. On le pose sur des barres, qui traversent le fourneau (*fig.* 68) ; il s'ajuste avec l'ouverture G G de la porte du laboratoire ; et on l'y lutte avec de l'argile délayée avec de l'eau. C'est dans cette espèce de petit four que se placent les coupelles. On met du charbon dessus et dessous la mouffle ; en dessus, par la porte I du dôme, et en dessous par la porte K du foyer. L'air qui est entré par les ouvertures du cendrier , après avoir servi à la combustion , s'échappe par l'ouverture supérieure E E du dôme. A l'égard de la mouffle , l'air extérieur y pénètre par la porte G G ; et il y entretient l'oxidation du métal. Il y a dans ce fourneau un inconvénient , que voici. Si la porte G G du laboratoire est fermée , l'oxidation se fait lentement , à défaut d'air : si elle est ouverte , le courant d'air froid fait figer le métal , et retarde l'opération. Il faudroit faire arriver , de dehors , dans la mouffle de l'air échauffé , en faisant passer cet air à travers un tuyau de terre , qui serait entretenu rouge par le feu même du fourneau : par-là l'intérieur de la mouffle ne seroit jamais refroidi.

1099. *Troisième effet de la chaleur sur les corps.* Une substance liquéfiée par l'action de la chaleur (*second effet,* 1089), continue de s'échauffer jusqu'au moment où elle bout, si elle est de nature à bouillir; après quoi elle ne s'échauffe plus, quelque long-temps qu'on la fasse bouillir : mais sa masse finit par se convertir en vapeurs; et cela d'autant plus aisément, qu'elle est moins comprimée : l'eau, dans le vide d'air, se vaporise à un très-petit degré de chaleur.

1100. L'ébullition des liqueurs consiste dans le soulévement d'une portion de la liqueur, occasionné par de grosses bulles d'un fluide très-transparent, qui, partant de l'endroit le plus exposé au feu, traversent la liqueur, et vont crever à sa surface. Qu'est-ce que c'est que ce fluide ? Est-ce la matière de la chaleur, le calorique ? Il est bien certain que les liqueurs ne bouillent pas sans chaleur : mais il est tout aussi certain que la matière de la chaleur seule ne suffit pas pour les faire bouillir, puisqu'il y a plusieurs substances qui ne bouillent jamais, quelque fortement qu'on les chauffe. Il faut donc que ces bulles soient composées d'un autre fluide. Cet autre fluide est une portion de la liqueur réduite en vapeurs, par la grande chaleur qu'elle éprouve; de même qu'une goutte d'eau, jetée sur un fer chaud, s'évapore promptement, en formant plusieurs bouillons, qui, s'ils étoient couverts d'eau chaude, au lieu de crever, s'enfonceroient dans la liqueur, et la souleveroient. La preuve que ce fluide est une portion de la liqueur réduite en vapeurs, c'est que les métaux fondus ne bouillent jamais, parce qu'ils ne s'évaporent qu'à leur surface, et que ces vapeurs, qui tendent toujours à s'élever, ne peuvent pas traverser la masse. Qu'on ne dise pas que c'est leur pesanteur qui s'oppose à leur soulévement; car le mercure, qui est plus pesant que tous les métaux, excepté le platine et l'or, bout comme de l'eau, parce que, comme elle, il se réduit en vapeurs en-dessous, et à l'endroit exposé au feu. Mais ces mêmes métaux, qui seuls ne peuvent pas bouillir, bouillent très-fortement, si l'on y enfonce quelque substance capable de fournir des vapeurs, comme, par exemple, un morceau de bois.

1101 D'une liqueur qui bout, il s'en élève donc des vapeurs; et si l'on continue de la faire bouillir, toutes ses parties s'évaporent successivement, et jusqu'à siccité. C'est là en quoi consiste le *troisième effet de la chaleur sur les corps :* après les avoir fait passer de l'état solide à l'état liquide, elle finit par les réduire en vapeurs, par les faire passer à l'état aériforme. C'est là ce qui forme ces fluides élastiques non-permanens dont nous avons parlé ci-dessus (55).

1102. Mais si la dissipation d'une substance est subite, si toutes ses parties s'évaporent à-la-fois, elle fait une explosion violente, parce qu'en passant à l'état de fluide élastique, elle acquiert un volume prodigieux, en comparaison

de celui qu'elle avoit auparavant (346). C'est
ce qui arrive dans l'inflammation de la poudre
à canon, ainsi que dans la fulmination de l'or
(585) et de l'argent fulminans (595). Si l'on
fait ces expériences de fulmination, il faut se
tenir à l'écart, et prendre toutes les précautions
nécessaires pour n'être pas blessé, sur-tout s'il
s'agit de l'argent fulminant, auquel il suffit de
toucher avec un corps quelconque, pour le faire
fulminer.

De la Détonation.

1103. L'oxigène, en se combinant dans les
différens corps, ne se dépouille pas toujours
de tout le calorique qui le constituoit dans l'état
de gas : par exemple, il entre dans la combinaison qui forme l'acide nitrique et dans celle
qui forme l'acide muriatique oxigéné, avec la
plus grande partie de son calorique : de sorte
que dans le nitre, et sur-tout dans le muriate
oxigéné, l'oxigène est, jusqu'à un certain point,
dans l'état de gas oxigène, mais condensé et réduit au plus petit volume qu'il puisse occuper.
Le calorique, dans ces combinaisons, tend donc
continuellement à ramener l'oxigène à l'état de
gas; de sorte que l'oxigène tient peu à ces
combinaisons; la moindre force suffit pour l'en
dégager; et il reprend souvent, dans un instant
presqu'indivisible, l'état de gas. C'est ce passage
brusque de l'état concret à l'état aériforme

qu'on a nommé *détonation*, parce qu'en effet il est ordinairement accompagné de bruit et de fracas.

1104. Ces détonations s'opèrent ordinairement par la combinaison du charbon, soit avec le muriate oxigéné, soit avec le nitre : quelquefois, pour faciliter l'inflammation, on y ajoute du soufre, et c'est ce mèlange, fait dans de justes proportions, qui constitue la poudre à canon. Cette juste proportion est 76 parties de nitre ou salpêtre, 12 parties de soufre, et 12 parties de charbon.

1105. L'expansion subite et instantanée de ces gas ne suffit pas pour expliquer tous les phénomènes relatifs à la détonation : cette cause n'est pas la seule qui y influe. Il se forme du gas acide carbonique ; et il se combine de l'oxigène avec les combustibles. Il y a apparence que la quantité de calorique, qui se dégage au moment de la détonation, contribue beaucoup à en augmenter l'effet. On peut en concevoir plusieurs raisons.

1106. Premièrement, quoique le calorique passe librement à travers les pores de tous les corps, il ne peut cependant y passer que successivement, et en un temps donné : si donc il s'en dégage une grande quantité à-la-fois, et qu'il y en ait beaucoup plus qu'il n'en peut passer subitement par les pores, il doit agir alors à la manière des fluides élastiques, et renverser tout ce qui s'oppose à son passage. Une partie de cet effet doit avoir lieu, lorsqu'on allume de la poudre dans un canon : quoique le canon soit perméable pour le calorique, il s'en dégage tant à-la-fois, qu'il ne trouve pas une issue assez libre et assez prompte à travers les pores du métal : il fait donc un effort dans tous les sens ; et c'est cet effort qui chasse le boulet, et fait reculer le canon.

1107. Secondement, le calorique, devenu libre, dilate les gas qui se dégagent au moment de l'inflammation de la poudre : et cette dilatation est d'autant plus grande, que la température est plus élevée.

1108. Troisièmement, il est possible qu'il y ait décomposition de l'eau dans l'inflammation de la poudre, et qu'elle fournisse de l'oxigène au charbon pour former de l'acide carbonique. Si cela est ainsi, il doit se former alors une grande quantité de gas hydrogène, qui contribue à augmenter la force de l'explosion. Car le gas hydrogène ne pèse, par pied cube, que $63^{gr},936$ (3396 milligrammes), et par mètre cube, que $1865^{gr},25$ (99059 milligrammes) : il n'en faut donc qu'une très-petite quantité en poids, pour occuper un très-grand espace. Il doit donc exercer une force expansive prodigieuse, quand il passe de l'état liquide à l'état aériforme.

1109. Quatrièmement, la portion d'eau non-décomposée doit se réduire en vapeurs dans l'inflammation de la poudre ; et l'on sait que, dans l'état de gas, l'eau occupe un volume 17 à 1800 fois plus grand que lorsqu'elle est dans l'état liquide.

1110. D'après ce que nous venons de dire (1085 *et suiv.*) , il est aisé de voir que ces 3 effets du feu sur les corps (1086, 1089, 1099) peuvent se réduire à un seul , savoir, à les raréfier : car la liquéfaction ou la fluidité n'est qu'une raréfaction plus grande que celle qui résulte d'une chaleur insuffisante pour rompre l'adhérence des parties ; et la vaporisation n'est qu'une raréfaction poussée à son degré extrême.

Des moyens d'augmenter l'action du feu.

1111. Il y a quatre moyens par lesquels on peut augmenter l'action ou les effets d'un même feu, d'un feu entretenu avec le même combustible. Ces moyens sont 1°. d'augmenter la quantité de matière qui sert d'aliment au feu : 2°. de concentrer cette action , ou d'empêcher qu'elle ne s'étende et ne se dissipe dans un trop grand espace : 3°. de diriger cette action vers un même endroit : 4°. de souffler ce feu avec de l'air pur ou gas oxigène.

1112. *Premier moyen.* Ce moyen est si usité , qu'il n'a pas besoin de preuve. Tout le monde sait qu'en ajoutant du bois ou du charbon à un feu déjà allumé, son action augmente ; il faut cependant que la quantité de matière ajoutée trouve un feu proportionné à son degré d'inflammabilité et à son volume. Inutilement ajouteroit-on du bois verd ou en grosse bûche à un petit feu, à un feu de paille, il n'y feroit que noircir : mais si ce bois est bien sec, et divisé en petites parties ou en copeaux, il s'y embrasera. Un corps ne peut s'embraser qu'en se combinant avec l'oxigène (1052) ; et cette combinaison ne peut avoir lieu qu'à un certain degré de chaleur : si le feu est trop foible, ou que le combustible ajouté soit en trop gros volume ou trop abreuvé d'eau, le feu est éteint avant que le corps ait eu le temps de s'échauffer assez. Voilà pourquoi on éteint une bougie allumée en la renversant ; la cire fondue qui coule sur la mêche n'a pas encore acquis le degré de chaleur nécessaire à son embrasement.

1113. *Second moyen.* Ce moyen est de concentrer l'action du feu, ou de l'empêcher de s'étendre et de se dissiper dans un trop grand espace. C'est ce que font les chymistes par le moyen de leurs fourneaux. Le feu, ainsi renfermé, devient comme le centre d'une sphère d'activité dont les rayons, qui vont frapper les parois du fourneau, sont réfléchis vers le milieu ; et leur action s'y trouvant concentrée, en agit avec d'autant plus de force.

1114. *Troisième moyen.* Ce moyen consiste à

diriger vers un même endroit l'action du feu ou les parties déjà embrasées qui s'exhalent. C'est ce que font les orfévres, les bijoutiers, les metteurs-en-œuvre, les émailleurs, etc. avec leur lampe et leur chalumeau, ou leur soufflet. La flamme, ainsi dirigée, s'allonge considérablement, et devient active au point de fondre le verre, l'émail et les métaux ; car le souffle, surtout celui du soufflet, introduit dans la flamme le fluide propre à la combustion. Par ce moyen on obtient deux avantages ; l'un, d'exciter un grand degré de chaleur ; l'autre, de ne chauffer que la partie que l'on veut qui le soit.

1115. *Quatrième moyen.* Ce moyen est de souffler le feu avec de l'air pur, ou gas oxigène. On ne connoît point de feu aussi actif que celui-ci. *Lavoisier*, qui a fait là-dessus de belles suites d'expériences (voyez *Mémoires de l'Académie des Sciences*, an. 1782, pag. 476 et suiv. an. 1783, pag. 566 et suiv.), n'a presque point trouvé de substances qui ne cédassent à l'action de ce feu violent. Les grands verres ardens, tels que ceux de *Tchirnausen* et *Trudaine*, ont produit plus de chaleur que les fourneaux à porcelaine dure : mais, outre que ces verres sont très-chers et difficiles à se procurer, et que de plus ils ne sont pas même capables de fondre le platine brut, on obtient une chaleur plus grande encore en soufflant le feu avec le gas oxigène : comme nous venons de le dire, on n'en connoît pas de plus forte : on y fond le platine brut dans un charbon.

1116. Si l'on veut fondre des matières qui ne doivent pas être mises en contact avec le charbon, on se sert d'une lampe d'émailleur, au travers de la flamme de laquelle on fait passer un courant de gas oxigène. La chaleur est un peu moins forte que sur le charbon ; mais elle l'est encore plus que les autres chaleurs connues. Les supports dont on peut faire usage en pareil cas, sont ou des coupelles d'os calcinés, ou des petites capsules de porcelaine dure, ou même des capsules de métal, pourvu qu'elles ne soient pas trop petites : alors elles ne fondent pas, parce que les métaux étant bons conducteurs de chaleur, le calorique se repartit promptement dans toute la masse, et en échauffe moins chaque partie.

1117. Nous venons de dire (1115) que *Lavoisier* a fait là-dessus une belle suite d'expériences : en voici les résultats.

1°. Le crystal de roche, c'est-à-dire, la terre siliceuse pure, est infusible ; mais elle devient susceptible de ramollissement et de fusion, sitôt qu'elle est mélangée.

2°. La chaux, la magnésie et la baryte ne sont fusibles ni seules, ni combinées ensemble ; mais elles, et principalement la chaux, facilitent la fusion de toutes les autres substances.

3°. L'alumine, même seule, est complettement fusible ; et il en résulte une substance vitreuse opaque très-dure , qui raye le verre comme le font les pierres précieuses.

4°. Toutes les terres et pierres composées se fondent très-aisément , et forment un verre brun.

5°. Toutes les substances salines , et même l'alkali fixe , se volatilisent promptement.

6°. L'or , l'argent , etc. et probablement le platine , se volatilisent lentement à ce degré de chaleur , et se dissipent.

7°. Toutes les autres substances métalliques , à l'exception du mercure , s'oxident quoique soutenues sur un charbon ; elles y brûlent avec une flamme plus ou moins grande , et diversement colorée ; et elles finissent par se dissiper entièrement.

8°. Les oxides métalliques brûlent également tous avec flamme.

9°. Parmi les pierres précieuses , les rubis sont susceptibles de se ramollir et de se fondre , sans que leur couleur ni leur. poids soient altérés.

L'hyacinthe fond , et perd facilement sa couleur.

La topaze de Saxe, la topaze et le rubis du Brésil se décolorent promptement , et perdent même un cinquième de leur poids : après quoi il reste une terre blanche semblable en apparence à du quartz blanc ou à du biscuit de porcelaine.

L'émeraude, la chrysolite et le grenat fondent très-promptement, et forment un verre opaque et coloré.

10°. Le diamant brûle à la manière des corps combustibles, et se dissipe entièrement.

Des moyens de diminuer l'action du feu, et même de la faire cesser.

1118. Pour diminuer l'action du feu, il suffit de supprimer les moyens par lesquels on l'augmente : cette suppression est la cause la plus ordinaire du ralentissement ou même de l'extinction du feu. Celui d'un poële ou d'une cheminée donne moins de chaleur, s'il manque de bois ; souvent même, quoique le bois n'y manque pas, il languit si l'on néglige de le souffler, et il finit par s'éteindre.

1119. Mais cette extinction du feu ne se fait que lentement : il y a des circonstances où il est important d'aller plus vîte. On sait que rien ne peut brûler sans le contact de l'air (100) : pour procurer cette privation d'air si nécessaire, il suffit d'appliquer à la surface du corps embrasé une matière qui ne soit pas combustible, telle que de l'eau. C'est le moyen que l'on emploie ordinairement pour faire cesser les incendies. Mais il faut, pour cela, que l'eau puisse demeurer en liqueur plus long-temps que l'embrasement ne peut durer ; c'est pourquoi il en faut jeter beaucoup : car si l'on ne jette qu'une petite quantité d'eau sur un grand feu , cette eau , éprouvant un degré de chaleur plus violent que celui qu'elle peut soutenir en plein air , se décompose : son oxigène (276) se combine avec le combustible , et l'aide à brûler ; et son hydrogène , en se combinant avec le calorique , forme un gas inflammable , qui s'embrase sur le champ, et ajoute beaucoup à l'activité du feu : ainsi , au lieu de l'éteindre , on le rend plus violent.

Du Refroidissement.

1120. Nous avons fait voir ci-dessus (1112) que l'*inflammation* augmente , ainsi que la chaleur , lorsque le corps embrasé se trouve uni à d'autres , susceptibles de s'embraser aussi ; parce qu'alors il se dégage de plus en plus du calorique combiné , qui , devenant libre , se fait sentir (1051 , 1052). La *chaleur* au contraire ne se communique point sans s'affoiblir (1050), parce qu'il n'y a point , dans ce cas-là , de nouveau calorique dégagé , et que celui qui étoit déjà libre , ne fait que s'étendre dans un plus grand espace : d'où il résulte qu'il en reste moins dans le corps qui communique la chaleur. Cette diminution de calorique dans ce corps se nomme *refroidissement*.

1121. De même que les corps s'échauffent , et

plus, et plus promptement les uns que les autres
(1088), de même aussi ils ne se refroidissent
pas également en tems égaux : on ne connoît
pas bien la loi que suivent ces refroidissemens.
On peut cependant dire , en général , que *la
chaleur se communiqne en raison des masses.*
C'est pourquoi on ressent plus de froid en touchant du métal qu'en touchant du bois , quoiqu'ils aient la même température ; car le refroidissement est la perte que l'on fait d'une portion
de son calorique , en le communiquant au corps
touché : et cette perte est à-peu-près propor-
tionnelle à la densité du corps que l'on touche.

1122. Lorsque les matières qui se touchent ou
qui se mêlent, sont de même nature, l'*excès de
chaleur de la plus chaude se communique à la
moins chaude , en raison des volumes.* Si l'on
mêle ensemble trois litres d'eau, la température
de l'un étant de 40 degrés , et celle de chacun
des deux autres de 10 degrés , la température
du mèlange sera de 20 degrés; car les 3o degrés
d'excès de 40 sur 10 , seront partagés entre les
trois litres, qui ont chacun 10 degrés de température commune.

1123. Ce que nous venons de dire fait voir
pourquoi la glace se fond en refroidissant les
corps qu'on y plonge. Mais ce refroidissement
est beaucoup plus considérable que ne le donnent
les règles que nous venons d'établir (1121, 1122);
parce qu'il y a beaucoup de calorique combiné

avec la glace , pour la faire passer de l'état solide à l'état liquide (348); et le calorique, qui se faisoit sentir étant libre , n'excite plus aucun degré de chaleur sensible , lorsqu'il est combiné (46). Il y a donc , dans ce cas-là , de la chaleur absorbée et perdue (1042).

1124. Le refroidissement n'étant autre chose qu'une diminution de chaleur , on doit voir cesser , dans un corps qui se refroidit , tous les effets du feu dont nous avons parlé (1085). 1º. Ce qui étoit flamme ne devient plus que fumée épaisse ; l'évaporation se ralentit ou même cesse entièrement : 2º. les matières liquefiées deviennent moins coulantes, et reprennent leur première consistance : 3º. le volume augmenté par la raréfaction , se restreint dans des limites plus étroites.

1125. Nous ne connoissons point de corps absolument froid : un tel corps seroit celui qui ne contiendroit point du tout de calorique dans l'état de liberté : or on n'en a jamais trouvé de tels ; et il ne peut pas y en avoir : car le calorique libre pénètre tous les corps de part en part , et passe librement par leurs pores d'une surface à l'autre (16); et puisqu'il est universellement répandu par-tout (1035), il ne peut pas y avoir de corps qui en soit totalement privé. On ne connoît donc point le zéro de chaleur. Le froid n'est donc qu'une moindre chaleur ; il n'est qu'une qualité relative. La glace est froide, com-

parée à l'eau ; et elle est chaude , si on la compare à un mélange de sel et de glace. Nous
trouvons les caves profondes chaudes en hiver ,
et froides en été , quoique leur température soit
à-peu-près la même en toutes les saisons : cela
vient de ce que , quand nous descendons dans
ces souterreins, en hiver , nous sortons d'un air
froid ; et en été , nous sortons d'un air chaud :
et nous jugeons toujours par comparaison.

Pour avoir de plus amples détails sur les propriétés physiques du feu , voyez mes *Principes
de physique ,* depuis l'article 1099 jusqu'à l'article 1172 inclusivement.

F I N.

C c

B.

G.

H.

P.

S.

FIN DE LA TABLE DES MATIÈRES.

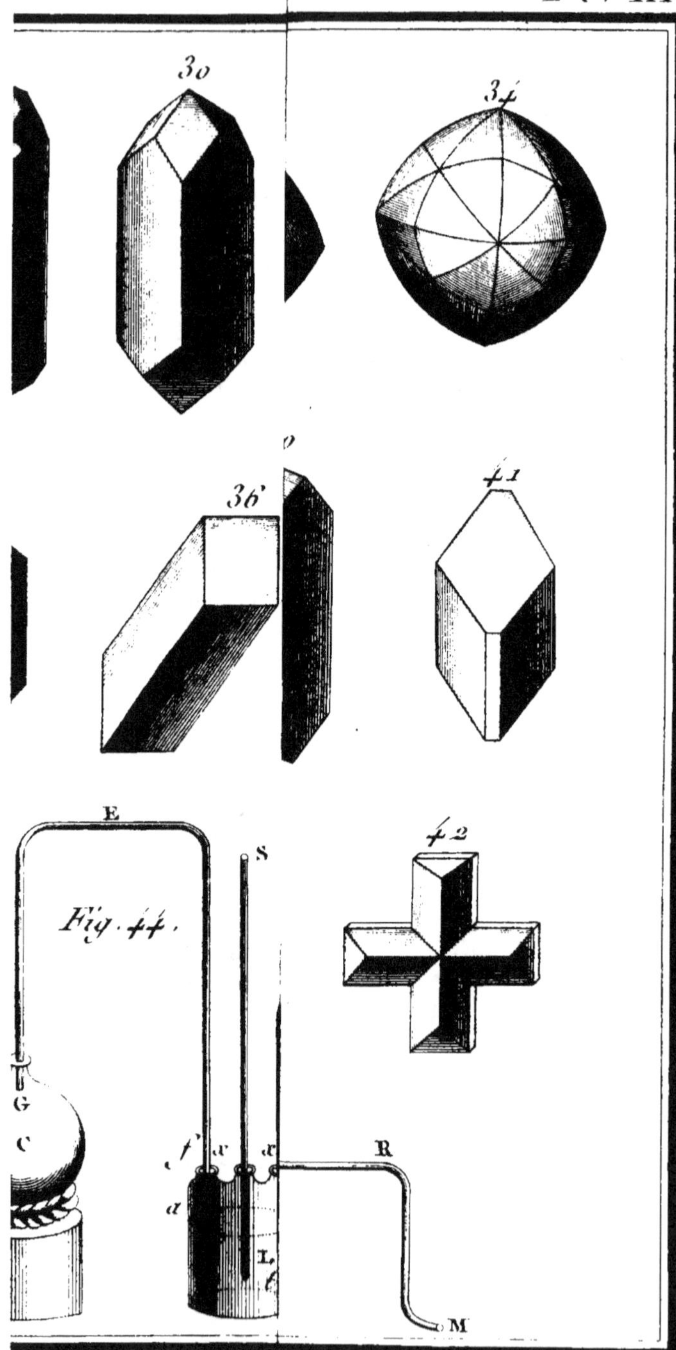
3o
34
36
41
42
Fig. 44.
E
S
G
C
R
M
L

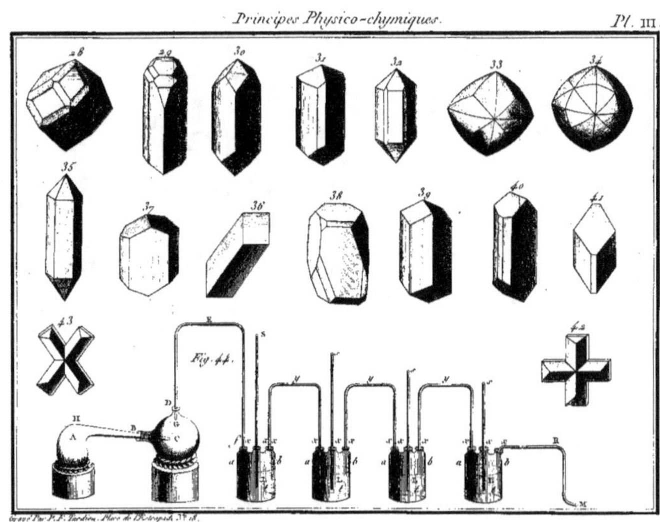

Gravé Par P. F. Tardieu, Place de l'Estrapade N.º 18.

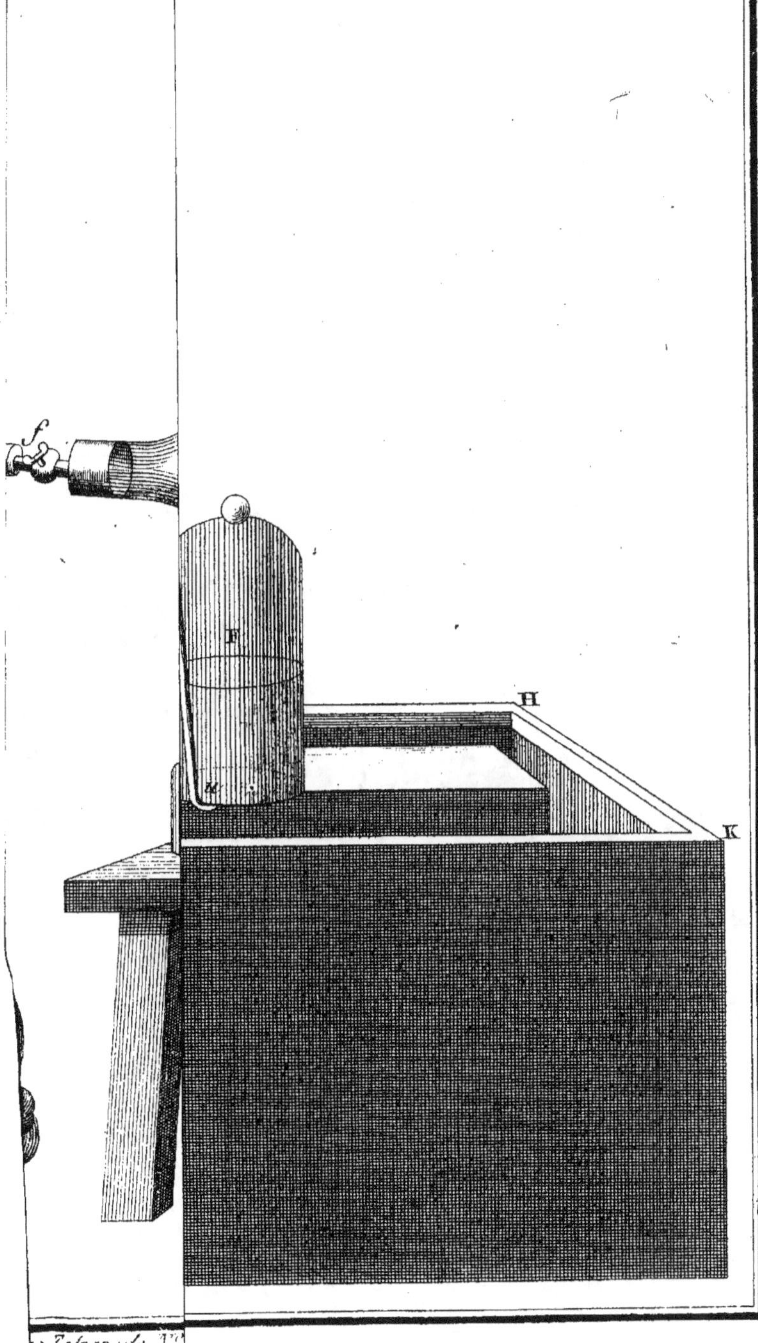
f
F
H
K

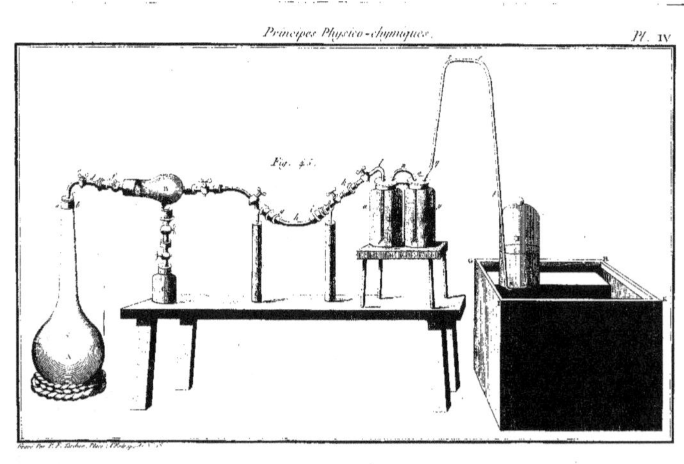
Fig. 5.

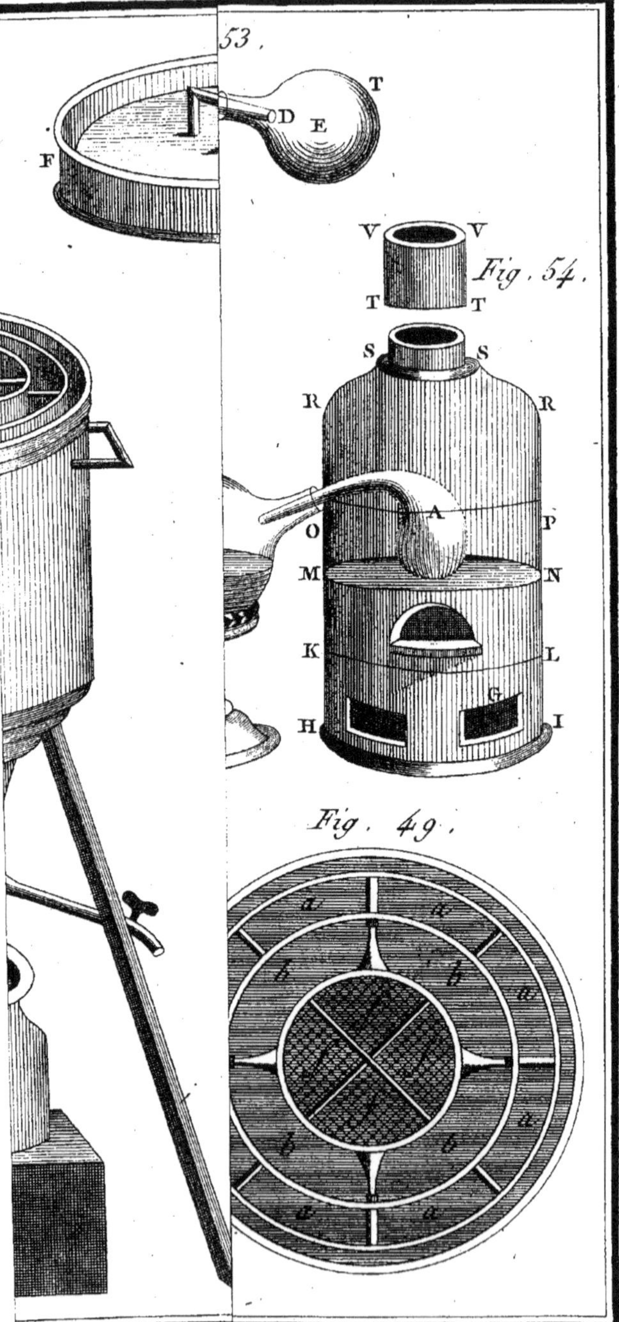

53.
T
D E
F
V V
Fig. 54
T T
S S
R R
O A P
M N
K L
G
H I
Fig. 49.

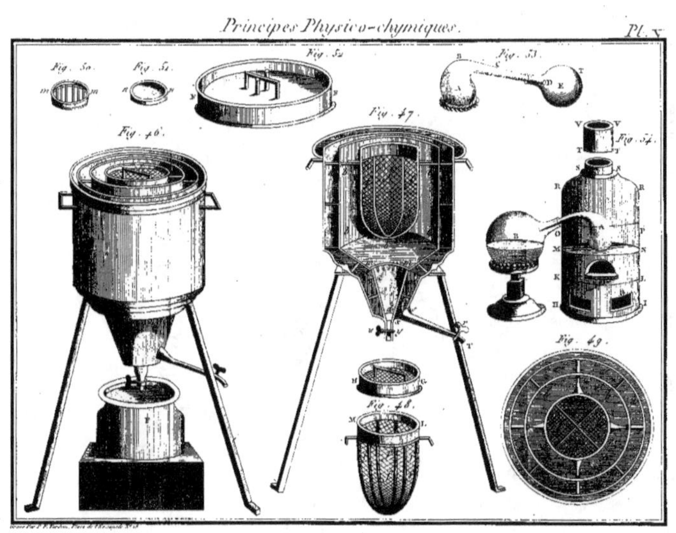
Fig. 50.
Fig. 51.
Fig. 52.
Fig. 53.
Fig. 46.
Fig. 47.
Fig. 54.
Fig. 48.
Fig. 49.

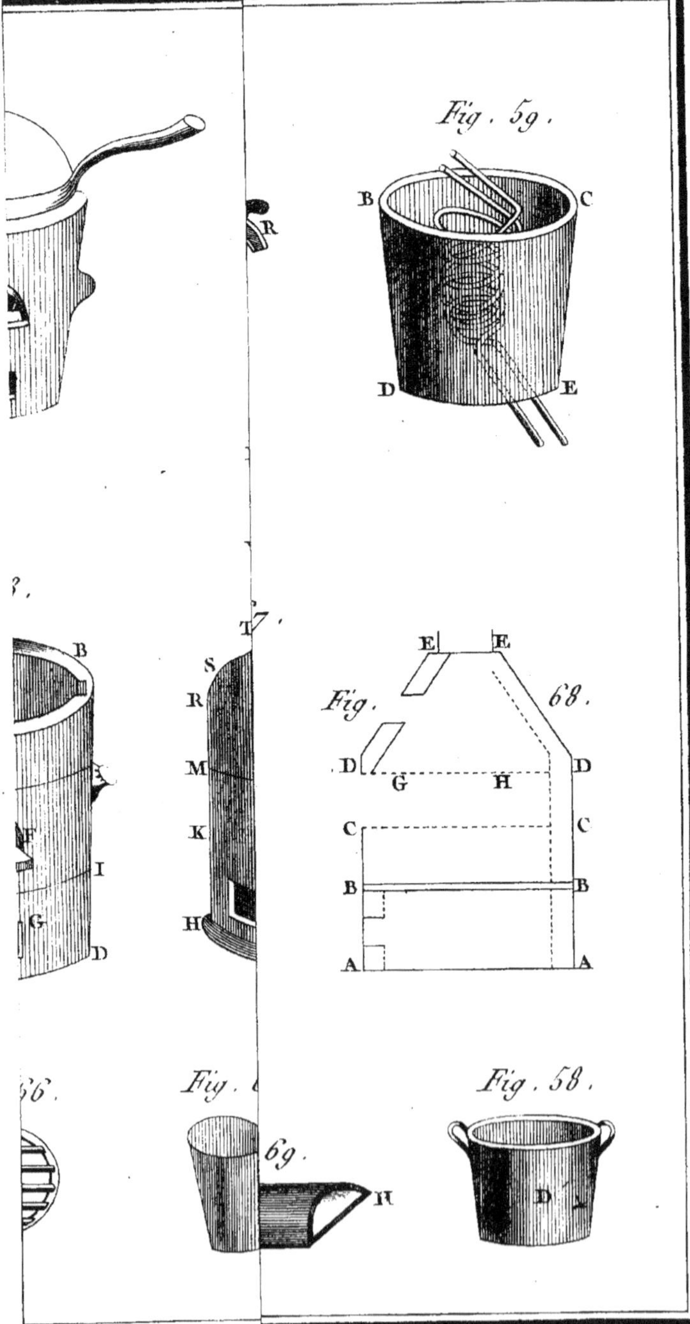
Fig. 59.
B
C
D
E
R
B
D
S
R
M
K
H
T
E
E
Fig.
68.
D
D
G
H
C
C
B
B
A
A
66.
Fig.
69.
H
Fig. 58.
D

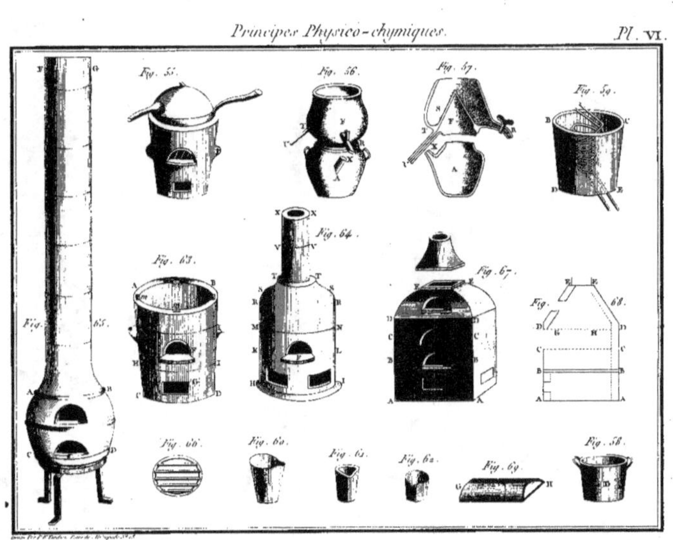
Fig. 55.
Fig. 56.
Fig. 57.
Fig. 59.
Fig. 63.
Fig. 64.
Fig. 67.
Fig. 68.
Fig. 65.
Fig. 60.
Fig. 61.
Fig. 62.
Fig. 66.
Fig. 58.

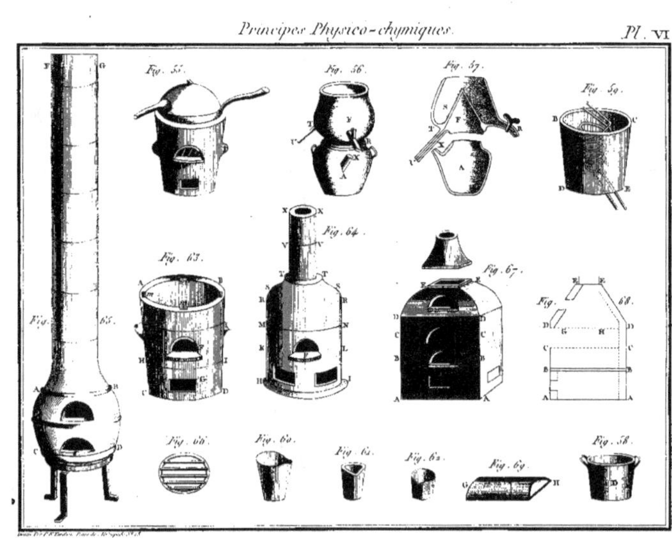

Fig. 55.
Fig. 56.
Fig. 57.
Fig. 59.
Fig. 63.
Fig. 64.
Fig. 67.
Fig. 68.
Fig. 65.
Fig. 60.
Fig. 66.
Fig. 61.
Fig. 62.
Fig. 69.
Fig. 58.